まちづくりのインフラの事例と基礎知識

―サステナブル社会のインフラストラクチャーのあり方―

日本建築学会 編

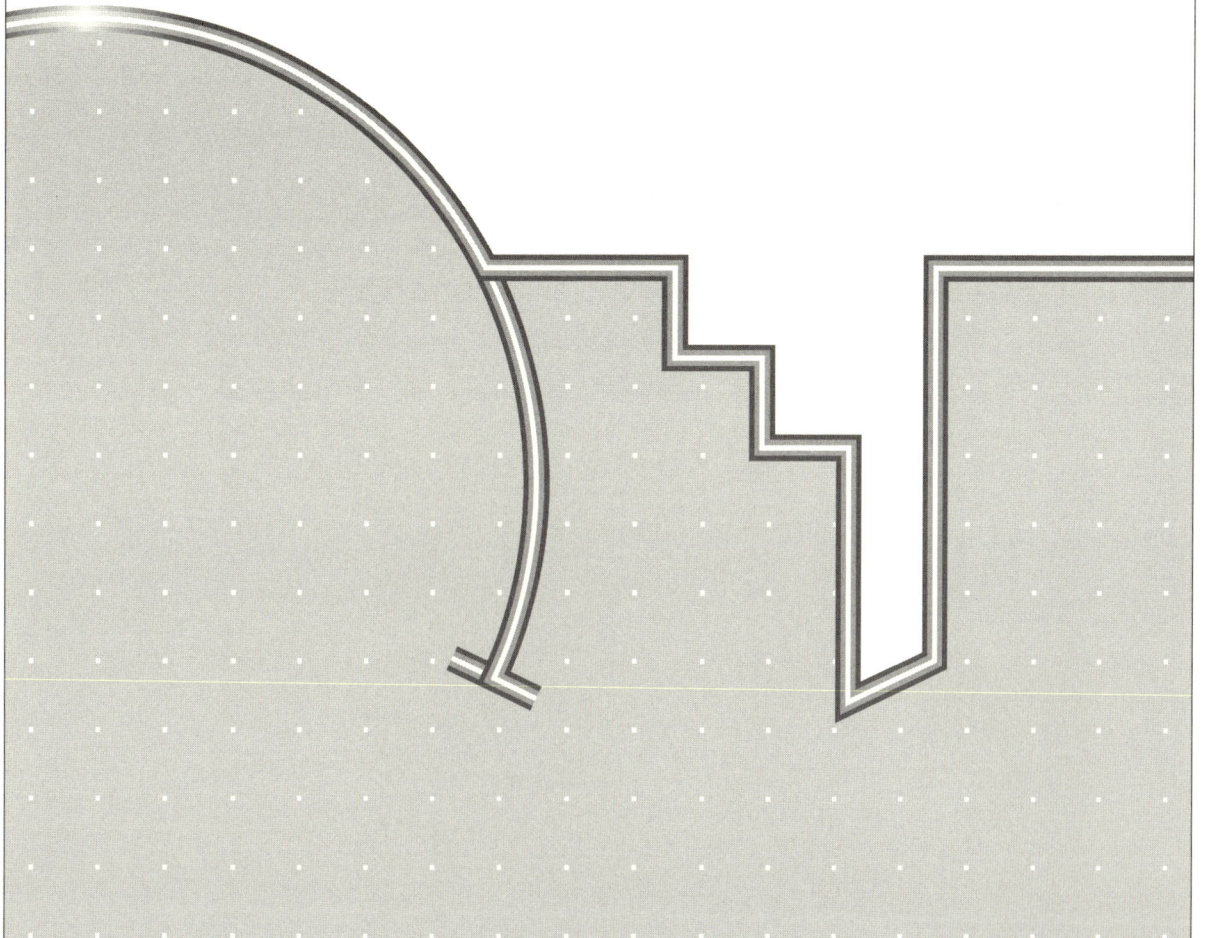

技報堂出版

 # はじめに

人口減少下のストック社会に入り、建物を支えるまちづくりのインフラストラクチャーも、地球環境へのより一層の配慮、縮退する都市への対応、後世への良質な社会資本の継承を、都市経営との整合を図りながら継続的に整備、維持される必要がある.

土木分野では、土木学会が中心となってアセットマネジメントとして、道路、橋梁など土木的なインフラの維持管理の体系化、手法整備、実践が進みつつあり、総合的な解説書も出版されている.

しかし、建築分野では、対象が建築、土木、エネルギー、機械、電気、情報通信など多岐にわたること、土木に比べ個々の民間の役割が大きいこと、建築学会の都市計画分野では合意形成などソフト面の研究に比較的重点が置かれてきたことなどから、総合的なインフラ計画に関わる専門書は我が国ではこれまでほとんど存在しなかった。そのため、まちづくりや大規模開発の実務において、基盤となるインフラストラクチャーについての理解や明確なビジョンを欠いたまま各部分の計画が進行し、均衡を欠いたまちづくりや都市開発となったり、後世の負担が過大となった例も散見される.

本書は、まちづくりの実務者達が、インフラ整備の好事例を紹介しつつ、その背後にある大きな社会動向を解説し、それらの理解のために最小限理解すべき事項をやさしく解説することにより、後世に安心して継承できるまちづくりが少しでも多く行われることを願って著されたものである.

2005年6月、日本建築学会の都市計画委員会に都市インフラ計画ワーキンググループが設置され、多くの議論を重ね、ようやく今回の出版に至った。ワーキングの委員は、2004年に出版された日本建築学会編「建築設計資料集成 地域・都市Ⅱ設計データ編」（丸善刊）で都市インフラ計画の項を執筆した諸氏に若干名を加えて構成されたが、すべて実務経験者とした。ワーキングでの議論の結果、以下の17語をキーワードとして本書を執筆することとなった.

人口減少，都市の縮退，環境共生，省資源，省エネルギー，自律分散，技術革新，サステナブル，ライフサイクル，都市再生，中心市街地活性化，Public Private Partnership，市民参加，維持管理，設備更新，道空間，公共交通

読者層としては、まちづくり、大規模開発のハードウェアに関心のある初学者とし、具体的には以下のような人々を想定し、本書はその入門書とした.

①大規模開発の計画・設計担当者－設計事務所，建設会社，都市計画コンサルタント他
②大規模開発事業者－不動産業，官公庁
③行政の都市計画担当者，許認可担当者
④公益事業の計画担当者－上下水道，電気，ガス，通信，熱供給
⑤まちづくり関係団体－再開発組合，土地区画整理組合，NPO
⑥建築・土木系大学教員・学生・研究者

執筆にあたっては、大きな流れ、考え方、基本的事項の解説を基本方針としたため、法制度、新しい技術やシステムへの言及は最小限とし、各分野の専門的な詳細は基本的な参考文献紹介のみとした.

取りあげた事例は、情報公開が可能なものに限ったため、必ずしも掲載した事例すべてが先進事例とは断言できないが、それぞれ意欲的に整備され、一定の実績をあげているものとした.

事例紹介の構成は統一を目指したが、それぞれの特性から必ずしも統一には至らなかった.

本書の執筆にあたっては、各方面の多くの方々に多大のご協力をいただいたことに深く感謝申し上げる.

本書が、これからの全国のまちづくりに少しでも参考となれば幸いである.

2008年7月

日本建築学会　都市計画委員会
都市インフラ計画ワーキンググループ　主査
円満隆平

■ 都市計画委員会 ■

委員長：西村幸夫
幹　事：宇於崎勝也，神吉紀世子，鈴木伸治，野中勝利
委　員：（略）

■ 本書作成関係委員 ■ （50音順）

都市計画委員会都市インフラ計画ワーキンググループ

主　査：円満　隆平（金沢工業大学）

今本　隆章（パシフィックコンサルタンツ株式会社）	小畑　晴治（財団法人日本開発構想研究所）
大崎　一仁（株式会社日建設計）	橘　　雅哉（清水建設株式会社）
大沼　安秀（株式会社アルメック）	柳原　隆司（東京電力株式会社）
大橋三千夫（元　埼玉県）	山城　耕司（東京ガス株式会社）

■ 本文執筆者 ■

第Ⅰ章　小畑晴治，大崎一仁，円満隆平（いずれも前掲）

第Ⅱ章　円満隆平，大崎一仁，小畑晴治，橘雅哉，柳原隆司，山城耕司（いずれも前掲）

井関和朗（独立行政法人都市再生機構）	小山博正（株式会社アーバンアソシエイツ）
岡垣　晃（株式会社日建設計総合研究所）	小松裕幸（清水建設株式会社）
小田信治（清水建設株式会社）	高津敬俊（株式会社日建設計）
小野博保（株式会社窓建コンサルタント）	田中真一（独立行政法人都市再生機構）
亀田洋一（独立行政法人都市再生機構）	

第Ⅲ章　今本隆章，円満隆平，大崎一仁，大沼安秀，大橋三千夫，小畑晴治，橘雅哉，柳原隆司，山城耕司，小田信治（いずれも前掲）

■ 執筆協力者 ■ （50音順）

佐藤　敬（東京電力株式会社）	宮沢　功（株式会社ジイケイ設計）
島津勝弘（島津環境グラフィックス有限会社）	吉田直裕（株式会社日建設計）
荘司　豊（株式会社エネルギーアドバンス）	
瀬谷啓二（鹿島建設株式会社）	株式会社アドバンテスト
田中勝彦（東京電力株式会社）	金沢市
堀田紘之（株式会社アルメック）	株式会社渋谷マークシティ
増茂和稔（東京ガス株式会社）	株式会社日建設計
水野一郎（金沢工業大学）	

目次

はじめに　*i*

第Ⅰ章　これからのまちづくりとインフラのあり方　*1*

★まちづくりとインフラの基本的考え方　*2*

Ⅰ-1　地球温暖化対策　*3*
- Ⅰ-1.1　サステナビリティ　*3*
- Ⅰ-1.2　街区一体の省エネルギー　*4*
- Ⅰ-1.3　地域ぐるみの環境共生　*4*
- Ⅰ-1.4　公共交通対策　*4*
- Ⅰ-1.5　コンパクトシティ　*4*

Ⅰ-1　引用・参考文献　*5*

Ⅰ-2　社会経済の国際化―国際都市間競争の時代―　*6*
- Ⅰ-2.1　近代の国際情勢　*6*
- Ⅰ-2.2　スパシアル・プランニング(Spatial Planning：空間計画)　*6*
- Ⅰ-2.3　欧州での具体的展開例　*7*
- Ⅰ-2.4　日本の都市・地域の国際化と国際競争力　*8*

Ⅰ-2　引用・参考文献　*9*

Ⅰ-3　地方分権と「新たな公」　*10*

Ⅰ-3　引用・参考文献　*12*

Ⅰ-4　超高齢化と超少子化　*13*
- Ⅰ-4.1　少子化の推移　*13*
- Ⅰ-4.2　人口減少と超高齢化　*14*
- Ⅰ-4.3　家族形態の継承・持続の困難化　*15*

   Ⅰ-4.4 地域生活の持続とシビルミニマム *15*

   Ⅰ-4.5 終の棲家 *16*

  Ⅰ-4 引用・参考文献 *16*

Ⅰ-5 インフラと維持管理 ……… *17*

   Ⅰ-5.1 「インフラストラクチャー」の定義 *17*

   Ⅰ-5.2 アセットマネジメント *17*

   Ⅰ-5.3 ライフサイクルマネジメント(LCM) *18*

  Ⅰ-5 引用・参考文献 ……… *19*

第Ⅱ章 まちづくりのインフラの先進事例 *21*

★本書で採りあげた事例について *22*

Ⅱ-1 まちを再生する ……… *24*

   Ⅱ-1.1 晴海アイランドトリトンスクエア *24*
    ―当初からタウンマネジメントに配慮した大規模複合開発―

   Ⅱ-1.2 永田町2丁目地区 *30*
    ―再開発地区計画制度による都心大規模開発―

   Ⅱ-1.3 リプレ川口 *39*
    ―工業都市から住宅商業都市の転換のシンボルとなった川口駅西口地区の都市更新―

  Ⅱ-1 引用・参考文献 ……… *42*

Ⅱ-2 都市の核と骨格をつくる ……… *43*

   Ⅱ-2.1 渋谷マークシティ *43*
    ―鉄道3社一体による施設更新と土地活用―

   Ⅱ-2.2 金沢駅東広場―もてなしドーム― *49*
    ―全国でも珍しい駅前大規模ドーム―

   Ⅱ-2.3 富山ライトレール「ポートラム」 *54*
    ―コンパクトシティのための公共交通―

  Ⅱ-2 引用・参考文献 ……… *60*

Ⅱ-3 環境と共生する ··· 61

Ⅱ-3.1 ハートアイランド新田一・二・三番街　*61*
　　―川と連続する風の道や小樹林によるヒートアイランド対策の街づくり―

Ⅱ-3.2 アドバンテスト群馬 R&D センタビオトープ　*63*
　　―我が国最大級の企業敷地内のビオトープ―

Ⅱ-3.3 彩の国資源循環工場　*68*
　　―公共主導による先端環境技術産業の集約―

Ⅱ-3 引用・参考文献 ·· *74*

Ⅱ-4 環境負荷を減らし，エネルギーを節約する ··· *75*

Ⅱ-4.1 東京ミッドタウン地域冷暖房　*75*
　　―大規模一体複合開発のエネルギー供給―

Ⅱ-4.2 ソニーシティ　*79*
　　―民間単独ビル初となる下水熱利用冷暖房―

Ⅱ-4.3 東海大学伊勢原キャンパスエネルギーセンター　*81*
　　―既存病院設備更新時の ESCO 事業―

Ⅱ-4.4 幕張新都心 インターナショナルビジネス地区　*85*
　　―コージェネレーション（熱併給発電）による省エネルギー型地域冷暖房への設備更新―

Ⅱ-4.5 幕張新都心ハイテク・ビジネス地区地域冷暖房　*88*
　　―未利用エネルギー活用高効率プラント―

Ⅱ-4.6 アルビス前原汚水処理場（前原団地建替事業）　*91*
　　―団地建替に伴う独自の汚水処理場整備―

Ⅱ-4.7 サンヴァリエ桜堤（桜堤団地建替事業）　*94*
　　―景観を継承し，環境負荷を大きく削減した団地建替―

Ⅱ-4 引用・参考文献 ·· *96*

Ⅱ-5 優れた景観をつくる ··· *97*

Ⅱ-5.1 シティコート大島（大島団地建替事業）　*97*
　　―コミュニティ道路で，地域と一体化させた団地再生―

Ⅱ-5.2 ファーレ立川　*100*
　　―パブリック・アートと景観デザイン―

Ⅱ-5.3 高幡鹿島台ガーデン 54　*104*
　　―土木・建築一体となってまちなみをデザインした戸建住宅団地―

Ⅱ-5 引用・参考文献 ·· *110*

第Ⅲ章　知っておきたい，まちづくりのインフラの基礎知識　　111

Ⅲ-1　サステナブルなまちづくりの考え方 ………………………………………… 113

- Ⅲ-1.1　まちづくりと生態系保全　*113*
- Ⅲ-1.2　まちづくりとヒートアイランド　*117*
- Ⅲ-1.3　まちづくりと交通のあり方　*122*
- Ⅲ-1.4　まちづくりと安全・安心　*126*
- Ⅲ-1.5　まちづくりと環境負荷削減，省エネルギー　*130*
- Ⅲ-1.6　まちづくりと維持管理の主体　*135*

Ⅲ-1　引用・参考文献 ……………………………………………………………… 140

Ⅲ-2　まちづくりのインフラの成り立ち …………………………………………… 142

- Ⅲ-2.1　公共交通の成り立ち　*142*
- Ⅲ-2.2　道路・街路の成り立ち　*146*
- Ⅲ-2.3　公園・広場の成り立ち　*156*
- Ⅲ-2.4　まちづくりの給排水の成り立ち　*159*
- Ⅲ-2.5　まちづくりのエネルギー供給の成り立ち　*168*

Ⅲ-2　引用・参考文献 ……………………………………………………………… 177

索　引　*179*

おわりに　*183*

第Ⅰ章
これからのまちづくりとインフラのあり方

★まちづくりとインフラの基本的考え方★

　現代社会は「都市化の時代」ともいわれ，20世紀の100年間に，世界中で農村や僻地に分散して居住していた人口が一挙に都市に集中した状況の結果である．何よりも人口の多い東アジアでそれが顕著になった．まず，日本が1950年代から，続いて台湾や韓国が1980年代から，そして中国が1990年代から急進した．人口の半数が都市に住むようになると状況が変わるといわれているが，中国もまもなくそうなる．

　欧米では，産業革命が先行し，19世紀以降人口の都市流入が比較的ゆっくり進んできた．日本は，第二次大戦後のわずか40～50年で，台湾や韓国はこの20～30年でそうなったが，中国はさらに急激な都市化が進んでいる．

　そうした状況の中，消費文明を享受する生活者が爆発的に増え，社会経済の国際化が進み，地球環境問題が問題となってきている．

　一方，ユーラシア東西の先進諸国で，人口減少が社会のコントロールが効かないほど深刻化し，社会の高齢化の伸展と重なって，人口構成がいびつな状態になり，これまでの公共福祉体制や，医療介護体制では対処できない状況になっている．

　都市インフラも，社会的インフラの重要な部分を担うものであるが，都市の上部構造に比べて，長く機能し続けることになるため，現在の社会状況の足元をよく踏まえながらも，将来変化の動向や国際的潮流を見極めて取り組むことが必要となる．

　本章では，地球温暖化問題，社会経済の国際化，超少子化と超高齢化，地方分権と新たな公，都市再生・都市開発，インフラストラクチャーのマネジメントについて，大きく情報を整理し，建築学会都市インフラ計画ワーキングでの検討成果を盛り込むとともに，第Ⅱ章の先進事例の位置づけが理解できるように考慮した．

I-1 地球温暖化対策

I-1.1 サステナビリティ

1992年にリオデジャネイロで開催された「環境と開発に関する国連会議1992」(「地球環境サミット」とも呼ばれる)で地球環境問題が論じられて以来,環境分野の専門家だけでなく,幅広い知識層から,地球温暖化対策が「世界の持続可能性(サステナビリティ)」に喫緊のテーマと位置づけられるようになった.

サステナビリティという言葉自体は,実際には,それより以前,1972年の国連人間環境会議(ストックホルム会議)以来,国連環境計画(UNEP)を中心に謳われてきた考え方とされている.「持続可能な」以外の意味についてはいろいろな考え方があるが,「環境と経済(経営)の両立」ととらえることが,最もわかりやすいであろう.

「サステナブル・コミュニティ」という言葉は,米国の建築家,都市計画家ピーター・カルソープ Peter Calthopeらが,1986年に「サステナブル・コミュニティ」"Sustainable Community"を出版したことから始まるとされている.さらに,カルソープらによって,1991年にアワニー原則"The Ahwanee Principle"が発表され,その具体的な考え方がより一層広まった[1].アワニー原則では,序言で自動車への過度の依存,オープンスペースの消失,道路等の維持管理費の増大,経済資源等の不平等な配分,コミュニティへの一体感の喪失への警鐘が謳われたうえで,コミュニティの原則,地域の原則,実現のための戦略が提唱されている.

地球環境サミットで打ち出されたいわゆる『リオ宣言』の序文では,「1972年のストックホルム宣言(人間環境会議)を再確認するとともに,その発展を目指し,社会や市民の要となる分野と各国間の新たな水準の協調の創造を通じて,新しく公平な地球規模の協力関係の確立を目標とし,すべての権利を尊重するとともに,地球の環境と開発システムの一体性の保全への国際的な合意を追求し,われらの住まいである地球が不可分なものであり相互に依存することを再認識」して27の原則(項目の概要)を宣言した.

そして,1997年に日本で開催された「地球温暖化防止京都会議」で,『京都議定書』が採択された.先進国の削減義務が厳しいため紆余曲折があったが,以降,地球温暖化対策が,世界経済にとっての基幹要素となってきた.日本の目標値は,第一約束期(2008～2012年)に,1990年比6%の温室効果ガスの削減を達成することになっている.

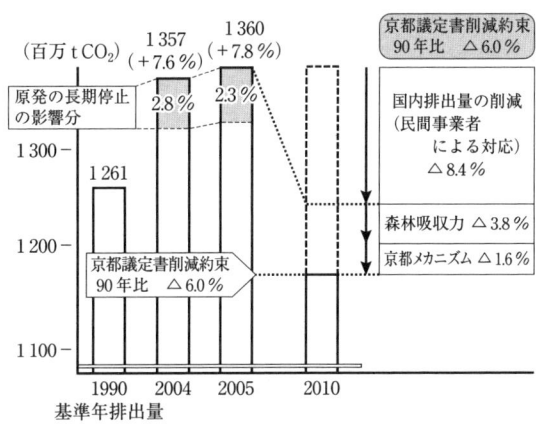

図 I-1.1 温室効果ガスの排出状況について(単位:100万 t-CO$_2$)[2]

我が国でも,2006年4月からCO$_2$削減量の報告を企業に義務づける(地球温暖化対策推進法改正)など,企業や事業者の取組みは先行しているが,自治体や市民の取組みでは,欧州や意識の高い途上国に遅れをとっている.議定書の目標達成にはコミュニティ・レベル,草の根レベルの環境負荷低減が不可欠で,これからの都市インフラにとって欠かせぬ配慮要素となってきた.

都市インフラのレベルの具体施策としては，「街区一体の省エネルギー」や「地域ぐるみの環境共生」，「公共交通対策」，「コンパクトシティのまちづくり」などの取組みが該当することとなる．

表I-1.1 京都議定書の目標達成のための追加対策[3]

	主な内容	排出削減量 (CO_2換算)
産業界の自主行動計画	化学や電子・電機業界などが省エネ設備更新	1 800万t
省エネ対策の強化	自動車や住宅の省エネ性能向上，省エネ法改正	950万〜1 150万t
新エネ対策の推進	太陽光や風力発電の普及推進	129万t
中小企業の排出削減対策	大企業が中小企業の省エネに協力	183万t
国民運動	クールビズや省エネ家電の普及促進	678万〜1 050万t
交通対策	道路工事期間の短縮，信号の消費電力を削減	60万t
廃棄物・上下水道対策	廃棄物のリサイクルを強化，上水道での小水力発電	230万t
代替フロン対策	代替フロンを削減する機器導入に対する補助金を拡充	120万t

I-1.2 街区一体の省エネルギー

これまで我が国では，地域熱供給事業や建物の省エネルギー対策と関連させて，街区一体あるいは地域レベルの省エネ対策が行われてきたが，今日求められているのは，さらに高度な達成目標を目指し，排出枠や排出権への説明責任を持っての取組みである．

化石エネルギーの消費抑制だけでなく，太陽光や太陽熱，バイオマスエネルギーなど新エネルギーの活用や，廃棄物エネルギーや未利用エネルギーなどについて，これまでの実績重視の姿勢だけでなく，創造的で挑戦的な取組みが求められる（第Ⅱ章Ⅱ-4「環境付加を減らし，エネルギーを節約する」参照）．

I-1.3 地域ぐるみの環境共生

地球環境保全について，森林資源や緑地などの緑環境や河川・湖沼・海の水辺環境の保全と，そこに生息する動植物等「生物多様性」を確保し，生態系バランスを護る取組みにも，例えば，ESP（EUの欧州地域空間計画）の基本方針や国土整備の原則に謳われるなど，国際的連携での取組み機運が高まっている（第Ⅱ章Ⅱ-3「環境と共生する」参照）．

I-1.4 公共交通対策

CO_2排出の原因は，自動車交通による部分が大きく，この問題にどう備えるかが，都市・建築上は重要な課題である．バスにすればかなり減り，LRTや新交通システムなど軌道交通にすれば大幅に減る．

自動車への依存率の高い米国で，「自動車をできるだけ使わず，（公共交通で）歩いて暮らせるまちづくり（TOD：Transit Oriented Development）」やニューアーバニズム[*1]の構想が生まれている．この歩いて暮らせるまちの効用は，「犯罪が少なく安全」や「まち歩きが（高齢者や若者にも）楽しい」という評価にも現れ，米国の新潮流となっている．第Ⅱ章Ⅱ-5で事例紹介されている高幡鹿島台の住宅地などにも，このまちづくりの要素が含まれている．

I-1.5 コンパクトシティ

城壁や水面で囲まれた都市と異なり，現代都市は，放置すれば経済原理と自動車依存で膨張する．居住環境の質の確保しながら，エネルギー消費を抑制し，地表の熱収支の均衡を保つ観点から，

---

*1：P.カルソープらが，1991年「アワニー原則」として提唱した「サステナブルなコミュニティ」を目指すまちづくり運動．

都市の内部や周辺の緑地や自然を護り，膨張を抑え，適切な密度を保つ「コンパクトシティ」の概念[4]は，リチャード・ロジャース（英国の「シティ・チャレンジ（都市再生）」メンバー）によって鮮明に打ち出された．国土交通省が打ち出した，「『都市化』の時代から『都市型』の時代へ」の具体化にも『コンパクトシティ』の考えがとりいれられている．

☆I-1☆引用・参考文献

1) 川村健一，小門裕幸：サスティナブル・コミュニティ　持続可能な都市のあり方を求めて，学芸出版社，1995年
2) 京都議定書目標達成計画の進捗状況（案），地球温暖化対策推進本部了解，地球温暖化対策推進本部ホームページ，2007年5月29日
   http://www.kantei.go.jp/jp/singi/ondanka/
3) 京都議定書の目標達成のための追加対策，閣議決定，環境省ホームページ，2008年3月28日
   http://www.env.go.jp/press/press.php?serial=9547
4) リチャード・ロジャース他著，野城智也訳著：都市　この小さな惑星の，鹿島出版会，2002年
5) 海道清信：コンパクトシティ―持続可能な社会の都市像を求めて，学芸出版社，2001年
6) 海道清信：コンパクトシティの計画とデザイン，学芸出版社，2007年
7) 山本恭逸：コンパクトシティ―青森市の挑戦，ぎょうせい，2006年
8) 鈴木浩：日本版コンパクトシティ―地域循環型都市の構築，学陽書房，2007年
10) 小林重敬：都市計画はどう変わるか，学芸出版社，2008年
11) 日本建築学会編：地球環境時代のまちづくり（まちづくり教科書 第10巻），丸善，2007年
12) 野村和正：二十一世紀の座標軸を考える，日本図書刊行会，近代文芸社，1998年

I-2 社会経済の国際化
―国際都市間競争の時代―

I-2.1 近代の国際情勢

産業革命が18世紀に起き，19世紀には世界に広がった．我が国の明治維新も，その当時の軍事力や基幹産業での国際競争時代にあって，列強の仲間入りぎりぎりのタイミングであったと考えられる．

20世紀に入ると産業の巨大規模化と世界人口の増大で，資源争奪と市場争奪の覇権争いの時代に入り，古い国家体制を転換するロシア革命や，植民地争奪と国家間の覇権を奪い合う世界大戦（第一次，第二次）や，その後の冷戦構造へと繋がってゆく．

ソビエト連邦崩壊後の1990年代になると，マスメディア・ネットワークやコンピューター・ネットワークの進化によって，社会経済の国際化，シームレス化が一挙に進み，これまでの国家別の政治経済体制あるいは産業，文化の国別体制では立ち行かなくなってきた．

21世紀は，そうした近代の歴史的経緯を踏まえ，国際連携，国際協調の時代になってきたともいえるが，その分，国内の各地域や各都市の社会経済活動が，身近な出来事や日常生活感覚からは予測できない「リスク」や「脅威」に曝されるようになってきている．例えば，貿易の自由化で，地域の製造業が発展途上国の輸出産業に市場を奪われたり，不況で傾いた中小企業や不動産が外国資本に買い取られることは茶飯事になっている．

こうした時代にどう備えるべきか，「グローカル（和製英語: think globally and act localy）」という言葉は，十数年前からいわれ始めたが，実に的を得たキーワードである．現代社会を生き残るためには，冷戦終結後の世界情勢や国際的な力の均衡を的確に読み，地域の一人一人が考え，力を合わせて，「国際競争」を意識して行動するしかない．そのためには，地域や都市ごとで，長期ビジョンを持ち，戦略的に取り組まなければ，思わぬ事態で地域社会が崩壊し消滅する可能性すらありえるという危機意識を持つことが肝要である．

欧米諸国では，地域や都市が「国際競争力」を持ち，「持続可能な発展」を目指す以外に道はないと考えられるようになっている．特に，先進諸国は，対途上国との競争性確保と，成熟型社会に共通の「少子高齢化の急進」「家族体制の変容」という内なる課題への対応の必要性から，そうした危機意識を共有するに至っている．我が国もその問題状況の例外ではなく，むしろ「少子高齢化」への対応で，最も厳しい局面を迎えながら日本がどう対応できるのか，各国の耳目を集めている状況である．

I-2.2 スパシアル・プランニング（Spatial Planning：空間計画）

EUでは，上記のような観点で，20世紀末から「European Spatial Planning（ESP 欧州地域空間計画）」を打ち出し，国際競争時代のEUの地域政策・都市政策の基本的スキームを創りあげた．この地域政策のプログラムは，基本的に地域単位に適用されるが，その「地域」は，加盟各国のリージョナル／ローカル・レベルの行政区域を基準とした域内単位によっており，歴史・文化・経済的特徴を共有した領域として志向される．その施策の重点は，交通や水供給，通信，保健衛生，教育など幅広い「経済発展の基盤」を整えることで，「地域の競争力の向上」を図ろうとしている．

EUで空間計画（スパシアル・プランニング）の議論が始まったのは，1998年の構造基金改革において制定された欧州地域開発基金ERDF規則Article10で，EUに「空間スキーム」を作成する権限が与えられたことによるとされる．また，1999年のベルリン会議で，当時のEU加盟15ヵ国の空

間計画担当大臣により,「European Spatial Development Perspective(ESDP：欧州空間計画の展望)」が最終合意されるに至っている.

内容は,EUにおける国や地域の違い,言語,文化などの多様性は,欧州を豊かにする要素である反面,社会的・経済的な地域間の不均衡の原因にもなっているという認識から,「EU域内の均衡ある持続可能な発展」を目的とし,それを達成するための「共同体の分野別政策と,加盟国,地域,都市の協調に向けた枠組み」を提供することとしている.

基本方針として以下の3点があり,その方針について,60の施策を提示している.
①多極分散型のバランスのとれた発展を目指し,新たな都市と農村の関係を確立
②交通・情報インフラへのアクセシビリティの公平性の確保
③持続的発展,自然文化資源保全

I-2.3 欧州での具体的展開例

ドイツ共和国連邦は,1990年の東西統一後16の連邦州で構成されており,各州が国家的性格を持ち,立法・行政・司法権を有する.各州は,基本権が連邦に付与する分野以外の立法権を持つが,空間整備計画については,各州が立法を行うための大綱的規定を制定する権限を連邦に付与している.

具体的には,連邦が理念・目的などに関する「連邦空間整序法」を定め,各州が具体化,実行することになっている.一部の広域行政課題は,連邦が州と共同で実施することも明文化されている.

連邦空間整序法では,国土整備の理念として,「個性の自由な発揮に寄与し,全ての地域空間において同等の生活条件を提供するような国土空間の発展」を謳い,上述のESDPの3原則を受けた規定とともに,15項目の国土整備の原則を打ち出している.
①均衡のとれた集落・空間構造の実現.経済的・社会的・文化的・生態学的諸関係を保った生活空間構造の確保
②中心地と都市地域を効率よく組み合わせた分散的集落構造の形成
③生態的機能を備えた広域的な空間構造の保全・形成
④集落・空間構造を実現するためのインフラ整備
⑤人口密集地域における健全な生活条件および均衡の取れた経済社会構造の確保
⑥農業地域の多様性の需要と自立的発展
⑦生活条件が連邦平均よりも劣っている地域の整備促進
⑧自然・風景の保護育成,環境の保全
⑨職場立地の適正化による均衡の取れた持続可能な経済構造の実現
⑩構造的に脆弱な農業地域の生活・雇用条件の改善

図I-2.1 ドイツ・ハンブルグ市のハーフェン・シティ都市開発(155ha)

(出典:ハンブルグ市ホームページより)

⑪住宅需要への適切な対応と居住地域の機能的配置
⑫交通負荷の緩和(交通システムの改善)
⑬地域の伝統的・歴史的・文化的な連続性の維持,文化的・自然への配慮
⑭自然・風景の中での保養,余暇やスポーツを行える空間・環境の形成
⑮民間防衛,軍事防衛の必要性の考慮

　以上のような,空間計画の具体的枠組みの中,例えば,ドイツ第2の都市ハンブルグで,国際競争力を高め「欧州都市」に整備する戦略プランで,都市構造の再編に取り組んでいる.人口70万人のハンブルグ市は,バルチック海に面する商業・貿易の港町であるが,「国際都市間競争」に備える戦略的長期ビジョンを進めている.

Ⅰ-②.4　日本の都市・地域の国際化と国際競争力

　我が国の国際競争力を何によって培うべきか議論する場合,どうしても明治維新期の列強コンプレックスが頭をもたげる.江戸中期〜幕末当時,世界が注目した「日本の美術,工芸,園芸,農業」などを,政府関係者がとるに足りぬもの,無意味なものとみなし否定しつづけたことなどは,西洋人の日本観察記として渡辺京二氏の「逝きし世の面影」[3]に詳説されている.

　1850年に始まる万国博の日本ブースに,20世紀初めまで人気が集中していたことでもわかるように,絵画などで欧米の印象派に与えた芸術文化の質の高さは,近年次第に再評価されている,誇るべき国際的文化力であった.「ジャポニズム」という言葉が,差別語だとする解釈も消えつつある.

図Ⅰ-2.2　エムシャーパークの地域再生[4]

図Ⅰ-2.3　アウトシュタットの「自動車のテーマパーク」

図Ⅰ-2.4　小樽運河(産業遺構活用事例,小樽市ホームページより)

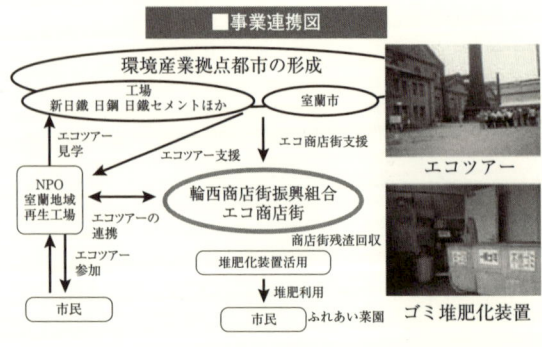

図Ⅰ-2.5　NPO室蘭地域再生工場が中心に連携する地域おこし

EUの空間計画や都市再生事業でもわかるように，地域の風土性や固有の文化を活かすためには，重厚長大型産業や威厳を保つための都市施設や記念建築物を並べることではなく，生活文化や歴史風土，あるいは自然環境に根ざした風景などを魅力的に総合的に調整し，洗練させ，例えば国際観光資源や世界遺産（ヘリテージ）に磨きあげることも大切な戦略となる．

　ドイツのルール工業地帯の産業遺構を活かした「エムシャーパーク」（広域の観光資源）や，戦前からの自動車まちアウト・シュタットの再生（自動車のテーマパークとして高級ホテル付で開発）の取組みは，そうした取組みの先進事例であるが，室蘭や浦賀でもそうした産業遺構再生の芽が出ている．

　雪や温泉という従来の国内観光資源を，国際観光資源・国際不動産プロジェクトに高める取組みも，ニセコや別府で出てきた．従来の「政策立案関係者」の通念では，国が関与すべきもので，2007年には国土交通省に「観光政策課」「国際観光課」「観光地域振興」など観光の名のつく5課が発足するまでに変わった．

☆ I -2 ☆ 引用・参考文献

1) 片山健介：EUにおける地域統合と空間計画の展開，UEDレポート2008年1月号，日本開発構想研究所
2) 橋本拓哉：ドイツにおける最近の国土政策について，UEDレポート2008年1月号，日本開発構想研究所
3) 渡辺京二：逝きし世の面影，平凡社，2005年
4) 永松栄，澤田誠二編著：IBAエムシャーパークの地域再生，水曜社，2006年
5) 藻谷浩介著：実測！ニッポンの地域力，日本経済出版社，2007年
6) 瀧本佳史編：地域計画の社会学，昭和堂，2005年
7) 竹村健一：未来への「道」をつくる 日本の大課題，太陽企画出版，1997年
8) 土木学会創立80周年記念出版部会：ヨーロッパのインフラストラクチャー－古代ローマの都市計画からユーロトンネルまで－，土木学会，1997年
9) 飯沼和正：われら，創造の世紀へ 備えるべきは何か，日刊工業新聞社，1994年
10) 大内雅博：世界インフラ紀行 コンクリート・建設・社会基盤，セメント新聞社，2002年
11) 原 克：モノの都市論 二〇世紀をつくったテクノロジーの文化誌，大修館書店，2000年
12) 片木 篤：テクノスケープ都市基盤の技術とデザイン，鹿島出版会，1995年
13) 梅原浩次郎：都市戦略と土地利用 産業あいちへの道，創成社，2003年

I-3 地方分権と「新たな公」

1. 公共サービスの変容と地方分権

「小さな政府」「地方分権」という世界の潮流は、どの国の国レベル・地方自治体レベルも、不可避となってきた。公共サービスとして、国家が何を行い、地域政府や自治体が何を行うべきか、改めて問われる時代になってきた。北欧のような高税負担高度福祉でモデル的な社会福祉水準を維持してきた国々でも、高齢化とニーズの個別化が進む現在、高度医療や多様な介護サービスの要求に、行政レベルで対応することは難しくなっている。1990年代以降、高齢者施設型から在宅介護方式に転換し、民間事業者やNPO・ボランティアの起用を大幅に拡大するように変わっている。

人類の長寿命化の著しい進展と、その中での個の欲望やニーズの多様化、高度化への対応は、公共サービスの果てしない多様化、複雑化をもたらし、もはや公共財政の逼迫は避けられなくなった。

日本より早い時期に高齢化社会を迎えた欧米諸国が得た知恵は、ボランティアやNPO組織で従来の行政サービスを肩代わりさせる方式で、社会の認知と理解のもとに、かなり大きな活動まで行うようになっている。行政の肩代わりや手伝いという枠を超え、新たな行政サービスのあり方を総合的に調整し、推進することも始まっている。

日本でも地方分権化が進むと、従来の国の仕事を都道府県が肩代わりし、その代わりに、従来の都道府県の仕事を基礎自治体(市町村)が肩代わりすることになるが、その市町村の業務の相当な部分を、後述の「新たな公」が引き受けなければすまなくなると考えられている。

団塊世代が定年を迎え、一流企業や官公庁勤務経験者を含む人材がまだ当面活躍可能な状況にあり、NPOなどを通した活用ができる好機となっている。また、民間事業者や地場の企業・事業社などが、PFIやPPPという事業手法で「新たな公」の役割を果たすことも始まっている。

2. 「新たな公」誕生の背景

「小さな政府」の動きが始まった1980年代は、レーガンやサッチャー、あるいは中曽根首相らが推進する「民活路線」の時代であったが、その後大きく転換する。日本は、経済バブルの高揚と崩壊後の萎縮で、その当時の国際潮流を見逃していたが、1990年頃から米国や英国では、国の政策が地方分権や市民参加を前提とする取組みに大きくシフトしている。米国の「コミュニティ・ディベロッ

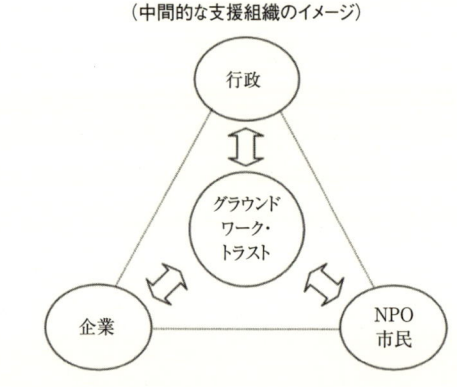

(中間的な支援組織のイメージ)

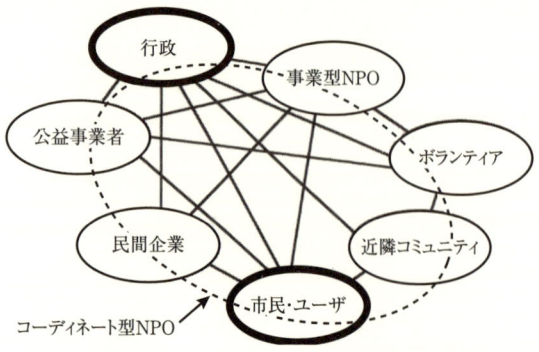

図I-3.1 コーディネートネットNPO(作成:小畑)

出典:(財)日本グランドワーク協会資料をもとに国土交通省国土計画局作成

プメント(CDC)*¹」や英国の「コミュニティ・パートナーシップ*²」という方式での地域再生・都市再生が始まった．振り返って考えると明らかであるが，1980年代の「民活」は，自治体抜きで，中央政府と民間の大企業の連携に偏っていた．

3. 地方自治体と市民参画

民活政策でも，行財政改革に一定の成果が得られたものの，市民感情との軋轢は凄まじく，犯罪や暴動事件の多発となって表面化し，政権交代も余儀なくされた．すなわち，英国では労働党が再び政権を取り戻し，米国でも民活路線から転換しつつある．

両国とも，「小さな政府化」や行財政改革は継承しつつも，上記のCDCやコミュニティ・パートナーシップなど，地域や市民（生活者）重視の政策に大きくシフトさせた．その施策の対象領域も，従来の商業・経済の開発偏重から，「都市再生」や「コミュニティ再生」という，生活者重視の修復・再生・育成の領域となっている．

両国には，元々，市民参加の伝統があった．アメリカ合衆国を創りあげたのは，まさに市民の力であったのであり，都市や社会の問題にも，市民の参画が不可欠であった．シェリー・アーンスタインが「真の意味での市民参加とはなにか？」を問うたのは，1969年のことであった¹⁰⁾．また，英国の「コミュニティ・パートナーシップ」は1970年代から始まっていたが，今日的な意義・意味を踏まえて認知されるようになったのは，1990年代からだといわれている．

4. 「新たな公」の活動領域

市民組織も公共サービスなどの肩代わりや，福祉サービス支援や環境保護活動など役務対応のものだけでなく，公民の役割の見直しや複雑な社会システムや意思決定への対応を受け持つ，「インター・ミディアリー」（米国）や「グラウンド・ワーク・トラスト」（英国）といったものも出来，役割分担している．

福祉や環境の領域は，従来の公共施策概念や行政の機構・枠組みでは対応しきれない，複雑多岐に入り込んだ問題への対応や機微をわきまえた取組みが不可欠な状況にある．様々な市民の知恵やノウハウが思わぬ効果を発揮することも多く，財政事情の厳しい自治体だけでなく，各中央省庁や地域活性化統合本部からも，大きな期待が寄せられている．

こうした「新たな公」の考え方と整合のとれる「サステナブル・インフラ」もこれから大切になる．例えば，中山間地の国道の維持管理を地域の町村民が受け持つ前提で舗装などの整備水準を簡素化することや，住宅地近くの国道などの街路樹や分離帯を「アドプト制度」で地区の住民に維持管理を委ねること，あるいは中小河川の3面張り護岸を自然土石の構造に戻し，堤防の法面緑地を地区のボランティアの共同管理に委ねる，等々である．本書では，地域のビオトープの維持管理に大学・住民の参加が行われているアドバンテスト群馬R＆D

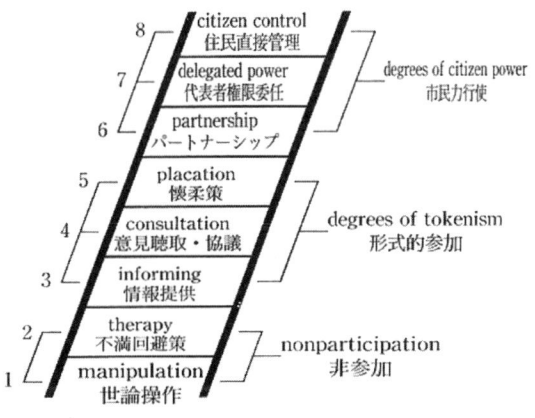

図 I-3.2 アーンスタインの参加のはしご¹⁰⁾

＊1：Community Development Corporation
＊2：コミュニティ・パートナーシップは以前からあったが，1990年代から地域連携の要素が入る．

I-4 超高齢化と超少子化

表 I-3.1　新たな公の事例（(財)日本開発構想研究所まとめ）

	区分	事例と活動概要
1	高齢者支援，子育て支援	①NPO法人「わははネット」（香川県坂出市）：空き店舗活用老幼支援．2000人のネットワーク ②「やすらぎ支援員」制度（北海道本別町）：認知症助け合いの町，年寄りが支援員に
2	安全・安心対策 防災・防犯・治安	①ボランティア団体ワンワンパトロール：Wanパク隊（栃木県佐野市）：愛犬家たちが通学の防犯に ②NPO法人コメリ災害対策センター（新潟県新発田市）：住民が団結し災害対策に取り組む
3	自然環境保護，リサイクル運動	①NPO法人霧多布湿原トラスト（北海道厚岸町）：霧多布湿原保全を通じ自然保護に取り組む ②NPO法人グランドワーク三島（静岡県）：水辺を中心に環境整備，ネットワークでまちづくり
4	居住環境・コミュニティの活性化	①NPO法人コレクティブ・ハウジング社（東京）：相互扶助の住まいコレクティブ住宅の普及推進 ②かなざわ町屋情報バンク（石川県金沢市）：人が住むことで休眠町屋を再生させ仲介
5	農林水産保全，森林資源・水源の管理	①NPO法人レインボープラン推進協議会（山形県）：農と食をベースにした地域ビジョンの共有 ②農業組合法人古座川ゆず平井のさと（和歌山県）：ゆずビジネスで地域活性化
6	国土マネジメント，公害対策，中山間地対策	①NPO法人アサザ基金（茨城県）：市民参加による流域の里山管理や地域産業振興 ②地縁団体法人 野沢組（長野県）：室町以来の「惣」の自治組織を継承し地域総合経営
7	地域交通，福祉交通	①NPO法人多摩NT「ゆずり葉」：高齢化が始まる多摩NTで介護移送の事業を行う ②下市タウンモビリティの会（茨城県）：シニアカーで，外出機会増と商業活性化
8	コミュニティビジネス，地域通貨	①（株）飯田まちづくりカンパニー（長野）：中心市街地活性化基本計画立案，施設管理運営 ②（株）アモールトーワ（東京都）：商店街活性化に加えコミュニティ全体にサービスする諸事業
9	伝統文化・伝統芸能・文化財の保護	①新田村づくり運営委員会（鳥取県智頭）：過疎化農村で都市農村交流と伝統芸能保存 ②阿波農村舞台の会（徳島県）：徳島に伝わる人形芝居の伝統文化を残す会
10	国際交流，観光開発，地域の情報発信	①室蘭地域再生工場：「産業観光」で市内工場見学ツアー，商店街・町内会と地域通貨実験 ②（株）黒壁＋NPO（滋賀県長浜市）：まちづくり地域の情報発信，コミュニティビジネスの創出

センターの事例（第Ⅲ章Ⅲ-3），国際的パブリックアートの維持管理に市民が参加するファーレ立川（第Ⅲ章Ⅲ-5）が紹介されている．

また，近年注目されている住宅地の「ホーム・オーナーズ・アソシエーション」や，まちづくり・まち育てのソフトウェアともいわれる「エリア・マネジメント」の取組みや位置づけにも，「新たな公」の考え方が含まれているように思われる．

☆ I-3 ☆引用・参考文献

1) 国土交通省国土整備局資料
2) 内閣府国民生活局ホームページ「認定NPO法人制度の活用事例集　2006年8月」
　 http://www.npo-homepage.go.jp/pdf/nintei_npo_jirei.pdf#search＝'認定NPO法人制度の活用事例集'
3) （財）自治体国際化協会ホームページ「Clair Report 207 英国におけるパートナーシップ」
　 http://www.clair.or.jp/j/forum/c_report/html/cr207/index.html
4) イアン・カフーン著，小畑晴治他訳：デザイン・アウト・クライム，鹿島出版会，2007年
5) 日本開発構想研究所：諸外国の国土政策・都市政策，UEDレポート2008年1月号
6) BRISレポート
7) 小玉 徹他：欧米の住宅政策，ミネルヴァ書房，1999年
8) 原田純孝・渡辺俊一編著：アメリカ・イギリスの現代都市計画と住宅問題，東京大学社会科学研究所，2005年
9) 日本都市計画学会監修：都市計画国際用語辞典，丸善，2003年
10) Sherry Arnstein："A Ladder of Ctizen Participation"，*Journal of the American Institute of Planners*，3. July, 1969
11) 小林重敬：エリアマネジメント―地区組織による計画と管理運営，学芸出版社，2005年

I-4 超高齢化と超少子化

I-4.1 少子化の推移

人口減少問題は，狼少年の話のようになった感もある．しかし，その影響は，社会保障や年金不安だけでなく，これからの社会経済や暮らしやそれを支える都市インフラなど，様々な面で市民生活に大きく影響してくると思われるので，問題の本質や影響の大きさをよく考えてみたい．

30年以上にわたり下がり続けた「合計特殊出生率」は，今日のような超少子化状況（このまま推移すれば100年後の人口が現在の1/3の4500万人程度になると国の機関が予測値公表）に陥ることは自明であった（図Ⅰ-4.1，図Ⅰ-4.2）．オピニオン・リーダーたちも，この10数年（「失われた10年」，あるいは「失われた15年」）もっぱら経済問題や景気低迷に関心を寄せてきた．

その間，世界はどう動いたか．1992年の「リオ宣言」で，①生態的安全性，②管理された経済成長，③適切な人口政策など27の原則を合わせ，『持続可能な発展(Sustainable Development)』が打ち出され，世界に影響を与えた．その後，1997年の京都会議で「京都議定書」が打ち出された．地球温暖化対策が世界の喫緊の課題と認知され，今日に至っているが，こうした世界的な動きを多くの国民が重要視せず，他人事のように見ている先進国は日本だけではないかと危惧される．

リオ宣言以降，世界的に使われるようになった『持続可能性』の意味を先進国の一般市民も十分理解すべきである．このまま「人口減少」と「超高齢化（＝人口構成の極端な偏り）」によって持続不可能となる恐れもある．現時点で我が国の国際的経済力が高いのに海外投資家の評価が低いのは，その対応能力の欠如故だともいわれている．自治体の財政破綻などもその現れであろう．

20世紀末に，欧米で打ち出された「コンパクトシティ」の概念は，「持続可能な開発（サステナブル・ディベロップメント）」への具体方策であり，温

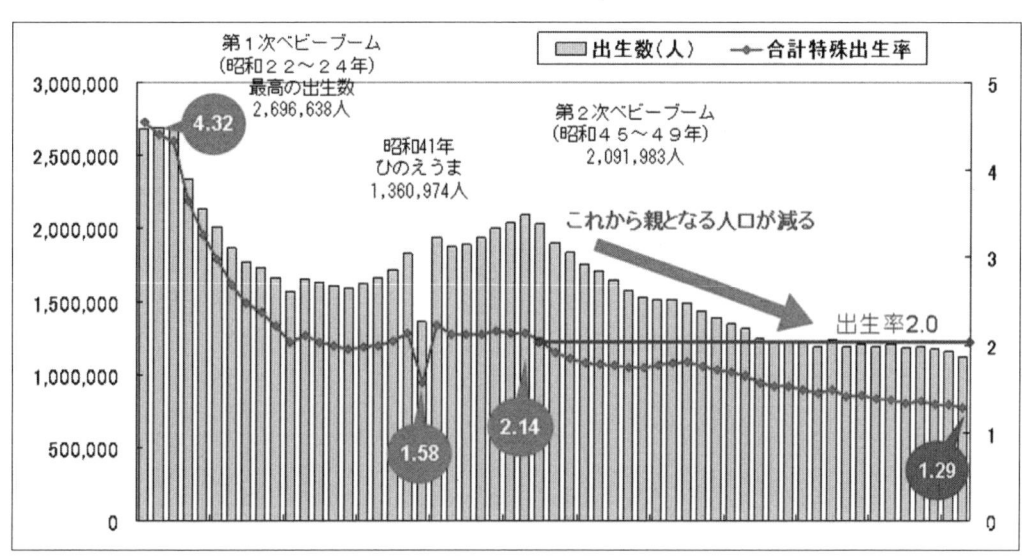

図Ⅰ-4.1　出生数と合計特殊出生率の変遷

資料：厚生省大臣官房統計情報部「人口動態統計」（藻谷浩介氏作成）

暖化対策や高齢化社会の財政逼迫対策への具体的提案であった．我が国でも，国土交通省都市局が1998年に，「都市化の時代から，都市型の時代へ」を打ち出し，その後コンパクトシティが目指すべき目標となって期待を抱かせる状況もあったが，「市町村合併政策」であいまいにされてしまった．「コンパクトシティ」も単なるスローガンにすり替わり，人口減少や超高齢化の問題解決，あるいは地球温暖化対策との脈絡もとれておらず，明確な展望が見えていない．

I-4.2　人口減少と超高齢化

人口減少の原因は，まだ十分に解明されていない．下河辺淳氏によると，宗教や人種，政治体制，文化，歴史の全く異なる，「ユーラシア大陸の両端の多くの国」で似たような激しい出生率の低下が見られ，地球温暖化のような，見えない大きな力の可能性もあるという．

女性の社会進出が影響しているとか，家族の個人化が原因しているとか，子育て支援施策が不十分だとか，諸説あるが，現在の状況が容易に改善に向かう展望はどこにも見えない．例えば，2005年の国勢調査で世帯構成割合を調べると，図Ⅰ-4.2のようになっている点などは，最近の我が国の状況として理解しておきたい．

全国平均で，「18歳未満の子供を含む世帯」の割合が26％，東京都区部に至ってはたった20％しかない．若者が最も多く集まる東京で，子供のいる世帯が最も少ないのである．首都圏の埼玉・千葉も現在の状況は全国平均に似ているが，人口が減り始めた地方都市より出生率は低い有様である．我が国の人口回復の困難さがわかる．単身世帯比率の全国状況を見ると，単身世帯比率が30％を超える都道府県が増えており，地方も例外ではない．

高齢化の進み方は世界に例を見ない早さで，既に昨年，65歳以上人口が20％を超え，2007年に21％を超えた．ドイツ，イタリアがこれに続くが，ドイツが21％を超えるのは2017年と10年先である．日本は，2055年に65歳以上人口が40％を超

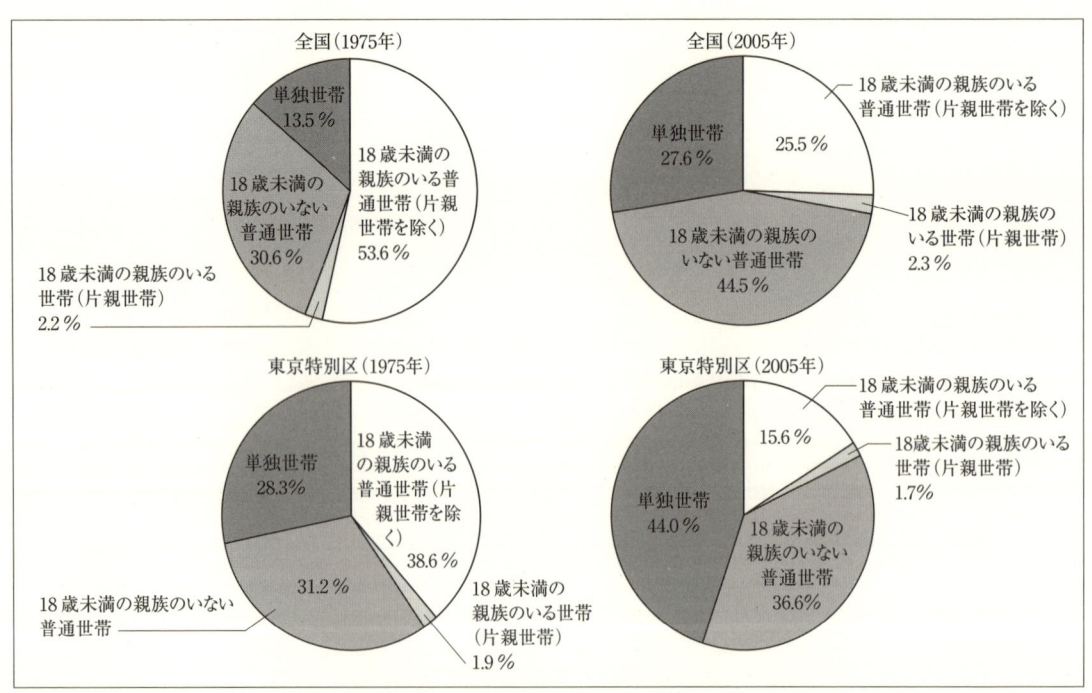

図Ⅰ-4.2　1975年と2005年の国勢調査でみた世帯構成の変化（国勢調査資料より（財）日本開発構想研究所作成）

え，その比率のまま50年間続くという状況は，大きく改善できなければ国家存亡の危機となる．65歳以上人口の多さの問題だけでなく，2007年9月に80歳以上人口が700万人を突破（総務省推計）した状況についても，自分の家族のこと，自分の身の回りのこととして考えておくことが不可欠となってきた．

I-4.3 家族形態の継承・持続の困難化

世帯構成状況（図I-4.2）を見ると，単身世帯は，いわゆる「家族（ファミリー）」でなく，「家族形態」が保たれているのは，「18歳未満の子どもの居る世帯（全国平均27.8％）」と，「18歳未満の子どものいない世帯44.6％」の両方だと単純に考えられようが，その後者の実態やニーズについて，社会がもっとよく理解する必要がある．

これまでの社会通念では，前者の「18歳未満の子のいる世帯」を，社会構成の単位としての「家族」と見なしてきた．戸籍簿の筆頭者や国勢調査の世帯主という考え方が明瞭にあてはまる家族形態である．ところが，後者の「子どものいない世帯」の内訳は，「子の居ない若年～中年夫婦」だけではなく，「エンプティ・ネスター（子が独立した後の老夫婦）」「パラサイト同居」「2世代/3世代同居」「老々親子同居」「親族同居」などとなるが，これまでの通念では，「標準的家族（ファミリー）」とは呼べない家族形態である．少なくとも，「世帯が成長し，次世代継承がなされる家族形態」ではない．そうした家族も，体面上もしくは意識的に「家族の絆」を強く意識しているが，要介護状況の発生や，死別による墓所・供養の対応という現実問題に，近づくと，あるいは直面して初めて，幻想を捨てることが多いようである．

I-4.4 地域生活の持続とシビルミニマム

少子化と超高齢化の歪みや影響が典型的に出ているのが，中山間地の「限界集落」と大都市周辺部の「計画的に開発された住宅地」である．超高齢化が進み，地域の人口が減るのに従い近在の購買施設（商店や市場）が店を閉じ，路線バスのサービスが激減する状況に，これまでは自家用車や近隣の相互扶助で補完してきた訳であるが，上記のように80歳超という免許返上年齢*1を超える高齢者急増で，日常生活の足の対応限界も見えてきた．限界集落は，東北，中国地方や南九州に多いが，どこも状況は厳しい．そして，不便地の高齢者の「モビリティ・ディバイド」（交通弱者が取り残される問題[1]）が懸念される．

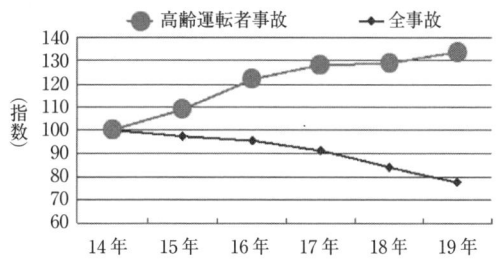

図I-4.3　70歳以上の交通事故件数と全事故数（警察庁資料）

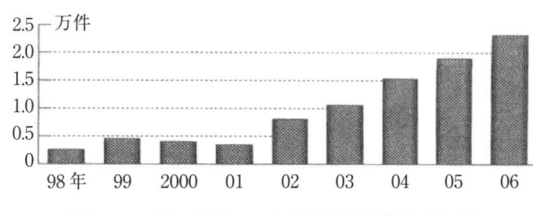

図I-4.4　運転免許証の自主返納件数（警察庁資料）

中山間地では，道路を拡充整備し路線バスを通せばなんとかなるとする地域交通施策は，ユーザー満足度からも，経営面からも省エネルギー面からも，限界が明らかで，現状維持はおろか改善

---

*1：返納件数は，「70～74歳」が1位，「75～79歳」が2位，「65～69歳」が3位で，大半が80歳未満である．

は絶望的である．

　しかし，打開策がない訳ではない．思い切って一定の公的助成を入れ，低床LRT（第Ⅱ章のⅡ-2.3富山LRT）やスウェーデンなど北欧諸国や，青森，鳥取などの中山間地で導入されている『DRT』（Demand Request Transit，デマンド方式のバス・タクシー）を，福祉サービスと合わせる形で導入することが考えられる．急増が予想される介護移送需要への対応策として，検討に値する．

Ⅰ-4.5　終の棲家

　超高齢化社会は，身の周りの人が次々に亡くなるという社会であり，家族や親しい友の死を悲しみ，受けいれ，弔い，偲び，死別による心の傷やつらさを癒す「グリーフケア」[2]や，伴侶や自分自身の死を悟り，静かに受けいれ，終末を迎えるための環境づくりもきわめて重要になる．ホスピスや終末ケア対応施設，身近かな公園墓地などが，超高齢化時代の都市インフラとして不可欠の要素になりつつある．

☆Ⅰ-4☆引用・参考文献
1)　まちづくりと交通プランニング研究会編：高齢社会と都市のモビリティ，学芸出版社，2004年
2)　山崎譲二：手元供養のすすめ，祥伝社，2007年

I-5 インフラと維持管理

I-5.1 「インフラストラクチャー」の定義

「インフラストラクチャー」の語についての定まった定義は無い．定義について論じることは，本書の目的ではなく他の文献に譲るが[1]〜[4]，最低限，以下を共通理解としておく必要があろう．

英語の"infra"は「下に」「下部の」の接頭後であり，対語として"supra"がある．インフラストラクチャーは「（国土の，社会の，都市の）基盤構造」といった意味が最大公約数的な理解といえる．スプラストラクチャーは「上部構造」，慣用的には「うわもの」と理解されている．「インフラストラクチャー」を「社会資本」と同義とする場合も多く，官公庁ではこの用語が通例のようである．本書では，「インフラストラクチャーとは，建物（うわもの）の存在を支える，建物以外の施設，仕組み」といった程度が適当であろう．

インフラ関連の法制面での用語としては，「都市施設」と「公共施設」がある．「都市施設」は，都市計画法に定められており，これを表I-5.1に示す．

「公共施設」は，都市計画法第4条で「道路，公園その他政令で定める公共の用に供する施設」と定義されており，「その他政令で定める」施設は，下水道，緑地，広場，河川，運河，水路および消防の用に供する貯水施設とされている．庁舎，公立学校，公民館等，地方公共団体が設置あるいは管理する施設を公共施設と呼ぶことは，法律的には誤りである．これらの施設を総称する法律用語は無いが，地方自治法第238条に定める「公有財産」が最も近いといえる．慣用的には「公共建築」の語が

表I-5.1 都市計画法第11条に定める都市施設

1. 道路，都市高速鉄道，駐車場，自動車ターミナルその他の交通施設
2. 公園，緑地，広場，墓園その他の公共空地
3. 水道，電気供給施設，ガス供給施設，下水道，汚物処理場，ごみ焼却場その他の供給施設又は処理施設
4. 河川，運河その他の水路
5. 学校，図書館，研究施設その他の教育文化施設
6. 病院，保育所その他の医療施設又は社会福祉施設
7. 市場，と畜場又は火葬場
8. 一団地の住宅地設（一団地における50戸以上の集団住宅及びこれらに附帯する通路その他の施設）
9. 一団地の官公庁施設（一団地の国家機関又は地方公共団体の建築物及びこれらに附帯する通路その他の施設）
10. 流通業務団地
11. その他政令で定める施設等
    （電気通信事業の用に供する施設又は防風，防火，防水，防雪，防砂若しくは防潮の施設）

使われることが多いようである．

I-5.2 アセットマネジメント

我が国で建物や土木構造物の既存のストックが増大し，フロー社会からストック社会へ移行する中で，社会資本のストックを「資産（アセット）」とみなし，その効率的・効果的な運営・監理を図ろうとするアセットマネジメントの考え方，仕組みの導入が近年進みつつある．社会一般には，資産（アセット）は株式，債券などの金融資産，土地・建物などの不動産，その他（宝飾品・美術品等）全般を指すことが通例であり，用語の使用には注意を要する．

アセットマネジメントの語を，社会資本や公共事業の運営・管理に取り入れたのは，行政面では，北川正恭が三重県知事在任中（1995〜2003年）に行ったのが比較的早く[5]，その後，同様な取組みを開始した自治体や，主に土木技術面でそれらへの対応組織や技術を整備するコンサルタント会社や建設会社が増えている．教育・研究面での取組みも主に土木工学分野で多く行われており，これまでの土木学会全体としての取りまとめの成果も発表されている[6]．土木学会の取組みで特筆される

ことは，考え方や土木技術的な診断・評価に手法にとどまらず，組織，予算・会計，さらには新しいビジネスモデルまでも対象としている点である．

建築分野では，企業や団体が所有する土地・建物の不動産を，経営的視点から運営・管理するファシリティマネジメント（FM）が，事務所建築を主に定着しつつある．また不動産証券化の普及に伴い，賃貸ビルの維持管理の適正化と収益の最大化を図るプロパティマネジメント（PM）も普及し，専門企業が増えている．さらに，多数の土地・建物により事業活動を行う企業が，経営資源としての不動産全体の所有・賃貸・取得・売却・運営管理について，より経営目標や指標に即して意思決定しようとするCRE（Corporate Real Estate：企業不動産）戦略の考え方普及しつつある[7),8)]．

公共建築物等についても，2006年の行政改革新法により，大半の地方自治体が民間と同様の財務諸表を作成することが義務づけられたことから，PRE（Public Real Estate：公共不動産）戦略の研究も始まっている．このように，建物のマネジメントは，歴史的には建築技術を主に営繕的な性格が強かったが，不動産における建物の資産価値の相対的な増大により，資産・不動産管理的な性格を増している．

インフラストラクチャーの運営・管理についても，建築・設備・土木などの技術的視点に加えて，経営的視点がより一層強く求められている．

I-5.3 ライフサイクルマネジメント（LCM）

建築もフローの時代からストックの時代に入り，LCMの考え方が重要となってきた．LCMは，主に建物や構造物の，企画・計画・設計・施工・維持管理・修繕更新・改修・用途変更・除却解体までを適正に管理しようとする考え方で，特にライフサイクルを通じての性能，あるいはライフサイクルコスト（LCC）は，企画から基本設計の段階までで大きく規定されるとされている[9)]．

インフラと個々の建築との調整についても，建築の企画から維持管理段階までに無数の課題があるが，特に建築の調査・企画・基本設計段階で，建物の施主と個々のインフラ事業者との間で，可能な限りの合意形成を図ることが，インフラと建築双方のLCMの上で重要である．

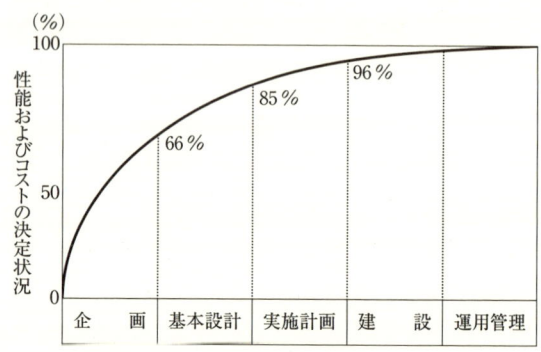

図I-5.1　プロジェクトの段階と性能決定状況[9)]

建築にしてもインフラにしても，その機能・性能は経年とともに低下していくものであり，その低下の速度を少しでも遅くするために保守を行う．しかし，機能・性能が実用上支障のない水準すなわち許容できる水準を下回ると，補修によりその水準まで回復させるか，あるいは修繕と保守により初期の水準まで回復させる．実用上支障のない水準（許容できる水準）は時代とともに高くなるものであり，具体例としては，建築では電気容量や防災設備など，インフラでは容量・供給可能量や安定性などがある．

一方，機能・性能については必然的に向上または向上が要求される水準があり，これも時代とともに高くなる．具体例としては，建築では，空調設備やウォシュレットの普及など，インフラでは情報化や更新の容易さがある．既存の建築・設備の機能・性能をこの水準まで高めるために改良や改修が行われる．建築やインフラの延命，長寿命化もこれに含まれる．

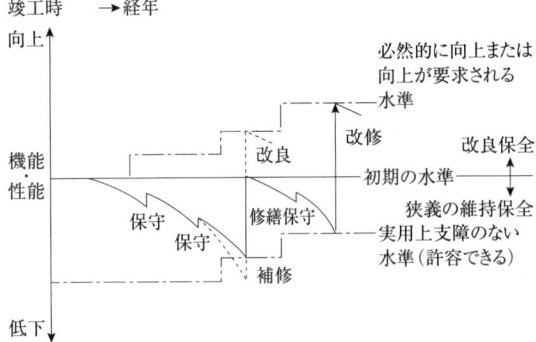

図 I-5.2 保全作業と機能・性能レベルの概念[10]

なお，類似の用語として，維持保全，維持管理があるが，明確な差異は必ずしも確定されてはいない．法律によっても様々である．また，修繕・修理・補修，改良・改善・改修などの用語があるが，明確な定義はない．ただし，前者のグループは劣化した機能・性能を初期の水準まで回復させる意味であるのに対し，後者のグループは初期の水準ではなく，その時点で期待する水準まで向上させる意味で用いられるのが通例である．

☆ I - 5 ☆ 引用・参考文献

1) 中村英夫編著・東京大学社会基盤工学教室著：東京のインフラストラクチャー 巨大都市を考える，技報堂出版，1997年
2) 松沢俊雄編：大都市の社会基盤整備，東京大学出版会，1996年
3) 豊田高司会ほか：人々の生活と社会を支えるインフラストラクチャー－社会基盤整備論－，山海堂，1994年
4) 尾島俊雄監修・JESプロジェクトチーム編：日本のインフラストラクチャー，日刊工業新聞社，1982年
5) 北川正恭・岡本正耿：行政経営改革入門，生産性出版，2006年
6) 土木学会編：アセットマネジメント導入への挑戦，技報堂出版，2005年
7) CRE研究会：CRE戦略と企業経営，東洋経済新報社，2006年
8) 森平爽一郎：ケースでわかる実践CRE（企業不動産）戦略，東洋経済新報社，2007年
9) 建築保全センター：建築物のライフサイクルコスト，経済調査会，2000年
10) （財）建築・設備維持保全推進協会BELCA編：建物のライフサイクルと維持保全，（財）建築・設備維持保全推進協会，2005年
11) 石井一郎編著：社会基盤のメンテナンス，理工図書，2002年

第Ⅱ章
まちづくりのインフラの先進事例

★本書でとりあげた事例について★

　本書でまちづくりのインフラストラクチャーの事例紹介をするにあたり，様々な事例について多角的な情報収集と検討がなされた．その際，本書冒頭「はじめに」で述べたように以下の17のキーワードに対応する事例を選定することとした．

　人口減少，都市の縮退，環境共生，省資源，省エネルギー，自律分散，技術革新，サステナブル，ライフサイクル，都市再生，中心市街地活性化，Public Private Partnership，市民参加，維持管理，設備更新，道空間，公共交通

　これによって多数の事例が候補にあげられたが，主に次の5つの視点で事例を絞った．
　第1に，開業後一定期間を経て，一定の評価が得られている事例を主とした．
　第2に，規模が巨大すぎたり，事業条件が特殊すぎるなどで，一般の参考となりにくいと考えられるものは対象外とした．
　第3に，実務者，専門家の間ではよく知られているものの，事業者の意向で情報を公表できないことから，対象外とせざるをえないものが非常に多かった．
　第4に，実績等の情報が公表されてはいるものの，その評価が分かれる事例もいくつか対象外とした．
　第5に，入門書としての本書の性格上，紙数の制約から載せることができなかった事例も多い．
　また，現代のまちづくりにとって不可欠なインフラとして情報通信インフラがあるが，その技術はまさに日進月歩であり，無線LAN，携帯電話など，建築設備側の備えで足りる部分が多く，まちづくりのインフラとしてどこまで対応すべきか予測不能な部分が多いこと，他のインフラ以上にコンテンツと一体として考えなければならず，個別性が大きいことなどから，本書の対象外とした．
　以上のことから，本書で紹介した事例は各分野の専門家から見れば必ずしも先進的とはいえない事例もある．
　こうした経緯で選ばれたのが，本書に掲載された19の事例である．したがって，本書に紹介されていない先進事例や好事例のほうが，数としてははるかに多いことは当然である．
　19の事例は，インフラストラクチャーとして，道路，交通，公園，広場，供給処理，景観形成，生態系保全などの優れた技術を駆使し，かつ言葉では尽くせぬほどの合意形成の努力を経て事業が実施されたものばかりである．それぞれに冒頭にあげた17のキーワードにつながる取組みを行っているが，各事例それぞれに複数のキーワードに対応していることから，それを5つの切り口で整理したのが，本章である．
　また，次の**第Ⅲ章**では，本章で紹介した事例を理解するための考え方と基礎知識を解説した．
　本章で紹介した各事例の特色，第Ⅲ章で示した考え方と解説との関係を**表Ⅱ-1.1**に示す．当然のことながら，まちづくりは一つの課題だけを解決すればよいというものではなく，各事例とも広汎な課題に対応しているが，それぞれの特色，本書で解説した考え方と基礎知識に特に関係が深い事例を明記した．
　各事例とも，「あらまし」「キーワード」「開発概要」「建築概要」「開発の経緯」「立地・敷地条件」，「土地利用計画」「交通・道路基盤整備」「供給処理施設基盤整備」「緑地・空地整備」のそれぞれの基本的な考え方，「維持管理」「今後の課題」を紹介することを基本としたが，事業の性格，事業者側の事情，情報量などから，そのとおりに紹介できた事例は少ない．

　特に維持管理については，今後のインフラの最も重要な課題であり，本書でも極力紹介に努めたが，事例ご

とに個別性が大きいこと，情報収集やヒヤリングできた事例では，すべてを紹介するには内容が膨大で紙数の制約を大きく超えることなどから，本章で紹介する内容にとどめた．インフラの維持管理については情報収集自体が困難な場合が多いが，その調査・研究は今後の社会的課題であろう．

また，各事例とも計画目標の達成状況などの事業評価を試みようとしたが，公開可能なものについては資源・エネルギー・環境負荷削減量を示したり，収益性の概況を示したが，大部分が民間事業であり，その公開についても限界があった．

本章での事例紹介については，以上のことをご理解願いたい．

表Ⅱ-1.1 本書で紹介した事例の特色と主な内容（◎印：特に関連が深い，または重点的に解説している項目）

		特　色	本書での重点的解説									
			考え方					基礎知識				
			生態系保全	ヒートアイランド	交通のあり方	安全・安心	環境負荷削減と省エネルギー	維持管理の主体	公共交通	道路・街路	公園・緑地	給排水	エネルギー供給
1. まちを再生する													
	晴海トリトンスクエア	タウンマネジメントに配慮した大規模複合開発	○	○	○	○	◎	◎	○	○	○	○	◎
	永田町2丁目	再開発地区計画制度による都心大規模開発	○	○	◎	○	◎	◎	◎	◎	◎	○	◎
	リプレ川口	工業都市から住宅商業都市への転換のための都市再生	○	○	◎	◎	◎	◎	◎	◎	◎	◎	◎
2. 都市の核と骨格をつくる													
	渋谷マークシティ	鉄道3社一体による施設更新と土地活用	○	○	◎	○	○	◎	◎	◎	○	○	○
	金沢駅東広場	全国でも珍しい駅前大規模ドーム	○	○	◎	○	○	◎	◎	◎	○	○	○
	富山ライトレール	コンパクトシティのための公共交通	○	○	◎	○	○	◎	◎	◎	○		
3. 環境と共生する													
	ハートアイランド新田	ヒートアイランド対策の街づくり	◎	◎	○	○	◎	◎	○	○	◎	○	○
	アドバンテスト社ビオトープ	わが国最大級かつ企業敷地内のビオトープ	◎	○			○	◎			◎	○	
	彩の国資源循環工場	公共主導による先端環境技術産業の集約	○	○	○	○	◎	◎		○	○	○	◎
4. 環境負荷を減らし，エネルギーを節約する													
	東京ミッドタウン	大規模一体複合開発のエネルギー供給	○	○	○	○	◎	◎	○	○	○	○	◎
	ソニー本社ビルエネルギーセンター	民間単独ビル初となる下水熱利用冷暖房	○	○			◎	◎				○	◎
	東海大病院エネルギー供給	既存病院設備更新時のESCO事業					◎	◎					◎
	幕張新都心地域冷暖房													
	インターナショナルビジネス地区	コージェネレーション（熱併給発電）による省エネルギー型地域冷暖房への設備更新					◎	◎					◎
	ハイテクビジネス地区	未利用エネルギー活用高効率プラント	○	○			◎	◎					◎
	アルビス前原	団地建替に伴う独自の汚水処理場整備	○				◎	◎				◎	○
	サンヴァリエ桜堤	環境負荷を大きく削減した団地建替	◎	○			◎	◎			○	○	◎
5. 優れた景観をつくる													
	シティコート大島	コミュニティ道路で地域と一体化させた団地再生	○	○	◎	◎	○	◎	○	◎	○	○	○
	ファーレ立川	パブリック・アートと景観デザイン	○	○	○	○	○	◎	○	◎	◎	○	○
	高幡鹿島台団地	街並みをデザインした戸建住宅団地	○	○	◎	◎	○	◎	○	◎	○	○	◎

II-1 まちを再生する

II-1.1 晴海アイランドトリトンスクエア
―当初からタウンマネジメントに配慮した大規模複合開発―

■あらまし

もともとは工場と密集市街地であった地区を，法定再開発により，業務，商業，住宅からなる一体複合開発により再生させた．開発にあたっては，従前の道路をはじめとするインフラの付け替えが最大の課題であった．

■キーワード

大規模一体複合開発，環境マネジメント，一体的設備，一元管理

■開発概要

所 在 地：東京都中央区晴海一丁目
事業主体：(東地区)都市基盤整備公団(現 都市再生機構)
　　　　　(西地区)晴海一丁目市街地再開発組合
用途地域：商業，準工業，一種住居
敷地面積：61 058 m²
主 用 途：事務所，店舗，ホール，共同住宅地

■建築概要

組合施工区域
　設計管理：晴海一丁目西地区設計企業体
　　　　　　(日建設計，久米設計，山下設計)
　オフィスタワーY
　　延床面積：119 506 m²，地上40階，地下4階
　オフィスタワーZ
　　延床面積：103 781 m²，地上34階，地下4階
　商業施設(飲食・物販)
　　延床面積：16 994 m²，地上4階
　展示施設(学校，料理教室，店舗)
　　延床面積：2 797 m²，地上3階
　整備工場(ショールームほか)
　　延床面積：7 319 m²，地上3階
　共用部(総合防災センター，駐車場)
　　延床面積：12 015 m²，地上4階
公団施工区域
　オフィスタワーX
　　設計管理：基本設計―都市基盤整備公団東京支社，日建設計
　　延床面積：131 197 m²，地上45階，地下4階
　ホール(グランドロビー，センタープラント他)
　　設計管理：基本設計―都市基盤整備公団東京支社，日建設計
　オフィスタワーW
　　設計管理：基本設計―都市基盤整備公団東京支社，松田平田設計・ピーエーシー
　　延床面積：30 585 m²，地上6階，地下4階
　住宅E1棟
　　設計管理：基本設計―都市基盤整備公団東京支社，構造計画研究所
　　延床面積：23 000 m²/190戸，地上15階，地下1階
　住宅E2棟
　　設計管理：基本設計―都市基盤整備公団東京支社，構造計画研究所
　　延床面積：35 900 m²/314戸，地上28階，地下1階

1. 事業の特徴

晴海アイランドトリトンスクエアは，東京駅から南約3 kmの中央区晴海一丁目に位置し，開発敷地面積約8 ha，総延床面積約67万 m²の規模を有する3つの街区で構成される大規模再開発施設である(図II-1.1)．1984年に計画がスタートし17年の歳月を要して，2001年4月にグランドオープンを迎えた．

事業の特徴は，民間企業を中心とする再開発組合施行地区(西地区)と，住宅建替を中心とする都市基盤整備公団施行地区(東地区)の二つの再開発事業を，一つの都市計画のもとに同時並行して進める「一計画二施行」という他に例のない手法に

図II-1.1　全景(写真提供：(株)エスエス東京)

あった．

ここでは，事業計画の概要を中心に，業務・商業ゾーン（第一街区）の建築と設備計画の特徴の一端を紹介する．

2. 事業の経緯

(1) 事業着手

当事業は，1984年に発足した「晴海をよくする会」に始まる．晴海国際展示場が臨海部に移転し，活気を失っていたこの地区を再び活気あるまちにしようと地権者自らの手によるまちづくりが始まった．晴海をよくする会では，1986年に「晴海アイランド計画」の提案を行い，後の東京都や中央区による「豊洲・晴海開発基本方針」や「同整備計画」に影響を与えた．その後，1988年に地権者と住宅都市整備公団（現 都市再生機構）は，晴海一丁目地区開発協議会を発足させ，基本計画を策定した．

事業は晴海アイランド（1～5丁目）開発の起爆剤として位置づけられ，昼間人口が約20 000人，夜間人口が約5 300人の大規模なまちとして想定された．

(2) 事業の特徴/一計画二施行

この地区には公団整備の晴海団地（分譲・賃貸）や民間分譲住宅があり，開発協議会の方針は，一体的な計画を保持したうえで，民間企業地権者を中心にした組合施行部分と住宅建替を中心にした公団施行部分の二つの事業に分けるというものであった．こうした二施行による一計画事業という仕組みによって，敷地内に二施行の区分線が生じることになったが，一体的な開発を進めるという理念のもとに，二施行にまたがる人工地盤や駐車場計画，第一街区スーパーブロック一体の各種計画が織り込まれた．完成した姿は施行区分線を感じさせない一体のものとなっている．

(3) 段階建設

従前住宅の1 500人近い居住者が仮設住宅に引越すことなく再開発を進めるため，工事は2期に分けられた．まず第一期工事として，第2・第3街区の住宅を1994年に先行着工して完成させ，従前居住者が移転完了した1996年に，第二期工事としてオフィス・商業施設・新規住宅を含む第1街区を中心とした建設に着手する手順とされた．

(4) 事業の経過と見直し

事業と建築計画は，完成に至るまで再三の見直しを行った．1992年の都市計画決定と前後して，バブル崩壊による経済状況変化から事業採算性確保の計画見直しが行われた．自動車教習所計画の取り止め，基幹設備用センタープラントのオフィス3棟中心部への移動，大規模な機械式駐車場の採用などが行われた．計画見直しは第二期工事の期間中も行われ，賑わいづくりのための商業・展示施設が見直しの中心となった．

(5) 都市インフラの整備

開発計画・設計・建設の進行に合わせ，道路・交通，電力・通信・上下水道・ガスなど都市インフラの調整と整備が行われた．その建設に関わる開発者負担も協議・検討事項であった．事業の一つとして，地下鉄大江戸線の開通（2000年12月）に合わせ，勝どき駅と敷地の間の朝潮運河上に動く歩道橋（トリトンブリッジ）が，区道として整備された．

(6) タウンマネジメントの考え方

再開発事業の初期段階から，地権者間で街区全体の統一的な管理運営（タウンマネジメント）を見据えた計画検討が行われた．1988年には，再開発の事業推進会社として，地権者7社の出資による「晴海コーポレーション」が設立された．この組織は，再開発事業終了後は第1街区の統一管理者となり，二施行にまたがる共用部分（以降「共通使用部分」という）を管理所有して第1街区の一元的な管理運営を行う主体とされた．

さらにタウンマネジメントの理念に沿って，第1街区を構成する4つの管理組合はスーパーブロック管理協定を締結し，基幹設備や外構，駐車場などの一体利用のルールを定めた．

3. 土地利用の基本的考え方

(1) 街区のゾーニング

敷地は第1～第3の三つの街区に区分される（図Ⅱ-1.2）．開発テーマである「職・住・遊の融合」に沿って業務，複合および住宅ゾーンに分け，業務・住宅ゾーンを高密度に，業務・住宅の間にある複合ゾーンを低密度とする明快なゾーニングと，メリハリのあるボリューム配置がなされた（図Ⅱ-1.3）．

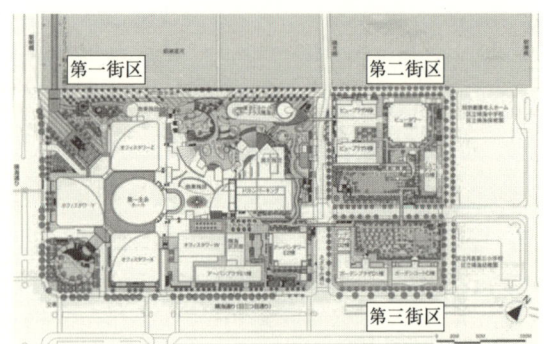

図Ⅱ-1.2 配置図

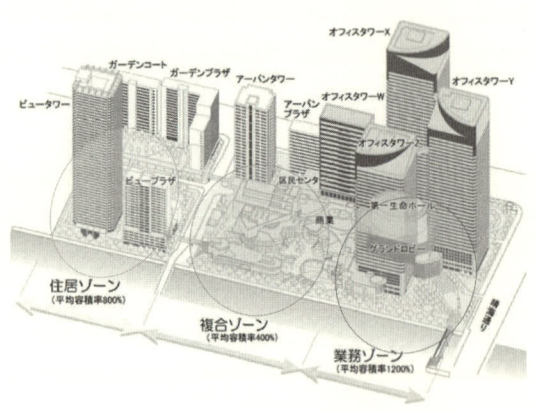

図Ⅱ-1.3 全体ゾーニング

「職」空間である業務ゾーンは，3棟の超高層トリプルタワーが中心となり，地域のランドマークとして位置づけられた．3棟に囲まれた部分に，オフィスゾーン共通のエントランス空間としてグランドロビーが配置された．

「遊」空間である複合ゾーンは，運河に面したテラスを囲む飲食・物販店舗・ショールーム・スクールなどで構成され，地域の賑わいの中心となっている（図Ⅱ-1.4）．建築内部にはアトリウムやモール空間を設け，回遊性の高い導線計画とされた．

図Ⅱ-1.4 人工地盤上の賑わい（写真提供：(株)エスエス東京）

「住」空間である住宅ゾーンは，約1800戸の中高層共同住宅が中心で，日影とプライバシーを考慮した配置計画とされた．街区全体を連続した一体的な空間とするため，各街区は人工地盤と歩行者デッキで繋がっている．人工地盤上には広場や公園が設けられ，歩行者専用の快適で安全な空間とされた．1階レベルは駐車場やサービス導線とし歩車分離が図られた．

(2) 第一街区の業務・商業施設計画

3つの街区のうち最も大きい第1街区の業務・商業施設は，オフィスタワー X, Y, Z, W，ホール，商業施設，展示施設，整備工場の各棟（専有施設）と，二施行区にまたがる共用駐車場や共用施設（設備諸室・トレンチなど）で構成されている．延床面積約は約46万m^2で，同一の防火対象物である．

4. 設備計画の特徴

第1街区スーパーブロックの設備について以下に記す（住宅，変電所などは除く）．

(1) 設備計画の方針

設備計画にあたっては，タウンマネジメントの

観点から，「快適性」「機能性・利便性」「安全性・信頼性」「環境配慮」「経済性」を設計コンセプトに具体的な計画がなされた．

(2) 一体的な基幹設備形成

共通使用部分を中心とする一元的な管理運営形態を踏まえ，二施行にまたがる基幹設備が計画された．基幹設備はスーパーブロック全体をサービスする設備で，センタープラント（センター装置）を持ち，専有施設のサブプラント（サブ管理装置）に供給（接続）する施設機能である．具体には電源，通信弱電，ビル設備管理，防犯，防災，給排水，消火などである．

エネルギーサービス系の電源・給排水・消火などのセンタープラントは，超高層オフィス3棟に囲まれた負荷中心点のホール棟地下3・4階に置かれた．また，街区エントランス（ノーストリトンパーク）の1階に，施設管理系のセンター装置を置く統合防災センターを設置し，街区全体の管理中枢とした．

センタープラントから各棟への供給ルートとして，街区地下部分にトレンチを敷設した．

(3) 主な設備システム

特徴的な設備システムとして，基幹設備の二重化・冗長化・バックアップ化，街区統一ICカード利用，街区統合中央監視制御システム（BAS）などがある．また竣工後の管理への活用を視野に，エネルギー・水・ゴミの綿密な計量計測計画を立て，BEMS（ビルエネルギーマネジメントシステム）を導入した．

(4) 集団規程

用途・形態・規模・需要の異なる複数の設備を形成するにあたり，サービスの公平性や機能・性能の共通化方策として集団規程が定められた．集団規程は，基幹設備供給受渡し規程（各棟サブ設備との供給受渡し方式や容量設定を含む各種事項を規則化したもの）と，設計ガイドライン（専有施設内の設備システム選択仕様，選定方法，資機材の名称・記号付与ルールなど）で構成される．これらは設計図書に盛り込まれ，完成後は管理規約や運用基準書として管理者に引き継がれた．

(5) ランニングコスト削減

省エネによる光熱水費の削減，高効率でコンパクトな熱源設備による地域冷暖房熱料金の削減，機器発注段階におけるメンテ費取り決めなどで，ランニングコスト削減を目指した．その一方で，街区の緑化計画に基づく植栽管理費や環境マネジメント運営費など，環境管理に必要な費用については街区管理費の中から捻出し，バランスの取れた安価な管理運営費を実現している．

5. 地域冷暖房（DHC）計画

(1) 熱源システム決定の経緯

街区の熱源方式の選定について，再開発計画の初期段階から再開発協議会，再開発組合を中心に検討が行われた．1989年の再開発協議会で，業務施設が中心で冷房負荷密度がきわめて高く，業務施設からの熱回収も期待できることなどから，電気式蓄熱システムによる地域冷暖房（DHC：District Heating and Cooling）システムの採用が決定された．その後，再開発組合の管理計画部会が中心になって，供給エリア，プラント配置，事業主体などの検討が行われた．第2・3街区住宅ゾーンの先行着工決定により，住宅ゾーンへの先行供給が大きな経済的負担となるため，供給エリアを第1街区のスーパーブロックに限定する方針とされた．

事業主体の選定は，地域冷暖房方式や自己熱源方式など幅広い検討を行った結果，1996年に地域冷暖房方式とすることが決定し，再開発組合と熱供給事業者が基本協定を締結した．その後，基本設計が行われ，工事発注後にプラント実施設計を経て，1998年2月に工事着工し，2001年4月に供給が開始された．

(2) プラント配置計画

プラント配置は，負荷中心のホール棟地下とし，屋外機は住宅ゾーンへの騒音影響を避けたオフィスタワーZの屋上に設置した．また，オフィス3

棟の底盤部分である深さ約6mのデッドスペースを利用し，大容量（約20 000 m³）の温度成層型蓄熱槽を構築した．

地域冷暖房受入設備は，オフィスタワーX,Y,Z,Wおよび共用系統の5ヵ所とされた．共用系統は，DHC受入後，商業施設・展示施設・整備工場・共用部の4施設に供給されている．

(3) 地域冷暖房システムの特徴

熱源システムは大容量蓄熱槽を活用した全電気方式で，高効率ターボ冷凍機，ヒーティングタワーヒートポンプ，熱回収冷凍機などで構成される．

受入設備は，需要家側で熱交換器を設置して二次側を密閉回路とした．往還温度差の確保とポンプ動力削減のため，ポンプはインバータによる変流量方式で，二次側の空調機とファンコイルは循環温度差10℃の仕様とした．

こうした高効率システムの構築によって，一次エネルギーCOP（成績係数）は毎年1.2前後と，全国のDHCのトップレベルの効率を達成している．

6. タウンエネルギーマネジメント

(1) タウンエネルギーマネジメントの必要性

建物の運用段階で，設計時点で予測したエネルギー性能を発揮していない建物が数多くあるという事実から，エネルギー管理の必要性が認識されつつある．エネルギー管理をきちんと行うことで，設計性能との乖離をなくし，ランニングコストを削減することが可能だからである．

運用段階でエネルギー管理を実際に行っている建物はまだ少ないが，晴海トリトンスクエアでは街区一体となってこうしたエネルギー管理（タウンエネルギーマネジメント）を実践している．

(2) タウンエネルギーマネジメント活動

建物完成後，各棟の管理者が集まって定期的に環境マネジメント検討会を開催し，BEMSで収集した運転実績データに基づき運転改善の検討や関係機関への定期報告の対応などを協議している（図Ⅱ-1.5）．

さらに毎年の環境負荷（エネルギー・水・ゴミ）削減効果を，パフォーマンスレポートとして公表している．

(3) タウンエネルギーマネジメントの効果

こうした活動によって，オフィスタワーの一次エネルギー消費量は標準オフィスに比べて22％少なく，また街区の上水使用量を45％削減，ごみ排出量を57％削減するなど，環境負荷のきわめて小さいまちを実現している（図Ⅱ-1.6）．

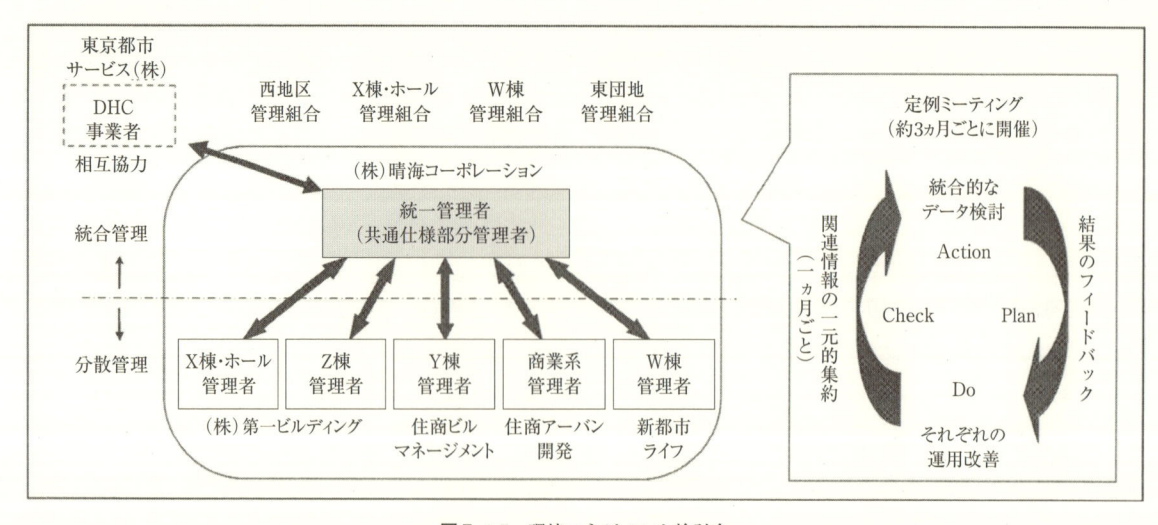

図Ⅱ-1.5 環境マネジメント検討会

(4) エネルギーマネジメントの今後

建物の環境負荷削減には，ハード（省エネシステムづくり）だけでなく，ソフト（運用の仕組みづくりと効率的な運用）が必要である．晴海アイランドトリトンスクエアでは，計画段階から将来の管理運営を見据えた仕組みをつくることによって，運営費を抑えつつ環境負荷の大幅な削減を実現することが可能になった．

今後は，タウンエネルギーマネジメントをさらに発展させ，建物とまちの生涯にわたるライフサイクルマネジメントへと時間的に拡大することが課題である．

（節末文献 1）～11）参照）

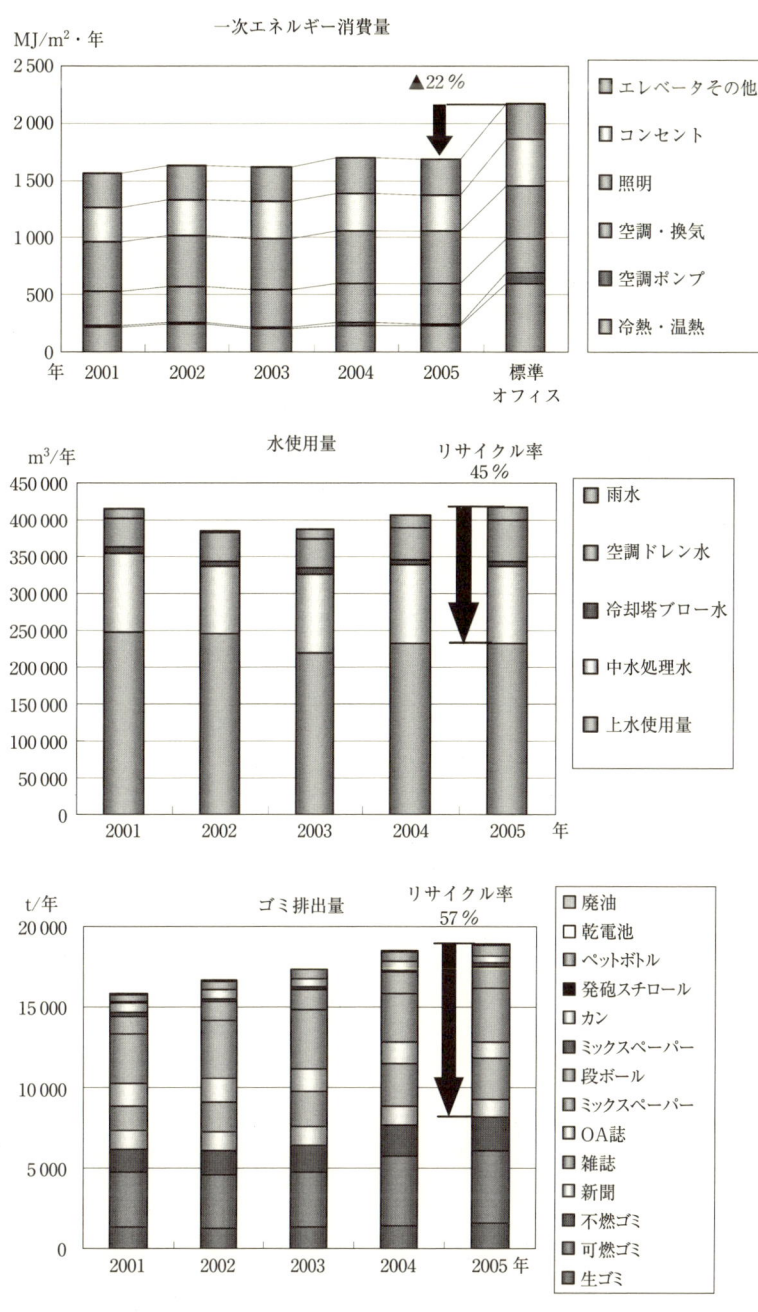

図Ⅱ-1.6 運用実績

Ⅱ-1.2 永田町2丁目地区
―再開発地区計画制度による都心大規模開発―

■あらまし
　東京の都心部で，複数地権者の多年にわたる合意形成努力により，再開発地区計画制度を利用しての地下鉄広場などの基盤整備，容積割増しなどのほか，神社敷地の容積移転などの都市計画を駆使して，緑豊かな複合市街地を形成したもの

■キーワード
地区幹線道路の新設，道路拡幅整備，地下歩行者専用道路，地下広場，緑地，地域冷暖房

■開発概要
事　業　主：永田町2丁目開発協議会
　　　　　　　（民間企業8社，宗教法人1）
開発面積：約5.9 ha
計画容積率：平均751 %
開発計画：清水建設(株)
基盤整備設計監理：清水建設(株)

■施設概要
A　地　区：山王パークタワー
　主要用途―事務所，店舗駐車場
　敷地面積：約1.5 ha
　建築面積：約6 000 m^2
　延床面積：約219 000 m^2
　階　　数：地下4階，地上44階，塔屋2階
　駐車台数：417台
　設　　計：三菱地所(株)一級建築士事務所
B　地　区：キャピトル東急ホテル(建替中, 2010年竣工予定)
　敷地面積：約0.8 ha
　延床面積：約88 000 m^2
　階　　数：地下4階，地上29階
　地下歩行者連絡通路
　設　　計：メトロ開発(株)，清水建設(株)一級建築士事務所
C　地　区：日枝神社(社殿, 社務所, 外構等)
　敷地面積：約2.3 ha
　設　　計：清水建設(株)一級建築士事務所

1. 開発の経緯

(1) 地区の状況と課題

　開発地は，江戸城の鎮守として格式ある日枝神社，2.26事件で有名な山王ホテル，東京オリンピックに合わせてヒルトンホテルとして開業したキャピトル東急ホテルなどが立地する，多数の地権者からなる地区であった．地区に隣接する施設としては，首相官邸，国会議事堂など国の中枢施設，都立日比谷高校，多数の商業・宿泊施設などがある．

図Ⅱ-1.7　全景[12]

　地区は，都心の重要な幹線道路である幅員40 mの環状2号線に接するほか，環状2号線地下には地下鉄銀座線(建設時は東京高速鉄道)が既に運行し，地区内には地下鉄丸の内線，地下鉄千代田線が既に営業運転しており，地区に接しては，1997年には地下鉄南北線と溜池山王駅が開業するなど，まさに都心の交通の要衝である(図Ⅱ-1.8)．
　日枝神社は1945年の空襲でほとんどが消失したが，戦災を免れた山王稲荷社や，復興された大社殿，新たに建立された宝物殿などがあった．神社のまとまった緑は千代田区の貴重な緑として保存すべき一方，敷地の有効活用のため事務所ビル，

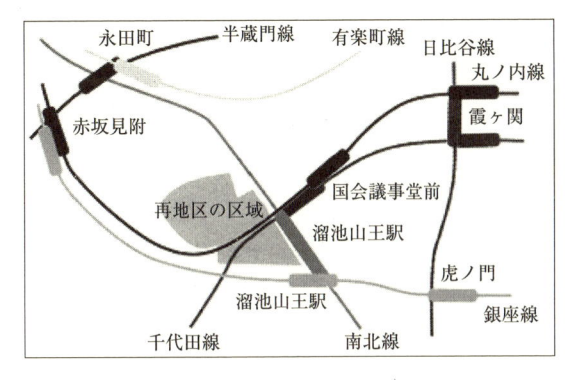

図Ⅱ-1.8　計画地位置図[12]

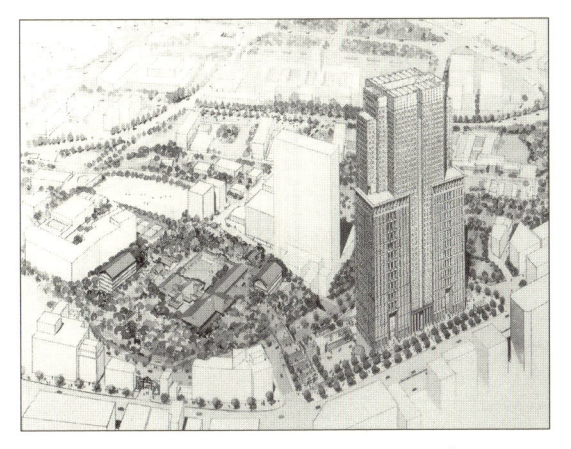

図Ⅱ-1.9　再開発地区計画全体イメージ[12]

駐車場などの施設の設置と，参道，広場，歩行者

道路等の環境改善が求められていた．

　1932年開業の山王ホテルは，当時としては珍しい洋式ホテルだったこともあり，1945年には米軍の将校用宿舎として接収された．その後，1983年に接収解除となったが，環状2号線に直接は接道していないことや，接道する部分は多数の地権者に細分化されていたことなどにより，有効な活用策を得ないまま遊休化していた．

　ヒルトンホテルは訪日した著名外国人も宿泊する高級ホテルであったが，1984年からは，土地建物所有者である東急グループがキャピトル東急ホテルとして営業を引き継いだ．

　全体としては，当地区は都心にありながらも，環境面でやや立ち遅れが目立つ地区であった．

(2) 開発への動き

　開発にあたってはまず，敷地が細分化され有効利用が困難であったA地区（旧山王ホテルとその周辺）で，大日本企業(株)など有力地権者らによる敷地の一体化が検討された．その過程で，通常の法定容積率による開発ではなく，特定街区制度の施行や容積移転が認められるようになったため，これらを適用することが容積率の割増し，環境整備などのうえで有効との方針が出された．そこで，

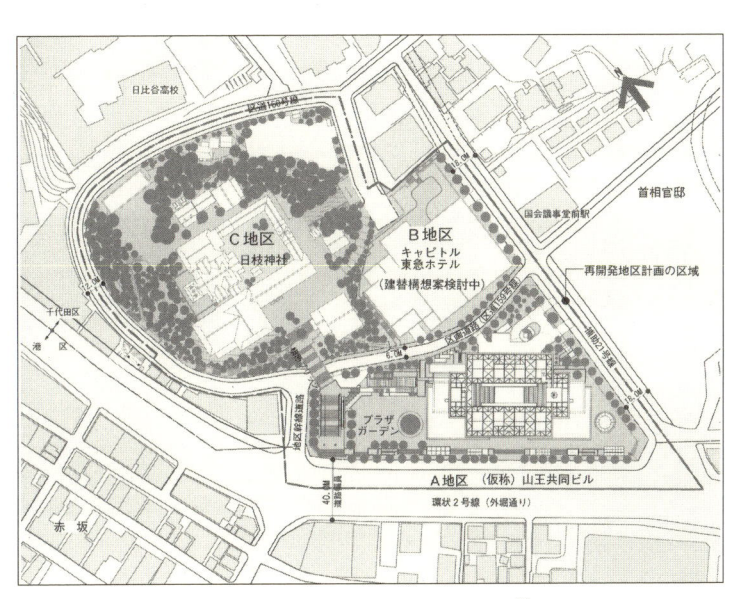

図Ⅱ-1.10　再開発地区計画整備構想[12]

隣接する日枝神社や東急ホテルなどに共同開発が打診され，紆余曲折を経ながら，1985年に地権者15者による開発協議会が設立された．

その後，開発構想について東京都や千代田区・港区等との事前相談や説明会が繰り返されたが，環状2号線に沿う区境の水路敷の扱いが大きな障害となり，一時，開発構想は棚上げの状態となった．

(3) 関係者の調整

その頃，1988年に再開発地区計画制度が施行されたのを機に，この制度を利用して開発計画の見直しを行うこととし，同制度に基づく企画評価書を作成し，行政との事前調整が進められた．しかし，計画に関しては，地下鉄南北線の工事，首相官邸整備に関わる道路や下水管の切り回し，道路用地の買収と本計画など多様な問題が山積していた．結局，当時の東京都交通企画部長の発案で，都市計画道路(都道)補助21号線に関する全関係者として，総理府，東京都交通局・建設局，千代田区，帝都高速度交通営団，開発事業者，開発計画策定にあたった三菱地所，清水建設による調整会議が召集された．約1年にわたる調整の結果，A，B，C地区の開発区域等が示され，民間側の開発協議会の事情もある程度受け入れられ，再開発地区計画制度の適用がほぼ決定した(図Ⅱ-1.11)．

東京都から再開発地区計画の開発範囲が示されたことを受けて，新たに9地権者による永田町二丁目地区開発協議会が1991年に再出発した．同協議会は，全体協議会のもとに，世話人として主要地権者3者，各地区分科会とA地区土地所有者分科会の4分科会，全体事務局から構成された．これらの関係者の計り知れない努力によって，最初の本格的施設としてA地区に山王パークタワーが1996年2月に着工，2000年1月に竣工した．

2. 立地・敷地条件

開発地は日枝神社のある星が岡とよばれる小高い丘と，その下に地名として残る溜池からなる地区である．溜池は明治初期から埋め立てられ，明治後期には幅4～5間の水路となり，ついには暗渠となった．

特に環状2号線に接するA地区は，事務所，店舗，飲食店などの営業を行う多数の地権者からなり，土地の細分化により，有効利用がなされていない状況にあった．

当地区は都心の良好な立地条件にもかかわらず，このように都市基盤が未整備であったこと，幹線道路沿いの土地が細分化されていたこと，広大な日枝神社の緑地が含まれているという特殊条件から，土地の高度利用や都市環境の改善ができなかった．

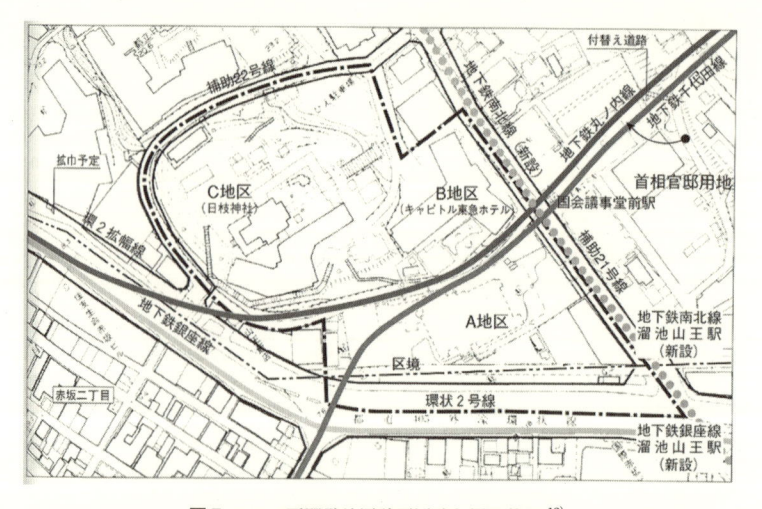

図Ⅱ-1.11　再開発地区計画区域と周辺状況[12]

3. 土地利用の基本的な考え方

(1) 再開発地区計画制度の適用

再開発地区計画制度は，土地利用転換を一体的かつ総合的に誘導することにより，都市環境の整備，改善および良好な地域社会の形成に寄与しつつ，良好な市街地の形成を図ることを目的として創設されたものであることから，当プロジェクトにふさわしいものとして適用されることとなった．当時，再開発地区計画制度は施行されたばかりで，東京都の運用基準もまだ無く，官民とも手探り状態で進めた点も多かったが，当開発の再開発地区計画は1993年に都市計画決定された．

施設計画はA地区が先行し，B・C地区は段階的に整備されることとなったが，基盤整備はA地区の竣工までに完成させることが義務づけられた．

再開発地区計画の目標としては以下があげられた．

- 首都東京の中心に位置し，世界都市東京の政治，経済，文化，交流の中枢機能を担うふさわしい地域として整備する．
- 東京の伝統を伝える文化，風習と歴史的施設および緑を保存するとともに，地域社会の活性化を図る．
- 都心立地にふさわしい高度で多様な都市機能の導入を図り，国際化，情報化に対応する風格ある都市景観づくりを行う．
- 一体的な開発による土地の合理的な高度利用により，良好な魅力ある活力に満ちた都心市街地の形成を図る．

以上の目標を受けて，再開発地区計画では次のような整備方針を掲げた．

①周辺地域に対する公共施設等の整備方針
  a. 環状2号線と接続する周辺道路の拡幅整備と一部新設
  b. 広域避難広場の整備
  c. 神社の緑地・広場を活用した歩行者ネットワークの形成
  d. 地下鉄駅舎と地下通路の連携による歩行者動線の整備
  e. 一般の利便性に貢献する地下駐車場の整備
  f. 省資源，省エネルギーと公害抑制のための地域冷暖房，中水設備

②建築物等の整備方針
  a. 伝統ある日枝神社の建造物および風俗，習慣を保存しつつ，緑豊かな魅力ある環境の提供
  b. 調和のとれた壁面線の設定，公開緑地の配置
  c. 活気ある複合市街地の形成へ向けた多様な用途の導入
  d. 土地の合理的高度利用によるオープンスペースの確保

土地利用の基本方針としては，以上の目標，方針を踏まえつつ，土地の高度利用を促進するとともに，業務，宿泊，分化，神社施設など，調和のとれた複合市街地の形成を図ることとし，地区別に以下の方針とした．

A地区：都心に立地することが必要な国際的な業務，商業，を主体とした機能の導入を図る．

B地区：都心に国際化，情報化にふさわしい魅力ある宿泊，文化，交流機能の整備を図る．

C地区：伝統的な文化，風習を継承する日枝神社の施設を更新し，緑を活かし，保全する．

(2) 基盤整備と建築制限の変更・緩和

本計画のような誘導型の都市計画手法による開発事業では，公共施設などの都市基盤計画と建築物計画を一体的に整備することを条件に，対象地区の建築制限の一部を変更または緩和することが可能となる．そのため当開発では，事業者が周辺道路整備の用地を無償で提供することを前提に，行政への再開発の計画推進を要請した．しかし，立地が千代田区と港区にまたがる地区で，地下鉄も輻輳しており，都市計画の許可権者である東京都からの課題も多く，基盤整備の企画・設計・技術や手続き上の煩雑さは特別なものがあった．

公共公益施設としては，用地の無償提供による道路の拡幅，新設，交通広場，地下歩行者専用道路等の2号施設（都市計画法第12条の5第4項第2号および沿道法第9条第4項第2号に規定する施設．土地利用転換により新たに形成される区域に必要なもので，「都市計画施設」および「地区施設」を除くもの），地区施設のほか，地下鉄出入口，中水道・地域冷暖房施設，防災備蓄倉庫，雨水貯留槽等を設置することとした（図Ⅱ-1.12）．

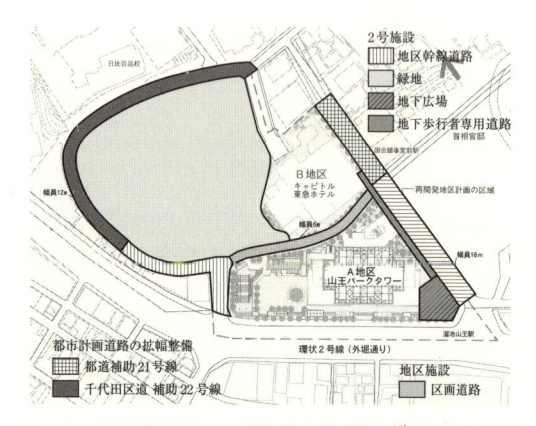

図Ⅱ-1.12　2号施設と地区施設[12]

計画地は，従前が商業地域で全体の平均容積率は約520％であったが，再開発地区計画制度の適用により，平均約750％と，230％の容積増が認められた（図Ⅱ-1.13）．その際，以下の項目が評価の対象となった．

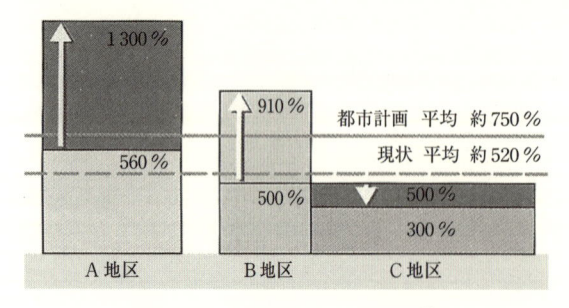

図Ⅱ-1.13　容積率割増しの考え方[12]

主要な公共施設の整備の中でも，地下鉄駅舎に直結する地下広場とコンコースの整備，日枝神社の境内地の保全は当開発の特色ともなっており，2号施設として位置づけられている．都市計画道路は，都市計画において位置づけはされなかったが，開発の前提条件としてA地区の整備計画終了までに完了を義務づけられた．

そのほか以下の施設が評価対象となった．

・道路の新設，拡幅―地区幹線道路の新設（2号施設），区画道路の拡幅（地区施設），都市計画道路の拡幅・整備

・公共公益施設の設置―地下広場・地下歩行者専用道路の新設（2号施設），日枝神社の緑地（2号施設），防災用備蓄倉庫

・環境への配慮―地域冷暖房施設の設置，中水道施設の設置

・公共空地の確保―有効空地

特に，日枝神社の境内地は，その歴史と江戸文化，風習伝統を未来にわたり継承するために開発を抑制する地区として位置づけられ，用途規制とともに，容積率が300％に減じられ，緑地は公開空地の活用を図るための2号施設とされた．

4. 交通・道路基盤整備の基本的な考え方

先にも述べたように，当開発は，事業者が周辺道路用地を無償で提供することにより計画推進を図ったものである．そのためには，周辺道路の扱いは建築基準法上の道路，いわゆる前面道路とする扱いであることから，道路の区域決定手続きを早急に完了する必要があった．しかも相手側の道路管理者は東京都建設局第一事務所（一建）と第二建設事務所（二建），千代田区と分かれており，このほか営団地下鉄，警察，消防，埋設企業者，隣接地権者など多数の関係者がおり，事業者は数多くの相談，協議，測量への協力などを重ねた．

この間，多数の課題があったが，道路拡幅に伴う課題としては，都による国有地の取得手続き，道路埋設物の調整，道路の付け替え，それに伴う坂道の階段化，擁壁と歩行者用横断橋の新設，地下鉄丸の内線の換気口2ヵ所の改修などがあった．

また，開発地建物や周辺地域の人々の利便性を増すために，地下鉄との連絡施設として南北線溜池山王駅の地下広場，開発地区外の千代田線国会議事堂前駅へつながる地下歩行者用通路の整備も求められた．これらについては，地区内で輻輳する，潜函工法で建設された地下鉄丸の内線，シールド工法で建設された地下鉄千代田線への影響防止に細心の注意が払われ，一部補強工事も行われた．

当開発では，既に業務機能が集中している都心部立地における交通処理，現状からの容積増による環境負荷の増大が課題となった．

特に交通処理については，開発の前提条件を左右する重要課題の一つとして計画当初から関連官公庁との事前相談を含め，詳細な検討を行った．道路区域の範囲により建築敷地面積が変動し，事業的には負担が増大する一方，都市計画上は容積増の評価項目に加えることができる．道路線形，断面構成に基づく交通シミュレーションの詳細検討が繰り返し行われた．具体的には都市計画道路や区画道路の拡幅，新設が行われ，歩行者に対しては地下鉄南北線新駅(現 溜池山王駅)と結ぶ地下連絡通路を設けることとした(図Ⅱ-1.14，図Ⅱ-15)．

5. 供給処理施設整備の基本的な考え方

当時，東京都では公害防止条例により，概ね3万m^{2}以上の建物を計画する事業者には，地域冷暖房計画の立案とそのプラントスペースの確保が求められていた．当開発では，1995年にA地区地権者により「山王熱供給株式会社」が設立された．資本金は当初10億円が想定されたが，その後の需要家の絞込み，プラント規模の確定による建設費削減で8億円とした．さらに東京電力(株)，東京ガス(株)も出資に加わった．熱供給の計画，建設，運営管理には，以下の3点を基本理念とした．

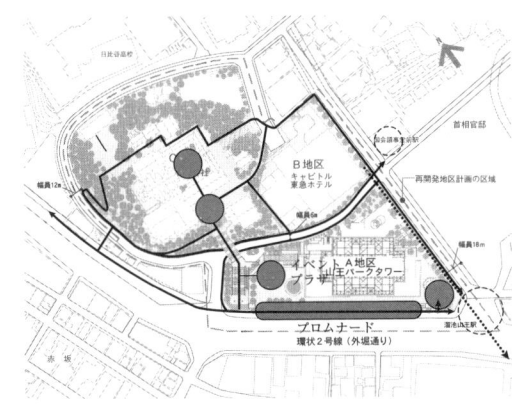

図Ⅱ-1.14 歩行者ネットワーク[12]

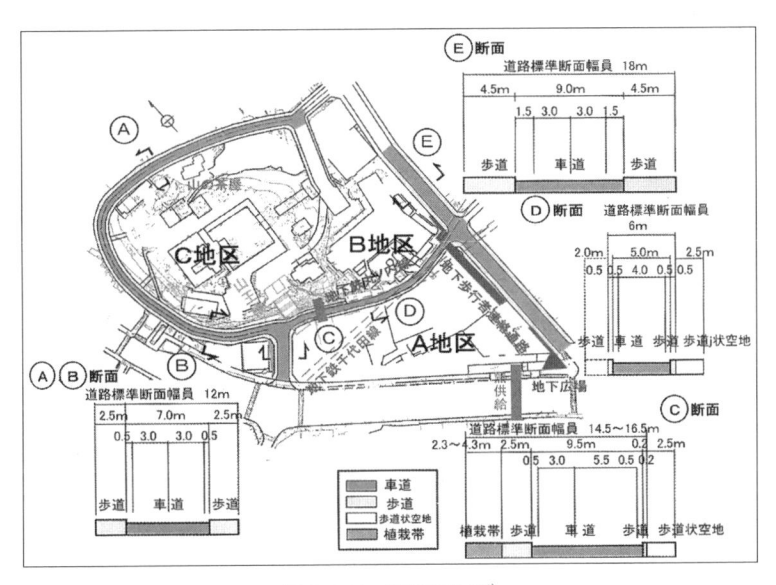

図Ⅱ-1.15 道路計画図[12]

①地区再開発事業との融和
②地球環境保全への積極的な対応
③安定供給と合理的な経営ならびに運転管理の追及

　会社設立前に東京都公害防止条例に基づく地域冷暖房区域の指定を受けたが，その時点では熱供給区域面積として約7.9 ha，供給先として7建物，延床面積として約36万 m² を想定した．その段階の試算では，地域冷暖房導入の効果として，導入しない場合に比べて，エネルギー使用量で23 %，CO_2排出量で25 %，SOx排出量で99 %，NOx排出量で47 %の削減が見込まれた．

　その後，区域面積は約7.0 ha，供給先として4建物，延床面積として約33万 m² に修正された．この時点での熱料金は，当時の通産省の求める収支見積書で，3年後に単年度黒字，5年後に累積黒字を達成できる単価とした．

　エネルギープラントは，最初に開業しかつ最大需要家であるA地区の山王パークタワー内に設置したが，外濠通りを横断する国際赤坂ビルへは，内径2 000 mmのヒューム管の専用洞道と導管を設置した（図Ⅱ-1.16）．

図Ⅱ-1.16　熱供給エリア[12]

　その他の供給処理設備は，基本的には各地区あるいは各建物で設置することとしている．山王パークタワーでは，通常の設備に加えて，中水道設備（処理能力 500 m³/日）を設置したほか，周辺環境に配慮し，雨水貯留槽（900 m³）を設置し，いったん貯留後，時間差放流するほか，チップろ過の上で雑用水に再利用している．

6. 緑地・空地整備の基本的な考え方

　先にも述べたように，日枝神社の緑の保全が当開発の目的の一つでもあった．日枝神社からは以下の3点が条件として提示された．
①地下鉄南北線の新駅からの動線を確保するために環状2号線から参道を確保すること，
②日枝神社への日照と風通しを確保し，森を保存すること，
③神社の資産を減らさないこと．

　当開発では道路拡幅や日枝神社の擁壁整備が基盤整備として必要とされたが，神社境内地の修景保全はもとより，自然石による擁壁，歩道仕上げ，街路樹など，この歴史的景観の保全に貢献するとともに，地区内のオープンスペースと一体となった歩行者空間のネットワークづくりを図っている（図Ⅱ-1.17）．また，当時，千代田区は景観条例の制定へ向けた検討の過渡期にあり，国会議事堂や皇居につながる景観上の重要な地点として，当地区の修景に大きな期待を寄せていた．これに対しては，既存の間知石（けんちいし）積みの景観を踏襲し，擁壁を自然石で覆い，傾斜のある2段擁壁と植栽により，景観保全に対する期待に応えた．

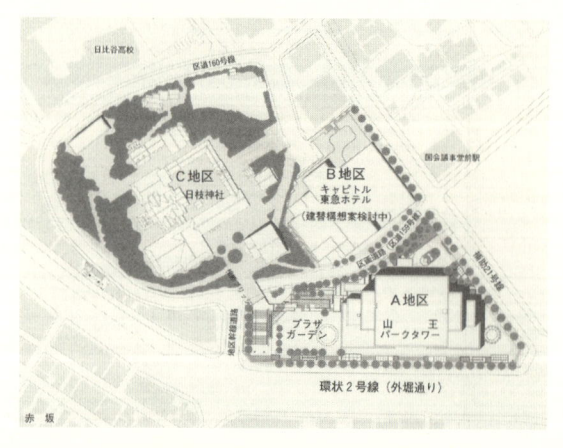

図Ⅱ-1.17　緑のネットワーク[12]

7. 環境アセスメント

山王パークタワーは，計画建物高さが100 m以上で，かつ延床面積10万 m^2 を超える建築物として，当時の東京都環境影響評価条例に基づいた，いわゆる環境アセスメントの適用を受けた．当開発では，東京都環境保全局の指導に基づき，大気汚染，騒音，振動，地盤沈下，地形・地質，日照障害，電波障害，風害および景観の9項目について，調査，予測，評価を行った．

事業者は300ページに及ぶ環境影響評価書案をまとめ，東京都へ提出し，東京都はその公示・縦覧を行うとともに，事業者は30日間の縦覧期間中に関係地域住民への説明会を実施した．対象とした範囲は，本事業の実施により影響を受けると予測される地域で，本計画の場合，主として電波障害の予測範囲である千代田区，港区，新宿区，中央区，江東区，渋谷区および杉並区の7区となった．説明会は，各地の小学校体育館や公共ホールなどで，夕方から2時間程度，12回開催した．住民側の出席者は延べ179人で，事業内容を含めて活発な意見，質問が出された．その後，事業者は住民および関係区長の意見に対する見解書を東京都へ提出し，9回の説明会を開催し，住民側の出席者は126人であった．

その後，東京都はそれまでの手続きの経過を環境影響評価審議会に諮り，知事の審査意見書を事業者に送付した．事業者はこの審査意見書に従い環境影響評価書と事後調査計画書を東京都へ提出し，着工までの必要な手続きを終えた．1994年1月の環境保全局への申し入れから始まって，評価書案提出・受理が1994年8月，事後調査計画書提出が1995年7月と約19ヵ月に及ぶ手続きを終えた．

8. エリアマネジメントの基本的な考え方

当再開発地区計画地内には，都市計画上整備を義務づけられた施設と，周辺環境整備との関連から整備した施設がある．それらの施設は，性格の如何を問わず，A, B, C地区全体の開発事業者が負った．そのために最終的な施設の所有者を表Ⅱ-1.2のように詳細に定めている．

これらを含め，種々の施設について整備工事が

表Ⅱ-1.2 各施設の最終所有者[12]

	施設名称	概要	位置づけ	最終所有者
1	地区幹線道路新設	道路延長96 m，幅員14.7 m～12.0 m	主要な公共施設	千代田区
2	補助21号道路整備	道路延長100 m，幅員18.0 m	主要な公共施設	東京都
3	区道159号道路整備	道路延長160 m，幅員6.0 m	地区施設	千代田区
4	補助22号道路整備	道路延長300 m，幅員12.0 m	主要な公共施設	千代田区
5	補助22号廻り擁壁整備	高さ7 m，延長360 m	主要な公共施設関連	C地区土地所有者
6	地下歩行者専用通路新設	道路延長80 m，幅員6.0 m	主要な公共施設	A地区建物所有者
		道路延長30 m，幅員6.0 m	主要な公共施設	B地区建物所有者
7	横断ブリッジ新設	延長28 m，幅員10.0 m	その他施設	A地区建物所有者
8	都道地下地下広場新設	延面積1 200 m^2	主要な公共施設	東京都
9	A地区敷地歩道状空地	—	その他施設	A地区建物所有者
10	B地区敷地歩道状空地	—	その他施設	B地区土地所有者
11	C地区敷地歩道状空地	—	その他施設	C地区土地所有者
12	備蓄倉庫	—	その他施設	A地区建物所有者
13	公開トイレ	—	その他施設	A地区建物所有者
14	緑地	延面積23 200 m^2	主要な公共施設	C地区土地所有者

完了した後の維持および管理について，数多くの協定をそれぞれの関係先と締結している．

9. 今後の課題

B地区は，2008年5月現在，「ザ・キャピトル東急ホテル」を主とする高層複合ビルとして建替工事中であり，2010年秋の開業を予定している．約250室のラグジャリーホテルのほか，スパ，フィットネス，オフィス，付置義務住宅などからなり，地上29階，地下4階，延床面積約88 000 m^{2}の計画である．これによって当地区の再開発地区計画は都市計画決定以来，約17年でひとまずの完了を迎え，当初の計画の目的はほぼ達成される見通しである．

しかし，この間，東京都心では外資系のラグジャリーホテルが次々と開業する一方，大規模複合施設も，2003年の六本木ヒルズ，2007年の東京ミッドタウンと次々に開業し，さらに2008年3月には，当地区から徒歩数分にオフィス，商業からなる大規模複合開発「赤坂サカス」が開業している．これらと当地区は不動産事業やホテル事業としては競合する部分があり，当地区においては，今後とも連絡協議会を通じて地権者間の意思疎通を図りながら，当初の理念を踏まえ，当地の特色を活かしたプロパティマネジメントを実践していく必要がある．

〔節末文献12）参照〕

II-1 まちを再生する

II-①.3 リプレ川口
―工業都市から住宅商業都市への転換のシンボルとなった川口駅西口地区の都市更新―

■あらまし

従前の川口駅西口地区は，大きな敷地の公害資源研究所がわずかの隙間を残して立ちふさがり，狭い裏口のイメージの場所であった．

その研究所の跡地を種地に住宅都市整備公団（現 都市再生機構）により，法定再開発事業（リプレ川口）が施行され，都市計画道路の整備や集合住宅・商業施設が建設されるとともに，川口市により，大きな緑の塊（オープンスペース）が創出された．

■キーワード

工業都市，住宅商業都市への転換，交通結節点，緑の塊，防災広場，ボンエルフ（歩車共存道路），壁面後退，ペデストリアンデッキ，タワーパーキング

■川口駅西口第一種市街地再開発事業概要

施行区域面積：約2.4ha
公共施設の配置および規模
 道路
  幹線街路：駅前大通り線 幅員25m
      栄町飯塚町線 幅員18m
      飯塚町川口2丁目線 幅員12m
  区画街路：西口公園脇通り線 幅員6m
 下 水 道：公共下水道事業
 その他の公共施設：緑地120m²
建築敷地の整備
 1 街 区：約10 000m²
 2 街 区：約4 700m²
建築物の整備
 1 街 区：延べ面積 約45 000m²
    分譲および権利者住宅 約430戸
    商業・業務施設 地上2階～25階
 2 街 区：延べ面積 約21 000m²
    賃貸住宅約170戸
    商業・業務施設 地上2階～14階

1. 再開発の背景と発端

東京都心より20km圏内に位置する川口市は，その昔，日光御成街道の宿場町として栄え，交通の要衝として発展してきた．

また，荒川やこの川に注ぐ芝川の水と緑，肥沃な大地，そしてそれを活かした舟運によって大都市江戸を支え，人と文化の交流を促し，独自の産業（鋳物，植木等）を培ってきた．

1932（昭和8）年に市制を施行して以来，幾多の変遷を経て，昭和40（1965）年代の高度経済成長期を境に首都圏人口および産業の受け皿として急速に都市化が進展した．

昭和50年代になり，川口市は約45万人都市に発展し，新たな課題を持つようになった．1次・2次産業は盛んなものの，これらの質的転換が求められるとともに，情報化・サービス化時代を迎え，第3次産業の進展が希求されるようになった．

このような状況にあって，川口駅西口前に立地していた「公害資源研究所」が，1978年に筑波研究学園都市へ移転することが決まり，これを契機として，川口市の新しいまちづくりが始まった．

川口市が「キューポラのある街」から「住宅商業都市」への大転換の契機ともなった，交通結節点の開発である．

2. 事業の経緯

1978年 「筑波研究学園都市移転跡地有効利用による都市整備計画調査委員会」の設置（事務局・建設省）

1979年 川口市，川口駅西口地区整備計画を策定

1982年 事業推進要請（川口市→公団）

1983年 公団が「埼玉南市街地整備事務所」を設置，川口市が川口駅周辺市街地整備構想を策定

1985年 都市計画決定

1986年 公団，国有地払い下げ申請

1987年 公団と国，市街地再開発事業として国有地払い下げ契約締結

1988年　事業計画および施行規程の認可，権利変換計画認可
1998年　建築工事着工
1991年　再開発ビルの愛称「リプレ」に決定
1983年　建築工事完了，入居開始

3. 土地利用の基本的考え方

川口市では，21世紀に向かっての新しい川口の「顔」として川口駅西口の公害資源研究所移転跡地を利用し，大規模な公共施設ゾーン，東口の民間による再開発などによる商業ゾーンを一体的に整備していく構想を打ち出した．

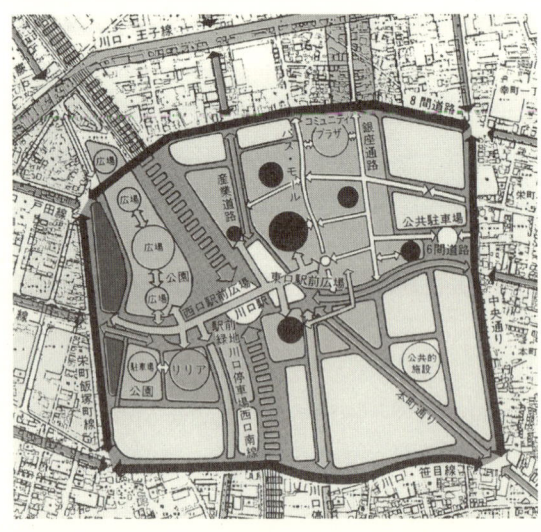

図Ⅱ-1.18　川口駅周辺市街地整備構想

西口地区整備構想の骨子は次のとおりである．
・新しい川口のシンボルとして，音楽ホール等を持つ川口総合文化センターの建設
・東口と西口とを環状に結ぶ（リング道路）の建設
・西口駅広場の整備と歩行者デッキの設置
・駅前都心のセントラルパークとして「川口西公園」の整備
・公共駐車場および駐輪場の設置（公園地下利用等）
・浄水場施設の設置（公園地下利用）
・川口駅西口第一種市街地再開発事業の施行

(1) 従前の状況

川口駅西口前には，通産省工業技術院公害資源研究所（敷地面積約4.8 ha）があり，1980年3月に筑波研究学園都市に移転し，広大な跡地が空白地として残されていた．

その西側には，一方通行の狭い道路の間に，老朽化した低層木造住宅群が密集した民有地があった．

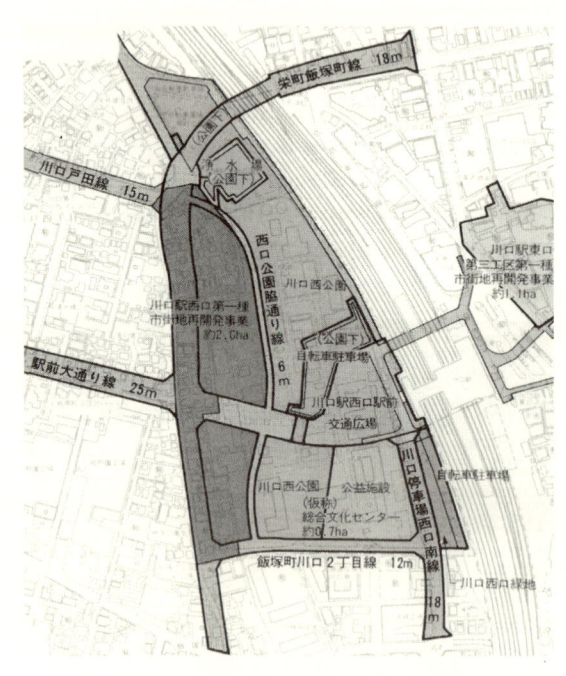

図Ⅱ-1.19　川口周辺整備全体都市計画図

(2) 計画の基本的考え方

・周辺に広がる市街地の再整備に向けて，活力を生み出し，先行指標となる計画とする．
・埼玉県の玄関，川口市の都市拠点として，シンボル性の高い斬新な都市環境を計画する．
・事業区域内の防災性を高めるとともに，大災害時には周辺市街地からの防火帯としての役割を果たせる計画とする．
・単調で閉鎖的なイメージを避け，変化と調和を持った新しい都市拠点にふさわしいスカイラインを形成する．

(3) 設計の基本方針

施設建築物の設計にあたっては，以下の基本方

針とした．

①新しい都市空間の創出
- 豊な緑を意識した明るく健康的な外装材の仕上げおよび色彩とする．周辺地域の土着の色（グレー・茶系）やコンセプト（先進性・賑わいなど）からのイメージカラーを考慮して，住宅棟は薄いグレーとし，商業施設等は淡いピンクを基調とする．
- 東西軸と南北軸を交互に配置し，また超高層棟を配置することにより，リズムを持たせ長大な壁が出来ることを避ける．さらに中央を高く周囲を低くすることによって，スカイラインのめりはりをつける．
- 一街区に超高層2棟を配置し，埼玉県の表玄関としてのシンボル性を高める．敷地の幅の制約もあるが，できるだけスレンダーな建物とする．

図Ⅱ-1.20 リプレ川口の概観

②周辺地区との調和
- 敷地周辺にできるだけオープンスペースを設け，公園との連続性を維持する．
- 敷地端部住棟を低く抑えることにより，周辺のまちなみとスカイラインを連続させ，調和を図る．

③豊なアメニティの創出
- 450％の高容積率の中で，日照条件の向上に努める．なお，南面できない住棟については，できるだけ，駅側の公園の緑を享受できるようにする．
- 防災性や安全性，公園との連続性に配慮し，1階を歩車融合の人の通るスペースを確保し，ポケットパーク的広場やプレイロットと連続させる．
- 敷地中央道路沿いに施設を配置し，動線的に他の施設との一体性を持たせ，地区全体とのバランスに考慮する．
- 駐車場はデッキの下部に設置するほか，タワーパーキングを設けることにより設置率30％を確保しながら空地を残す．

(4) 都市防災の拠点形成
- 一街区に超高層住棟2棟を配置し，防災広場の位置をわかりやすくする．
- 避難時の西側地区からの主動線は，歩行者専用とする．
- 道路と中央25m道路の歩道については，敷地内も自由に行き来できるように，住棟間にペデストリアンデッキを設け川口西公園と接続する．デッキの手すり等には，地元産の鋳物を使用する．
- 住棟1階部分をピロティとし，開放的にする．
- 災害時，高層板状住棟は，防災広場を保護する役割を果たす．

なお，都市計画道路駅前大通り線は，川口駅西口地区のシンボル道路として整備し，都市計画道路栄町飯塚町線は，駅東西地区を結ぶリング道路として，一部を地下で結んだ．

図Ⅱ-1.21 ボンエルフ道路

また，都市計画道路西口公園脇通りはボンエルフ化を図り，公園と再開発施設の調和を図る区画街路として整備した．

4. 事業の成果

再開発事業は，多くの権利者との意見調整をしながら，長い時間をかけて進められる．当事業においても，再開発事務所が設置されてから竣工まで10年近い時間を要した．現地事務所の担当は，いいまちを造るために，市の職員と一緒になって，日夜努力を行なってきた．事業開始から既に25年の歳月が経っている．

現地では，このまちづくりが起爆剤になって，西側地区はまちの再生が進み，超高層住棟が何本もそびえ立っている．公園の緑は，一段と成長し，東西を結ぶデッキは人の行き来も多く，交流が進んでいる．

再開発地区内は，分譲・賃貸ゾーンとも良好な維持管理がなされており，分譲住棟の各エントランスホールに設けた埼玉の花等をテーマとした七宝焼きの壁画は，今も鮮やかな色を残しており，住む人の心を和ませている．

(節末文献13，14)参照)

図Ⅱ-1.22　東西デッキ

図Ⅱ-1.23　住棟エントランスの七宝焼き壁画

☆Ⅱ-1☆引用・参考文献

1) 平林，宮崎，横山，岡垣，加賀他：晴海アイランドトリトンスクエア，建築設備士，pp.2～31，2002年1月
2) 三原：晴海アイランド地区地域熱供給センター，建築設備士，pp.32～36，2002年1月
3) 平林，宮崎，横山，岡垣，加賀他：晴海アイランドトリトンスクエア，BE建築設備，pp.2～23，2001年8月
4) 平林，宮崎，横山，岡垣，加賀他：晴海アイランドトリトンスクエア，OHM，オーム社，pp.69～76，2002年6月
5) 茅野，白井：近代建築，pp.67～78，2001年6月
6) 横山，加賀，角田，他：セキュリティ機能を主体とする地区共用ICカードの導入事例，H13電気設備学会全国大会，講演論文集A-8
7) 横山，加賀，岡垣他：街区の管理形態に対応する分散散・統合・連携管理システムの構築とBASネットワークの一形態，H13電気設備学会全国大会，講演論文集A-21
8) 岡垣，関根他：大規模複合施設における環境負荷削減の取り組みについて，空気調和衛生工学会講演論文集2002～2004
9) 岡垣，百田他：大規模蓄熱槽を有するDHCの導入効果，空気調和衛生工学会講演論文集2002～2004
10) 晴海一丁目地区市街地再開発組合：晴海アイランドトリトンスクエア事業計画編，同パンフレット
11) 東京電力：晴海アイランド地区熱供給システムパンフレット
12) 仙石忠重，本間修編：再開発地区計画のすべて，永田町二丁目開発協議会発行，廣済堂出版発売，2000年
13) もっとまちは楽しくなる，2006.6
14) 川口駅西口第一種市街地再開発事業のあゆみ，1993.3

II-2 都市の核と骨格をつくる

II-2.1 渋谷マークシティ
―鉄道 3 社一体による施設更新と土地活用―

■あらまし

鉄道 3 社が所有する車両基地，バス専用道，駅のそれぞれの隣接する敷地を一体として利用し，老朽化した鉄道施設の改良・更新を行うとともに，上部に大規模複合施設を建設し，立体的活用により，副都心渋谷の活性化を図ったもの．

■キーワード

若者のまちから大人のまちへ，3 敷地一体開発，鉄道事業，活線施工，

■開発概要

建 築 主：帝都高速度交通営団(現 東京地下鉄(株))
　　　　　東京急行電鉄(株)
　　　　　京王帝都電鉄(株)(現 京王電鉄(株))
設　　計：日本設計・東急設計コンサルタント
敷地面積：14 420.37 m²
延床面積：139 520.49 m²
　　　　　イースト　45 926.38 m²
　　　　　ウェスト　93 594.11 m²
車両基地：面積 約 7 500 mm²
　　　　　鉄道関係諸室約 1 215 mm²
階　　数：イースト　地下 2 階，地上 25 階，塔屋 2 階
　　　　　　　　　　最高高さ 99.67 m
　　　　　ウェスト　地下 1 階，地上 23 階，塔屋 3 階
　　　　　　　　　　最高高さ 95.55 m
駐 車 場：454 台
工　　期：第 1 期　1994 年 4 月～2000 年 2 月
　　　　　第 2 期　1997 年 4 月～2000 年 2 月

1. 開発の経緯

1990 年頃までに，渋谷は新しいファッション文化を生み出し，若者文化が定着していたが，他の副都心に存在した大規模開発用地の欠如により，業務・ホテル等の大規模施設の集積が遅れ，大人の生活文化は相対的に低く認識されるまちであった．

図 II-2.1 渋谷マークシティ鳥瞰[1]

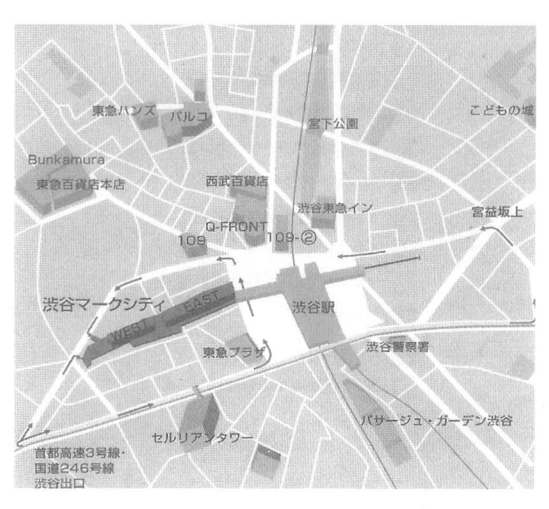

図 II-2.2 渋谷マークシティ位置図[1]

渋谷駅周辺は，駅を谷底にして放射状の道路で成立しているが，環状道路の整備がなされておらず，駐車場の整備も進んでいなかった．歩道整備も立ち遅れ，交通結節点としての駅および周辺の整備が求められる状況であった．

また，本計画地の京王電鉄井の頭線渋谷駅・東京地下鉄銀座線車両基地・東急バス専用道(旧 東急電鉄玉川線線路敷)の施設は，道玄坂地区を分断して駅周辺の開発を阻害しており，昭和初期に構築された施設は老朽化が進んでおり，改良の必要が

あった．

渋谷駅および周辺の都市再生のための課題としては以下の3点があげられた．
①都市基盤施設の容量不足
・道路および駐車場施設
・歩行者空間
②都市機能のバランスの欠如
・業務施設の不足
・宿泊・宴会施設の不足
③来街者の若年化，大人離れ

これらの課題解決のため，以下の施設整備が必要とされた．
①大型業務施設の建設
②大型宿泊施設の建設
③上記2施設と相互の価値を共有，複合化に寄与する大人を対象とする商業施設の建設
④歩行者空間整備
・駅前から敷地内を貫通する建物内遊歩道を道玄坂上まで整備し，まちの回遊性を創出する．
・隣接道路の歩行者空間整備

当時，旧国鉄の民営化をきっかけに，各所で大規模な駅構内開発計画が立ち上がり，これらに対する都市インフラの未対応から，東京都は「鉄道駅構内等開発計画に関する指導基準」を制定した．これは，開発にあたって建築物の構造，形態および規模の制限ならびに公共公益施設の整備に関する事項等を定めることにより，都市機能および都市防災の確保を図ることを目的とし，道路，防災，公共公益施設，交通計画，環境等について協議するもので，当開発も1990年2月より東京都および渋谷区と打合せに入った．

まず，副都心渋谷での都市計画的な位置づけを検討するため，1990年4月財団法人都市計画協会に「井の頭線渋谷駅周辺開発計画策定調査」の調査研究を依頼し，1991年10月渋谷副都心機能を強化する開発拠点の一つとして位置づけるとの報告を得た．

この調査報告を基に「鉄道駅構内等開発計画検討委員会」に事前協議書を提出・受理された．JR渋谷駅と井の頭線渋谷駅を結ぶコンコースを道玄坂上まで敷地を縦断する遊歩道の設置，ハチ公広場前神宮通りの歩道拡幅とプラザピロティの設置等の公共用施設を提案し，評価されたものである．

2. 敷地・立地条件

本計画敷地は以下の状況であった．
①東西方向360m，南北方向50mの敷地が，中央部分の区道により3分割されていた．
②敷地西端部の道玄坂上は，東側神宮通り部分大ガード下と高低差が約16mあり，道玄坂交差点で信号制御によるバス専用道出入り口として使用していた．
③東側敷地は，神宮通りを除き，6m前後の区道に接しているが，既成市街地の細街路で歩車道分離がなされていない．その一部は夜間は歩行者専用になり，施設計画上の進入動線としては適切でない．

また，既存施設は以下の状況であった．

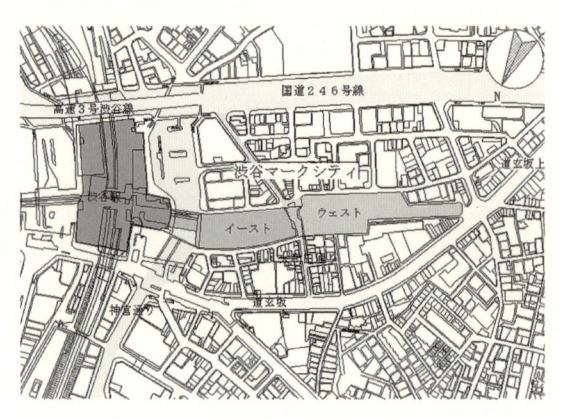

図Ⅱ-2.3 配置図

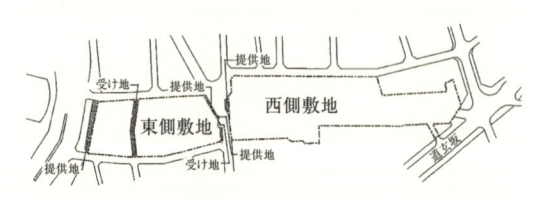

図Ⅱ-2.4 敷地計画図

①井の頭線渋谷駅は軌道敷がGL＋6mであり，神宮通り（幅員40m）上空でJR渋谷駅と接続する連絡橋が乗り換えの大動脈となっている．
②地下鉄銀座線は軌道敷がGL＋10mであり，JR・営団渋谷駅と架道で接続し，車両の折り返しおよび車両基地として機能している．

開発にあたっては以下の許認可を整理することが必要であった．
①線路上空利用の計画であり，「鉄道駅構内等開発に関する指導基準」の適用を受ける．
②一体的総合開発とするため，敷地の形状整備として東側の2敷地を統合するにあたり，「開発行為許可」を得る必要がある．
③神宮通り上空の既設人道橋の更新拡幅，および東西2敷地を分断する道路上空に，鉄道，人，車の通行のためのそれぞれの橋を建設するにあたり，「道路上空通路建設許可」を得る必要がある．

当計画での上空通路は道路占用許可基準内では有効な機能が果たせないため，警視庁，消防庁，道路管理者である渋谷区土木部との協議を重ねながら，東京都建築指導課・調査課と打合せ，最終的には建設省（現 国土交通省）市街地建設課の指導のもと，接道部分に「優良再開発事業」の認定を受け，2002年7月に「東京都路上建築物等連絡協議会」で許可方針となり，10月の建築審査会の審議を経て，道路上空通路の建築許可を得た．

1988年には3社共同開発に関する基本協定書の締結により，2000年に3社開発事務局を開設し，関係諸官公庁との許認可協議および地元町会・商店会との協議を進めた．同時にテーマごとの部会を設け，各項目の調査・検討，3社間の意見調整を行った．

3. 土地利用計画の基本的考え方

土地は，一部を除き各社分有とした．建物全体は区分所有とし，鉄道施設は東京地下鉄・京王電鉄の単独所有，鉄道施設を除いたビル事業部分は3社の共有とした．建物の運営管理は，（株）渋谷マークシティを3社で設立し，テナントリーシング，建物管理計画策定にあたった．

計画の前提条件である鉄道施設の改良計画は以下のものとした．
①井の頭線軌道階（2階）はホーム・コンコースの拡充を図る．神宮通り連絡橋は幅員24mに拡幅，更新する．
②銀座線軌道階（3階）は北側敷地に車両基地を拡充する．

ホテル，オフィス，店舗の配置にあたり，前述の鉄道施設設計および敷地条件，各種許認可の整

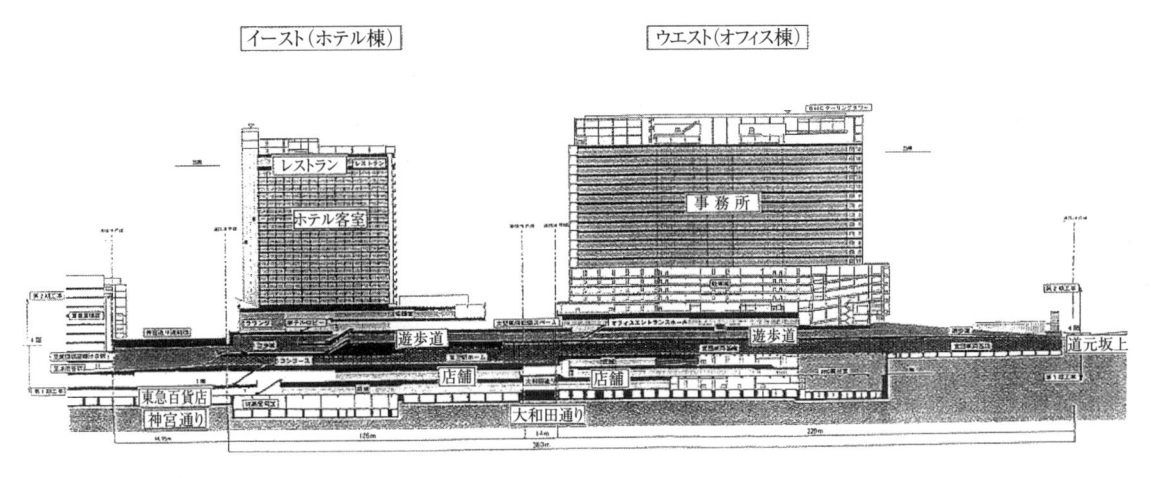

図Ⅱ-2.5　断面図

理，建築基準法等から規定される形態規制，容積制限，高層棟の容積により，以下の配棟断面図とした．

①鉄道施設階上部の4階を歩行者空間の主階とし，神宮通り1階および神宮通り連絡橋（2階から4階までをエスカレーターで導き，道玄坂上までの400mの遊歩道空間（マークシティアベニュー）を構築し，同時にホテル，オフィスへのアプローチ動線として整備し，優良再開発の認定を受けることで公共性を付加する．

②バス車両，一般車両およびサービス車両の主動線を5階とし，それぞれ道玄坂交差点（4階）および近傍の侵入路からスロープにて5階に誘導し，一般車は西棟6～10階の駐車場に導く．東棟と西棟の間はバス転回スペースを兼ねた道路上空車路（幅員33m）にて接続する．

③東棟5～25階をホテルとする．

④西棟5階をオフィスロビー，11階から23階をオフィスとする．

⑤低層部地下1，2階および遊歩道に面して店舗を配する．

基本設計に際しては，鉄道施設の配線計画とビル部分の上下階縦動線・コア計画・設備シャフト等，鉄道施設設計と建築設計との調整に多くの時間を費やした．また，ホテル客室への鉄道振動・騒音の伝播の防止にあたり，客室部分の高層棟と鉄道軌道部の低層棟の構造を平面的に分離させる計画とした．

デザインコンセプトは，複合用途の建物であることおよび周辺環境との関係から，以下のものとした．

①アイデンティティーと統一感
・各用途が機能，目的，コンセプトを具現化した形態デザインを表現する．
・外装計画にあたっては，全体として一つの建物であることを認識させる．

②ニュートラル
・本計画地は商業地域にあり，周辺は密集した中低層建物が多く，細街路または隣地に接していることおよび駅周辺全域として自ら誇示する無国籍的な色彩の建物，サインが雑多に存在している中で，秩序だった主張しすぎない美しさを表現する．
・当計画は，2棟で長さ200m高さ100m以上の建物であり，周辺スケールとの相対的な差が大きいため，圧迫感のない建物とする．

4. 鉄道施設の概要

(1) 京王鉄道施設

井の頭線渋谷駅改良工事は，1986年に当時の運輸省の認定を受けた「特定都市鉄道整備事業」の「井の頭線車両大型化工事」の一環として1997年12月に完了した．

この計画では，大型20m車両の導入，朝のラッシュ時に1時間30本運転を実施するため，渋谷駅ほか10駅でホーム延伸工事や駅改良工事を実施した．

渋谷駅のホーム有効長は大型20m車両5両編成が停車可能であるホーム長とし，ホーム・改札口およびコンコースを拡幅した．また，ホーム中間部に西口を新たに設置するとともに，ビル側の要望として，商業施設への導入路として，4階遊歩道部分に接続するアベニュー口を新設した．

(2) 東京地下鉄鉄道施設

東京地下鉄単独工事として，既存架道橋の更新，軌道施設の改良および車両基地内鉄道関係諸室の建築工事（防災，給排水設備等を含む）を施工した．

①既存架道橋の更新

既存西広場架道橋の補強を行い，保安度の向上を図るとともに，開発ビルの外装に適合した仕上げを施し，鉄道施設のイメージアップを図った．

②運転保安度の向上

・軌道配線を改良して，折り返し位置を従前から約50mの車両基地内に移し，過走余裕距離を確保するとともに，入出庫列車の交差を解消した．

・分岐器上の留置，および一線2編成留置箇所を

無くし，一線1編成留置とした．
・車両基地内を機能的な軌道配線とするとともに，信号保安施設を改良した．

③保守作業の能率向上

　機材線(約130 m)を確保して，側1番線上部に資機材搬入口を確保した．このことにより，資機材の積卸しが昼間作業可能となり，夜間保守作業の能率が向上した．

④車両の検修能率向上

　6両編成用ピット1本を新設し，分割作業を省いて車両検修の能力向上を図った．

5. 供給処理基盤整備の考え方

　本施設の基幹設備の設計にあたっては，2棟を1建物とし，鉄道施設を含んだ1系統を基本としている．

　防災設備の監視制御は東棟に主防災センター，西棟に副防災センターを設置し，鉄道施設および地域冷暖房中央管理室と信号連携を行い，主防災センターで建物全館の集中監視制御が可能なシステムとした．

　中水道やコジェネレーションの排熱回収システムおよび蓄熱システムを併せ持つ地域冷暖房プラントを建設し，省エネ・地球環境へ配慮した設備とした．地域冷暖房は，鉄道3社と東京ガス(株)が出資した渋谷熱供給(株)が設置，運営し，マークシティに隣接する他の建物1棟にも供給している．

6. 活線施工の建設工事

　既存の鉄道営業線の展開する2, 3階部分の鉄道仮受，既存施設の解体および4階床までの躯体工事を第1期工事として京王，営団が施工し，4階スラブ打設後，上部鉄骨工事，内外装・設備工事を第2期工事として東急が施工し，全体を3工区に

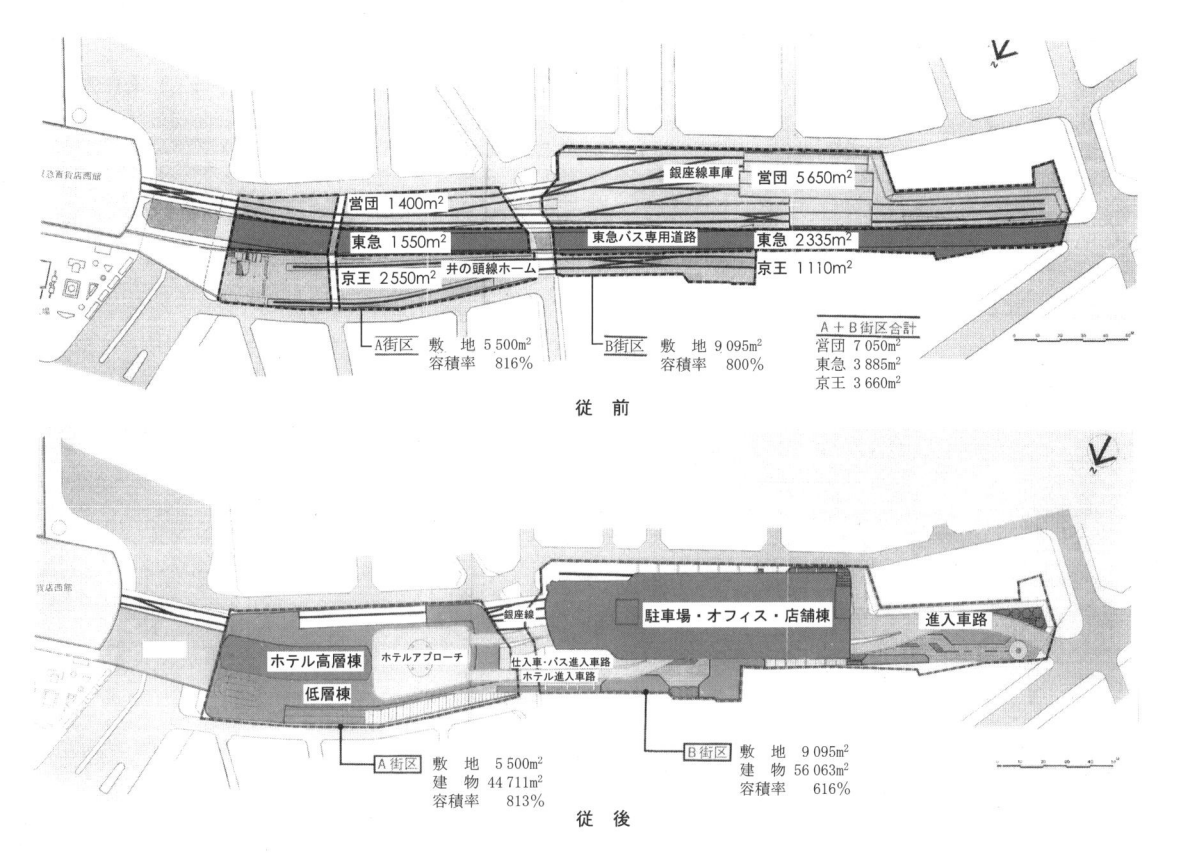

図Ⅱ-2.6　計画区分

分けて施工した．特に第1期工事の京王工区は，井の頭線渋谷駅の1日35万人の乗降客の利用に支障することなく，列車の安全運行と旅客の導線を確保しながら行う難工事であった．

そのために，ビル躯体の完成した部分から順次客導線，線路の切替を行い供用を開始したが，利用客の導線への影響を最小限とするよう，通路・階段・改札口の位置の変更など数回にわたる切替を実施した．第2期工事が着手された際は，駅施設については，ビル全体の竣工前に使用を開始しなければならないため，必要な仮設備の設置を行ったうえで，仮使用の手続きをとり，1997年9月に先行開業を行った．

7. 維持管理

全体のテナント管理，施設管理などのプロパティマネジメント業務は(株)渋谷マークシティが行っている．ただし，地域冷暖房施設のみ渋谷熱供給(株)が管理運営を行っている．所有の鉄道3社と(株)渋谷マークシティとは月1回の連絡会を行っている．

開業以来，事業は概ね好調であり，商業施設のテナントの鮮度維持には常に注意を払い，70数店のテナントのうち毎年2割程度を目標にテナント入れ替え，リニューアルを行っている．その際，大人が憩える，上質で高品位な空間と組み合わせの楽しさを重視し，特に30歳前後の女性をターゲットとしたテナント構成に留意している．

施設面では，渋谷駅と道玄坂とをつなぐ延長約400 mのアベニューは地域全体の利便性に大きく貢献しているが，午前6時40分から深夜0時まで開放しており，その管理に気を使う部分が多い．また，一般車の駐車場の出入り口が開業当初は道玄坂の1ヵ所だけであったが，その後バス出入り口も一般車両が使用可能となり，出入り口が2ヵ所となったため(**図Ⅱ-2.2参照**)，道玄坂の渋滞緩和，違法駐車の削減に貢献している．建築・設備の維持保全については，30年の長期保全計画を策定し，随時見直しを行っている．

8. 今後の課題

開業以来，店舗は多数の利用者に恵まれているうえ，雨に濡れない快適な歩行者空間として道玄坂上から国道246号線沿いに働くオフィスワーカーの利便性も高まり，都市基盤として定着している．オフィステナントは，IT関連・金融等のサービス業を主体としたテナントで占められ，近くに2001年に開業したオフィス，ホテルの複合ビルであるセルリアンタワーとともに渋谷のまちの性格を変えた．

2008年6月には池袋駅と結ぶ地下鉄13号線(副都心線)とその渋谷駅が開業し，さらに東急東横線と東武東上線との相互乗り入れも計画されており，渋谷駅の利便性は一層向上する．当事業も，開業10年を迎えるにあたり，そうした渋谷の変化に対応するためにも，共用部分を中心に大規模改装を計画中である．

(節末文献1)参照)

II-2 都市の核と骨格をつくる

II-2.2 金沢駅東広場
—もてなしドーム—
—全国でも珍しい駅前大規模ドーム—

■あらまし

都市軸の中央に，土地区画整理事業により，大規模なガラスドームと地下広場を中心とする駅前広場からなる交通結節点，交流・イベント空間として金沢市の顔を形成したもの．

■キーワード

公の施設，新たな伝統の創造，市直営管理，アルミ張弦材トラス，新交通用リザーブ空間

■規模等

土地区画整理事業全体面積：約 2.7 ha
地上広場：面積 19 400 m^2，南北約 170 m，東西約 110 m
交通施設：バスターミナル―乗車場 11 バース，降車場 5 バース，待機場 8 バース
　　　　　タクシー乗降場―乗車 3 バース，降車 5 バース，プール 57 台
　　　　　一般車―乗降場 4 バース，駐車場 45 台
　　　　　ST 車― 2 バース
付属施設：大屋根（もてなしドーム）　建築面積約 3 000 m^2，最高高さ 29.5 m
　　　　　シティゲート（鼓門）　通路幅 7.5 m，最高高さ 13.7 m，屋根 24.0 m × 12.5 m
　　　　　乗降場シェルター　建築面積約 4 100 m，軒高 4 m
　　　　　案内所，修景施設
地下広場：延床面積 10 550 m^2
付属施設：多目的広場，中央監視室，機械室，トイレ，倉庫，エレベータ 5 基，エスカレータ 2 基
総合プロデューサー：小堀為雄，水野一郎
設計・管理：(株)トデック
建築・意匠：(株)白江建築研究所
構　　　造：斉藤公男＋構造計画プラスワン
設　　　備：(株)明野設備研究所
施　　　工：1998 年 3 月～2005 年 3 月
総事業費：約 172 億円

1. 開発の経緯

金沢市は 1970 年頃，都心域の端にあった駅のさらに外側を新都心化し，都市構造を 1 点集中型から軸状に転換させることとした．そのため，県・市が協力して JR 北陸本線の連続立体交差化事業，土地区画整理事業，都市再開発事業を積み重ねてきた．こうした先行事業により，駅周辺は金沢都心軸の中央点に位置づけられるようになった（図II-2.8）．

金沢駅広場の整備は，1989 年の整備懇話会設置

図II-2.7　全体概要[2)]

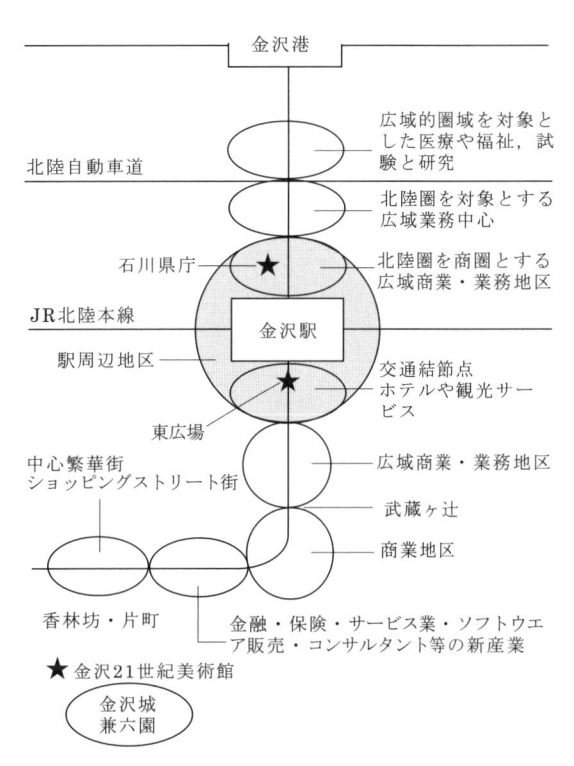

図II-2.8　金沢市の都心軸構想

から本格的に検討が着手された．42名の市民や関係委員による懇話会で，様々なプログラムが列挙された．それを受けて1992年に基本計画が策定され，1994年に新たな整備懇話会が設置され，プログラムの具体化に入った．設計者選定後，「駅東広場専門委員会」が設置され，総合プロデューサーとして建築・土木それぞれに学識経験者が任命された．

2. 立地・敷地条件

金沢駅はJR北陸本線の主要駅であるが，2014年までに長野新幹線が延伸・開業し，東京まで2時間半の時間距離となる．このほか北陸鉄道石川線の起点駅であり，路線バスは路線の大半が金沢駅を起点または経由地としているほか，長距離バスの路線も多い．

周辺は，当広場を囲む形で，石川県立音楽堂，ホール・宿泊・業務・商業からなる再開発ビル，5つのシティホテル，売場面積約5万m^2の大型店が立地している．

3. 土地利用の基本的考え方

駅東広場の計画理念として，「金沢らしさの創出」「バリアフリーの徹底」「合理性と機能性の追及」の3点があげられた．特に「金沢らしさ」については様々な意見があったが，金沢の伝統文化に根ざしながらも，過去にとらわれず，新たな伝統を創りあげて行こうとする考え方がとられた．

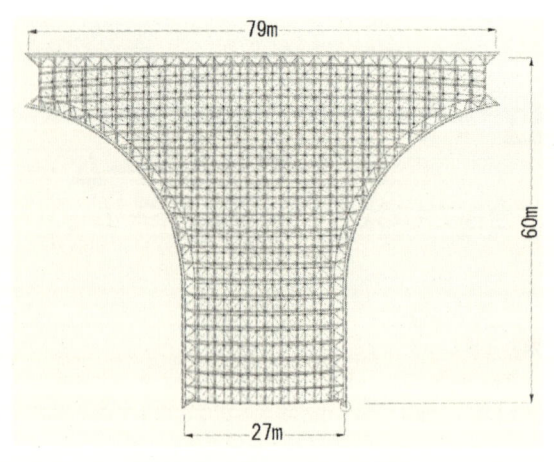

図Ⅱ-2.9　もてなしドームの形状[2]

年間降水量が約3 000 mm，特に冬はほぼ毎日のように雨天となる金沢の気候から，大屋根を架けることは当初から検討されたが，懇話会等のプログラムを整理した結果，全国から来た空気を金沢のまちへ吹き出し，逆に金沢の空気を全国へ送り出す「ふいご」のような空間構成となった（図Ⅱ-2.9）．ドームは，半径90 mの巨大な球体の一部を三味線のバチの形に切り出した形状とし，屋根や壁はガラスで覆われ，下部は開放され，防風板の間からバスやタクシーに乗降できる形としている（図Ⅱ-2.11）．ドームの構造は，耐久性，維持管理などを考慮してアルミ合金による張弦材ハイブリッドトラス構造を採用している．

ドームが機能美・技術美を基本として時代の最先端の技術を用いているのに対し，図Ⅱ-2.12に示す

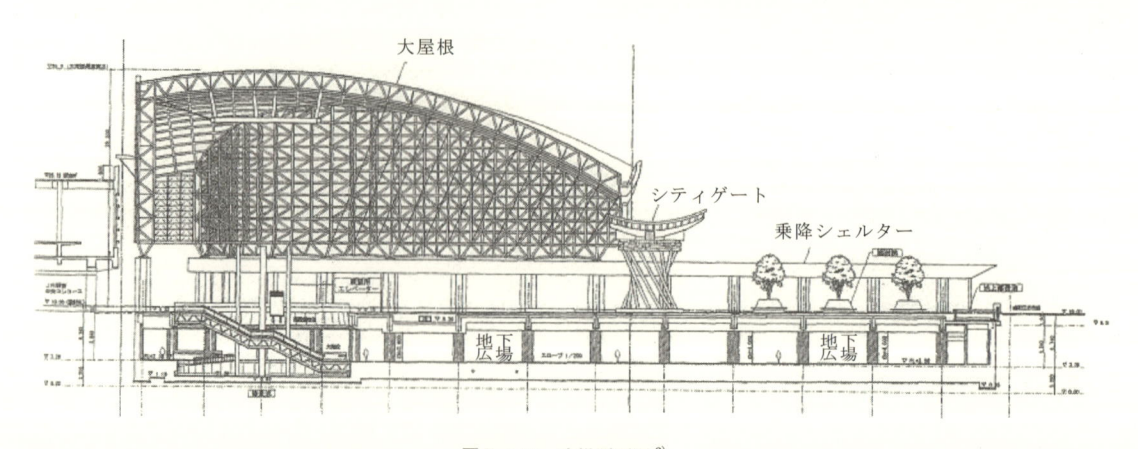

図Ⅱ-2.10　広場断面図[2]

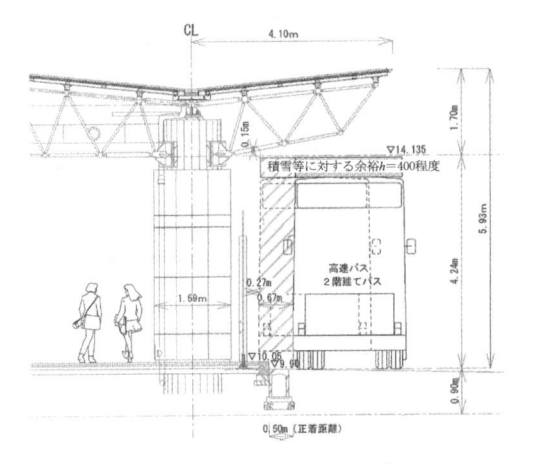

図Ⅱ-2.11 バス乗降場断面図[2]

鼓門(つづみもん)は，伝統を感じる木造とし，金沢の伝統芸能の能や素囃子(すばやし)などで使用される鼓の胴にある「調べ緒」をモチーフにデザインされている．鼓門の屋根は，ドームの大屋根からの落雪を受け止める形としており，柱は，屋根の雨水排水管，地下広場の通気ダクトなどの収容空間ともなっている．

図Ⅱ-2.12 鼓門[2]

4. 交通・道路基盤整備の基本的考え方

金沢は，雪は比較的少ないものの冬は毎日のように風雨があり，雷も多い気候であるため，交通動線，容量等もさることながら，バス・タクシーの利用者の風雨からの保護に多くの配慮がされている．

また，金沢市内は1967年まで市電が営業運転していたこともあり，現在でも新交通やLRTなど様々な交通システムが構想されているが，方針決定には至っていない．しかし，当広場では，将来に備えて，地下広場のさらに下に，新しい交通システムの駅のためのリザーブ空間を設けている(図Ⅱ-2.13)．

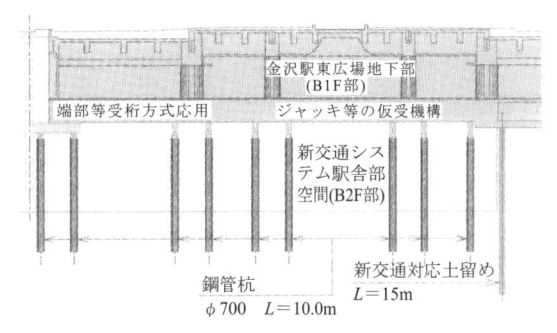

図Ⅱ-2.13 新交通システム用空間[2]

5. 供給処理基盤整備の基本的考え方

環境に配慮した自然エネルギーの活用は当初からの計画方針であり，太陽電池の導入，大屋根の雨水再利用などが行われている．屋根の上には約3000枚の太陽電池パネルがガラスに組み込まれており，最大110 kWの発電容量があり，地下の照明等に利用されている．太陽電池は光を通すシースルータイプを採用し，必要な照度を確保しつつ，夏季の日差しを緩和するものとなっている．修景用水には，歴史遺産でもある辰巳用水の水を導入している．

6. 緑地・空地整備の基本的考え方

金沢の風景に習い，水，緑，灯りの景を取り入れている．水の景は，金沢には多数の用水の文化があり，まちの風景に潤いを与えていることから，その代表的存在であり，兼六園でも利用されている辰巳用水を広場内に引き入れ，噴水・湧水池・流れ・滝・地下池を循環させている．

緑の景は，金沢の緑は兼六園の雪吊りに見られるように，非常に繊細な趣きを持っていることから，この技法に習っている．灯りの景は，金沢の

まちを特徴づけている茶屋まちの軒先のボンボリの柔らかな灯りに習うとともに，金沢市は全国でも珍しい夜間景観条例を定めていることもあり，ドームや鼓門のライトアップに配慮している．

7. 維持管理

当広場の所有権は，全体面積の1/6に当るJR駅沿いの部分がJR西日本の所有であるが，全体の維持管理は金沢市が，金沢駅前広場条例に基づき直営で行っている．市の担当課は道路管理課である．

金沢駅前広場条例では，市の管理施設として，当広場，金沢駅西広場，当広場に隣接する金沢駅東交流スクェアの3施設を，地方自治法の「公の施設」として管理するよう定められた．西広場は，指定管理者が管理している．東広場の管理要員は，中央監視室に警備委託2名が24時間，設備管理委託1名が日中のみ配置されている．

照明，エレベーター，エスカレーターなどの光熱水費は，JR分は市からJR西日本に請求しているが，清掃費，警備費は市が負担している．警備は，隣接して駅前交番があるため，これと連携して行っている．

地下には，イベント広場，情報コーナーなどがあるが，店舗は無い．イベント広場1 500 m^2 は，金沢まちづくり財団が運営する「もてなしドーム企画運営センター」が，2008年2月現在，1日1万円で貸出している．情報コーナーのコンテンツは，金沢ケーブルテレビ(株)に委託して製作している．

8. 今後の課題

当広場は，市として初めての，全国でも珍しい施設であるため，ドーム清掃ロボットをはじめ，新規設備の管理に慣れるために時間を要した．当初作成された管理マニュアルを適宜改訂中である．

イベント広場では市民による様々なイベントが行われているが，時には，施設管理上好ましくないイベント企画もあり，その調整が必要である．

大きな課題としては，駅西広場との連携，地下

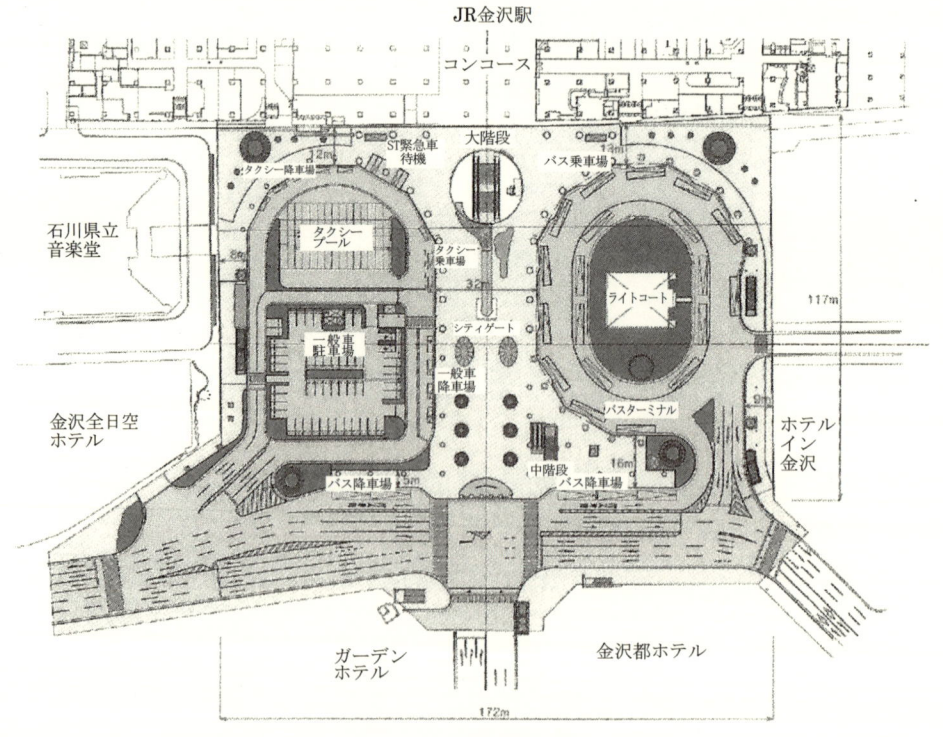

図Ⅱ-2.14　地上広場平面図[2)]

II-2.2 金沢駅東広場—もてなしドーム—

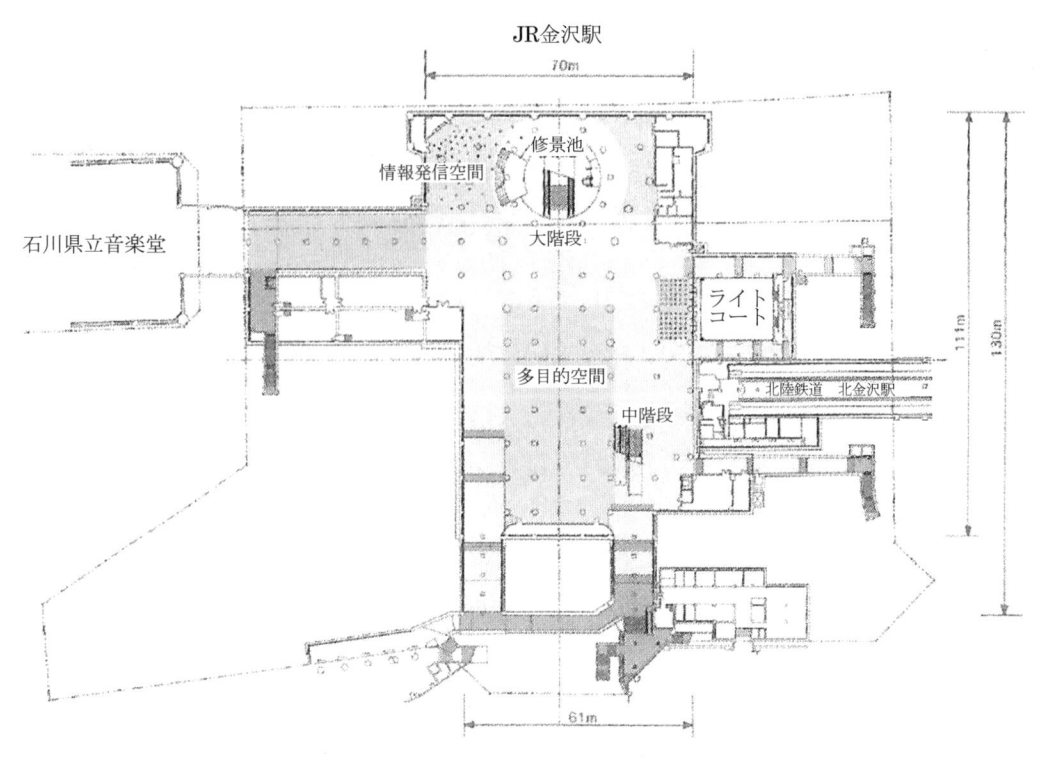

図 II-2.15 地下広場平面図[2]

広場下の新交通システム用リザーブ空間の2つがある．県庁へ通ずる駅西地域は，北陸新幹線が2014年までに開業予定であることもあり，業務・商業・高層住宅等，今後一層の発展が期待されるため，駅西広場の再整備の具体化について，現在，市で検討中である．その際，旧市街地側の当広場との有機的連携，相乗効果が望まれる．先に述べたように当地下広場下には新交通駅用リザーブ空間が確保されているが，どのような交通システムが最適か自体，路線も含めて未定である．新交通システムが具体化した時点で，当広場の再整備の検討も必要となろう．

(節末文献2)参照)

Ⅱ-2 都市の核と骨格をつくる

Ⅱ-2.3 富山ライトレール「ポートラム」
― コンパクトシティのための公共交通 ―

■あらまし

コンパクトな都市の実現のためのリーディングプロジェクトとして，赤字化したJR在来線に代わって，我が国初の本格的LRT路線を都市政策として公共整備したもの

■キーワード

コンパクトシティ，公共整備，総合的施策，公設民営，短期間での事業化

■概要

在来のJR富山港線をLRT化，2006年4月開業
路線総延長：7.6 km，うち路面新設区間1.1 km
駅　　数：13駅，うち新設5駅
建設・維持管理費負担：富山市
運　　営：富山ライトレール(株)(第3セクター)
建 設 費：約58億円

1. 開発の経緯

JR富山港線はJR北陸本線富山駅と富山港を結ぶ全長約8 kmの在来線であったが，利用者の減少→ダイヤの間引き→さらなる利用者の減少という悪循環に陥っていた(図Ⅱ-2.17).

2001年度に，東京から長野新幹線を延伸する北陸新幹線が富山まで事業認可され，鉄道高架化によって，それまで南北に分断されていたまちづくりの一体化が始まった．その際，JR富山港線の扱いについて，高架化，廃止・路線バスへの転換，路面電車化の3案が検討され，最終的には，森雅志市長が2003年5月に，2006年度開業を目指した路面電車化を議会で正式に表明した．

これに基づき，富山市では学識経験者を含む「富山港線路面電車化検討委員会」と，鉄道専門家からなる「富山市都市再生モデル調査ワーキンググルー

図Ⅱ-2.16　富山ライトレール　ポートラム[3]

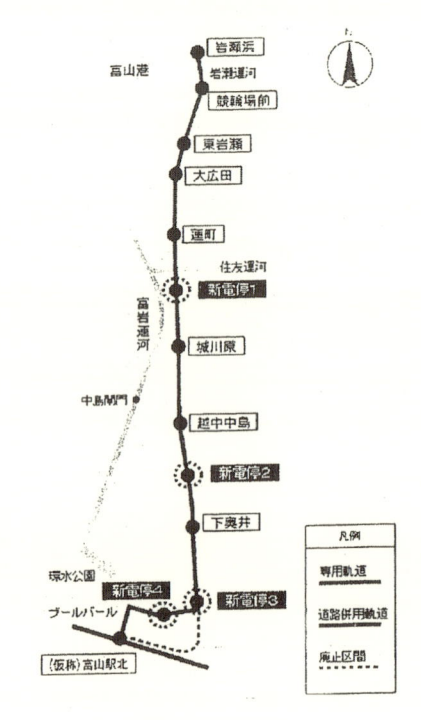

図Ⅱ-2.17　路線図
(出典：島津環境グラフィックス)

プ」を設置し，各種検討に着手した．その結果は，2004年2月に「富山港線路面電車化に関する検討報告書」としてまとめられた．並行して，富山市では(社)日本交通計画協会の協力のもとに総合的なプロジェクトチームで各種の具体的な検討を進めた．

こうした検討を経て，富山市は，富山県や県内

民間企業15社とともに，運行にあたる新たな事業者として，第3セクター「富山ライトレール株式会社」を2004年4月に設立した．2005年2月には工事施行認可を取得，着工し，2006年4月に営業開始という，きわめて短期間での工事完成となった．

2. 事業の基本的な考え方

(1) コンパクトなまちづくりの先導プロジェクト

本事業は，単なる公共交通事業ではなく，コンパクトなまちづくりのリーディングプロジェクトであることが特徴である．富山市は，2005年度の国政調査で，DID人口密度が4 030人/km^{2}と，全国の県庁所在地で最も低く，都市施設等の維持管理費の増大と人口減少傾向から，市街地のコンパクト化が急務となっている．また世帯当りの乗用車保有台数は，2006年で1.735台と，都道府県では福井県に次いで第2位の車依存となっている．

一方，2006年の富山市のアンケート調査では，市民の約3割が自由に使える車がないとの結果となった．こうしたことから，富山市のまちづくりの課題は以下の3点に集約された．
①車を使えない人にとって，きわめて生活しづらい
②割高な都市管理の行政コスト
③中心市街地の空洞化

これを踏まえて，富山市ではコンパクトなまちづくりの基本方針を以下の4点とした．
①規制強化ではなく，誘導的手法
②まちなか居住か郊外居住か選択可能
③公共交通の活性化
④地域拠点の整備による全市的なコンパクト化

特に富山では，公共交通による「串」と，徒歩圏による「団子」によるコンパクト化を特徴としている．富山ライトレールはこの基本方針のもとに位置づけられた．

(2) 路面電車化の選択理由

直接的な理由としては以下の3点があげられる．
①高架化したとしても，既存のネットワークやサービスレベルに変化が生じないため，現状以上に魅力ある公共交通機関にならない．
②廃止し，バスに代行することは，定時性の確保や輸送力に問題が生じ，富山市北部の公共交通のさらなる衰退を招く．
③費用便益を試算した結果では，路面電車化が利用者の便益，環境への便益等において最も優れ，費用は連続立体交差事業以下になる．

特に，利便性改善については，バリアフリー化に対応した全低床車両の導入に加え，富山港線の運行頻度がピーク時で30分間隔，日中で1時間間

図Ⅱ-2.18 専用軌道部分と駅[3]

図Ⅱ-2.19 車両内部[3]

隔であったのに対し，路面電車では朝ラッシュ時10分，昼間15分，早朝・深夜30分の間隔とし，運行時間帯も23時までと大幅に延長した．

(3) 費用負担の考え方

運賃収入のみによってそのようなサービスを提供することはできないため，本事業ではそれを公的施策として実施することとした．設備投資の全額を公的財源とし，初期投資費用を運賃収入によって回収しようという我が国での慣習的な発想を転換し，社会的価値のある公的投資と位置づけたことが最も重要である．

具体的には，路面電車化に必要となる施設整備費の6割程度の費用が，連続立体交差事業の機能補償として支出されている．残りの施設整備費も市の街路事業や鉄道関係の補助事業を活用し，すべて公的に負担している．

維持管理および更新改良に関わる費用についても，本事業では新しい考え方を打ち出している．我が国では鉄道事業者が運賃収入でこれらの費用を負担することが慣習的であるが，欧米等においては必ずしもそうではない．特に地方鉄道では，運賃収入のみでは施設の更新費用だけでなく，維持管理費の負担さえ困難な場合が多い．

本事業では，長期の収支予測を行ったところ，鉄道事業者が維持管理および更新に関わる負担をしなければ，かなり堅めの需要想定を行ったとしても健全な運営が可能という試算が出たことから，公共団体がそれらの負担を負うこととしている．

(4) 周辺施策

本事業に併せて，沿線において駅周辺の活性化や，駅利用を推進するための施策を総合的・集中的に実施していることも特筆される．具体的には，各駅での駐輪場，アクセス道路の整備，フィーダーバスの運行があげられる．フィーダーバスは，終点の岩瀬浜駅でライトレールと時刻を合わせて，同一ホームの対面から出発させるようにして，利便性向上効果を享受できる地域の拡大を図っている（図Ⅱ-2.20）．

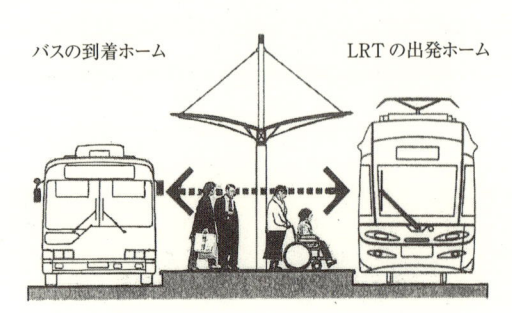

図Ⅱ-2.20　LRT車両とフィーダーバスの乗り継ぎ
（出典：アルメック(株)）

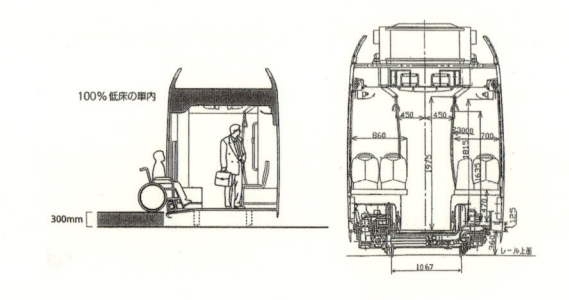

図Ⅱ-2.21　LRT車両断面
（出典：アルメック(株)）

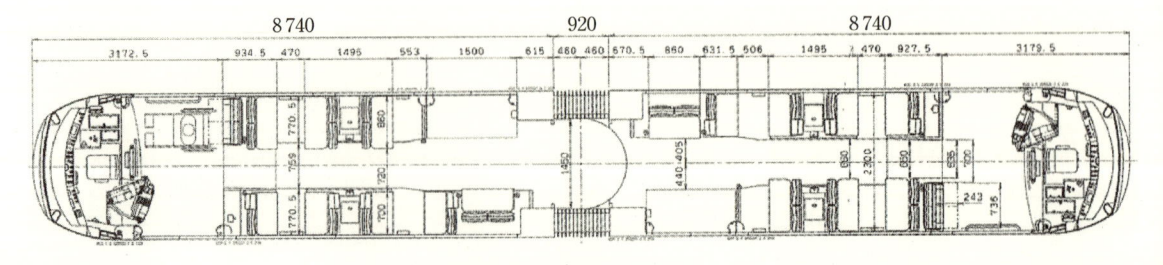

図Ⅱ-2.22　車両レイアウト[3]

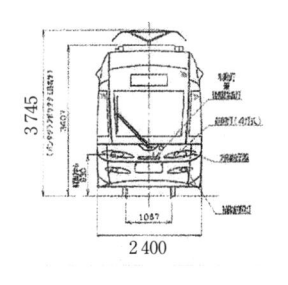

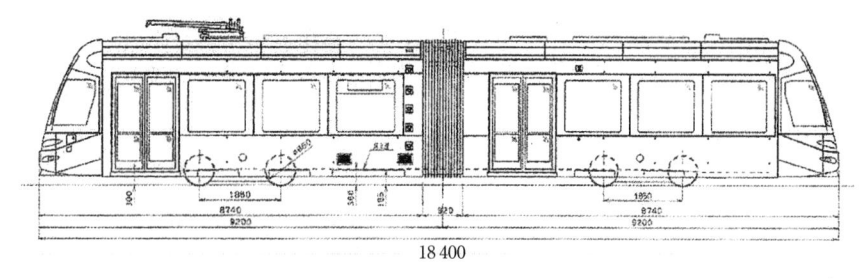

図Ⅱ-2.23　車両立面図[3]

また，沿線土地利用の活発化を促進するために，以下のような推進策を講じている．

①駅周辺の住宅建設の支援

駅周辺（概ね半径300m）における居住を促進するための各種助成制度により，良質な賃貸・分譲住宅の建設を促進する．

②沿線で魅力あるまちづくり

沿線には北前船が活躍した江戸時代に栄えた歴史的なまちなみが残る岩瀬の街や，富岩運河，中島閘門といった土木遺産など，多くの観光資源があり，全国から観光客を誘致する施策を行う．

さらに，鉄道用地以外の3セク用地の活用や，鉄道・駅舎上空の活用，住宅・コミュニティー施設の建設などにより，駅周辺の居住環境を向上させる施策を展開する．

一方，富山駅の南側では以前から富山地方鉄道（株）の路面電車が営業運行しており，今後，これと富山ライトレールを直結させる計画である．さらに富山地方鉄道を中心市街地で環状化したり，さらに延伸することも検討されている（図Ⅱ-2.24，図Ⅱ-2.25）．

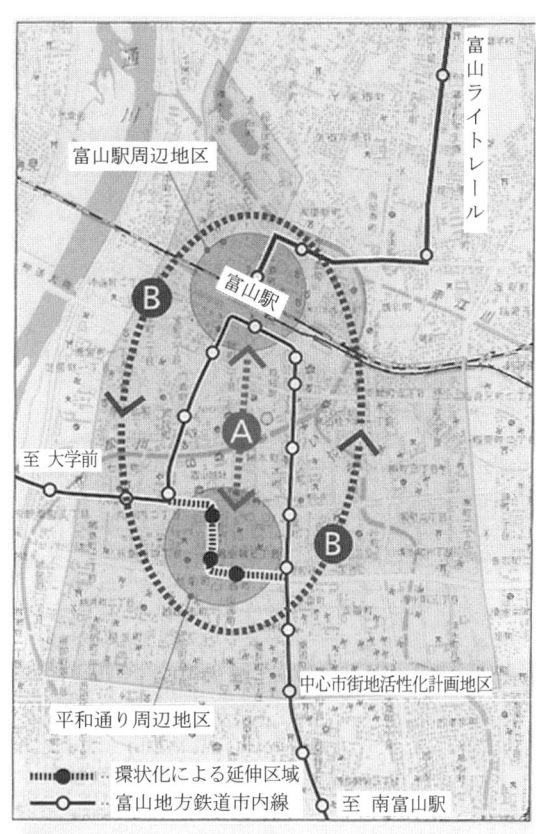

図Ⅱ-2.24　現在の富山地方鉄道車両[3]

図Ⅱ-2.25　既存路面電車との接続，環状化構想[3]

3. 施設の基本的な考え方

(1) 軌道施設

新たに軌道を敷設した道路は2路線で，軌道は単線とし，その延長は約1.1 kmである（図Ⅱ-2.26）．

道路併用区間では，電車の走行に伴う騒音・振動の発生を抑制する「制振軌道（樹脂固定軌道）」を全面的に採用した（図Ⅱ-2.27）．これは，コンクリート路盤に設けられた溝に合成ゴム系樹脂を流し込んでレールを固定するものである．騒音発生の低減のほか，適度な弾性支持により，軌道の波状磨耗の発生がなく，維持管理費用の低減が図られる．我が国では，熊本市や広島市で採用実績がある．

また始発の富山駅北電停内や一部の道路併用区間では，軌道の間に芝生を植え，都市景観に配慮している（図Ⅱ-2.28）．

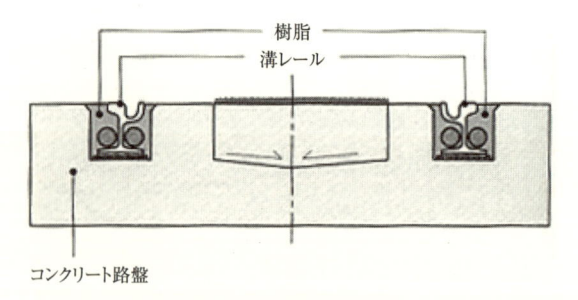

図Ⅱ-2.27 制振軌道の構造[3]

図Ⅱ-2.28 芝生軌道[3]

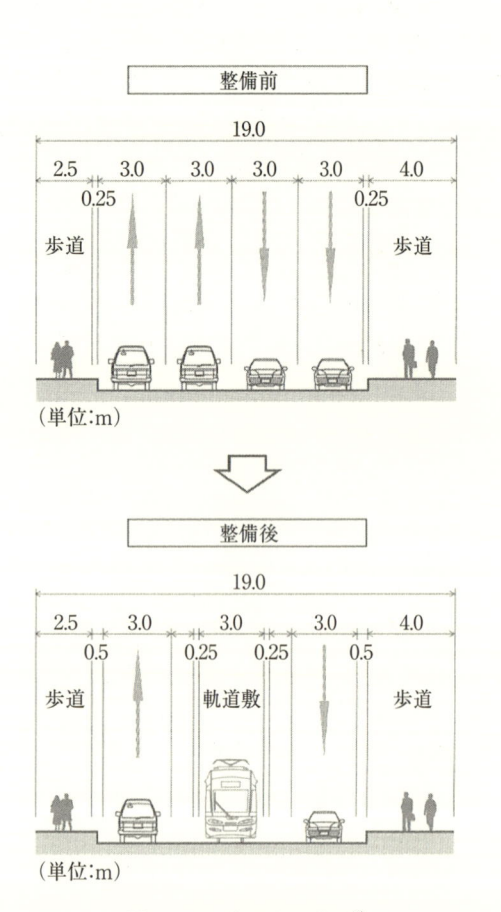

図Ⅱ-2.26 道路断面の構造[3]

(2) トータルデザイン

本事業では，複数の専門家によるトータルデザインチームが結成され，車両，電停，サイン，VI（ビジュアルアイデンティティ），ステーショナリー，ユニフォーム，広報媒体，広告要素など，関連するすべてを一つのコンセプトによって方向づけし，個々の質を高めていく「トータルデザイン」が導入された．

ここでは，路線コンセプト「TOYAMAクリエイティブプラン」を核に，

・高齢化社会や環境に配慮した住みよいまちづくりの実現，
・まちづくりと連携した富山の新しい生活価値や風景の創造，
・世界に向けて富山市民が誇れるようなまちづくり，

をデザインの上位指針とした．そのもとに，①都市の新しい風景をつくる，②新しい生活パターンをつくる，③地域の資産を再発見する，④地域の

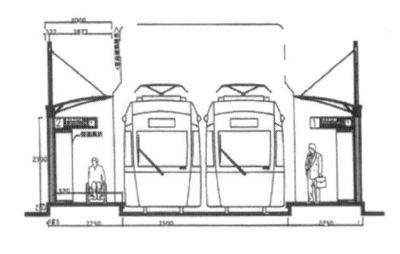

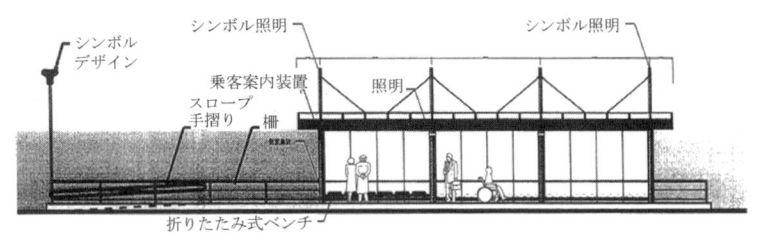

図Ⅱ-2.29　駅断面図

（出典：島津環境グラフィックス）

新しい価値を創造する，⑤地域の新しい価値を創造する，をデザイン目標として設定した．

車両デザインについては，トータルデザインチームが示した4つの案から市民アンケートで選定し，車両愛称「ポートラム」も市民からの募集により決定した．

電停は，車両デザインとともに，まちの景観を左右する重要な要素である．そのデザインは，北前船の帆やマストをモチーフとし，富山港線の路線特性である「海へ向かう」をイメージさせるものとした（図Ⅱ-2.29）．

電停の壁は，基本機能である駅名，時刻表，周辺の観光地情報などのサインスペース，地域の特性を表現した個性化スペース，そして広告スペースの3つに分けられている（図Ⅱ-2.30）．個性化スペースはそれぞれ地元のデザイナーが担当し，それに地元企業が協賛することで施工費を捻出することとした．

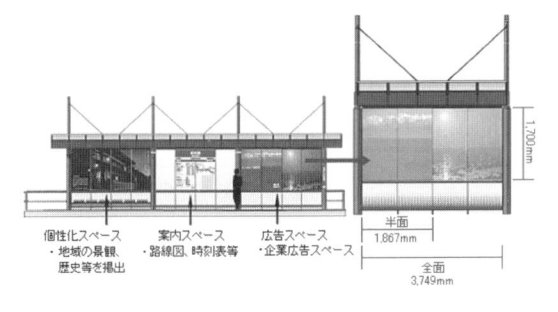

図Ⅱ-2.30　駅前広告

（出典：島津環境グラフィックス）

4.　運　　営

本事業は公設民営方式により，建設費約58億円と毎年の維持管理費約1億円は公共負担とした．毎年の人件費，電力費等の運営費約2億円は，主に運賃収入で充当することとしている．

第3セクター富山ライトレール(株)は，資本金約5億円，出資構成は，富山市33.3％，富山県16.07％，民間企業15社が50.80％である．代表取締役社長は富山市長が務め，職員は30名，このうち富山ライトレール(株)採用職員は3名である．その他は出向職員で，富山市から3名，富山地方鉄道(株)から16名となっている．車両の重要部の検査，毎日の保線業務は富山地方鉄道(株)に委託している．

地元企業へは「駅名命名権（ネーミングライツ）」の販売が行われ，2駅が市内2企業によって命名された．このほか，一般市民や企業からは，各電停の168基のベンチに1基5万円の記念寄付を募り，寄付者のメッセージ付プレートをベンチ上部に設置した．

本事業の成果は，開業後1年目でみると，富山港線当時と比べて，利用客数は平日で2倍強の約5000人，休日で5倍強の約5600人となった．利用者増加の要因としては，並行路線バスからの転換に加え，自動車からも平日で600人が転換した．また，新規の利用が平日で約1000人おり，車を自由に使えない高齢者などの外出機会が増えたことがうかがえる．

II-3 環境と共生する

　今後は，沿線の居住人口増加など，中長期的なまちづくりへの貢献が期待される．

　　　　　　　　　　　（節末文献 3），4）参照）

☆II-2☆引用・参考文献
1) 帝都高速度交通営団，東京急行電鉄(株)，京王電鉄(株)：渋谷の開発とマークシティの建設について，鉄道建築ニュース，鉄道建築協会，2000年9月
2) 金沢市：金沢駅北土地区画整理事業　金沢駅東広場─あらたな伝統の創造を目指して，金沢市都市整備部駅周辺整備課，2005年3月
3) 富山ライトレール記録誌編集委員会：富山ライトレールの誕生，鹿島出版会，2007年
4) 望月明彦，中川大，笠原勤：わが国の公共交通政策における富山ライトレールプロジェクトの意義に関する研究，都市計画論文集，日本都市計画学会，2007年4月

II-3 環境と共生する

II-3.1 ハートアイランド新田一・二・三番街
―川と連続する風の道や小樹林によるヒートアイランド対策の街づくり―

図II-3.1　全景

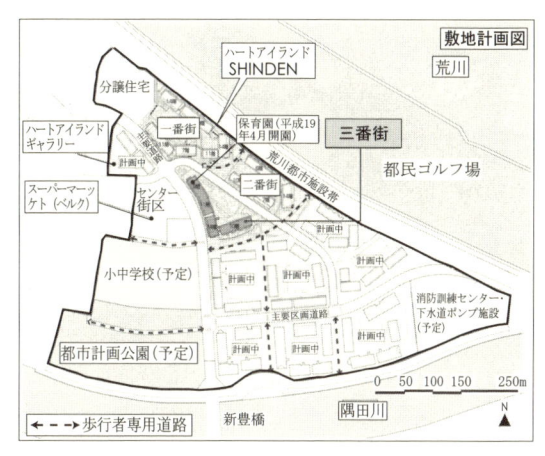

図II-3.2　全体図

■あらまし

ハートアイランド新田地区は，荒川と隅田川にはさまれた敷地に計画されたスーパー堤防事業と連携したまちづくりで，既成市街地と川をつなぐ軸を基本に街区構成がなされている．

地区全体では，賃貸住宅に加え民間分譲住宅や学校，生活関連施設，公園等が計画されている．

■キーワード

環境共生，風の道，川との連続，クールスポット，小樹林（ボスケ），SI (Skelton Infill)住宅，子育て施設

■開発概要

建物名称：ハートアイランド新田一・二・三番街
所 在 地：東京都足立区新田三丁目
事業主体：都市再生機構　東京都心支社
敷地面積：29 000 m²（全体　約 20 ha）
住宅戸数：781 戸（全体　約 3 000 戸）
延床面積：73 889 m²
階　　数：RC造 14 階建て
主 用 途：賃貸住宅（全体　学校，施設，公園，分譲住宅等）
工　　期：2001 年～2006 年

1. 開発の経緯

大規模工場の移転に伴い，跡地を住宅地系の開発として計画された．荒川，隅田川の川に挟まれた立地を活かし，環境に配慮した住宅地として当初より計画され，「IBECの環境共生住宅（団地型）」の認定を得ている．

2. 立地・敷地条件

JR王子，赤羽よりバス，ハートアイランド東下車．隅田川に地区内からあらたに橋がかけられ，交通の便がよくなった．スーパーマーケット等の生活関連施設に加え，学校，大規模公園が地区内

図II-3.3　小樹林（ボスケ）

に計画されている．

3. 土地利用の考え方

①全体調整

開発地全体で，デザインガイドラインがつくら

れ，各街区はそのガイドラインに沿って具体の企画やデザインがなされている．各街区のデザイン調整は，3名のデザイン調整者のもとでデザイン会議がひらかれ行われた．

②各街区の環境に配慮した屋外デザイン

その内の一・二・三番街は都市再生機構の賃貸住宅で，スーパー堤防と一体となった外部空間に，川風の導入を意図し，富士山への軸線と一致する歩行者空間を設定している．また，ボスケと呼ばれる小樹林によるクールスポットの形成や，住棟や駐車場の屋上部分の緑化などヒートアイランド対策に配慮した配置設計となっている．

荒川対岸からの遠景に配慮した建物シルエットやスーパー堤防上での荒川五色桜の復活，風車のモニュメントなど景観にも配慮され，風の強さによって色を変える路面の照明デザインは北米の照明学会賞を受賞するなどの外部からも評価がなされ，居住者からも愛着を感じる場所とのアンケート結果が得られている．

③環境に配慮した建物設計

住宅計画においても，断熱性向上，室内の通風への配慮，自然素材の活用，家庭用燃料電池の導入など，環境に配慮した対策がとられている．また，SIの手法を取り入れた長期耐用型住宅となっている．街路沿いにはストリート表出型の住宅としてαルーム（街路に独自のアクセスを持つ趣味の部屋）や一定の条件の犬と猫の飼育が可能なペット共生住宅，集会施設などが企画されている．

(節末文献14)参照)

図Ⅱ-3.4 荒川沿いの遠景

図Ⅱ-3.6 スーパー堤防上の設え(2)

図Ⅱ-3.5 スーパー堤防上の設え(1)

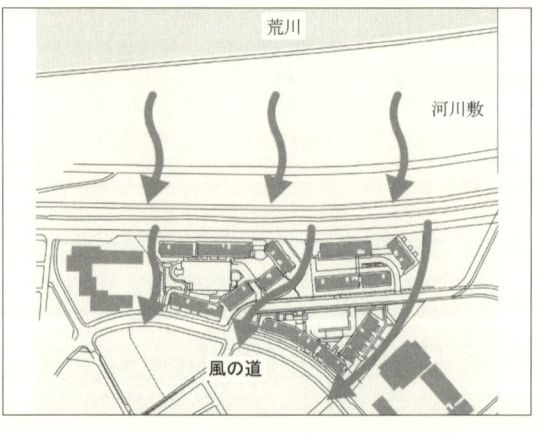

図Ⅱ-3.7 街区配置図，風の流れ

II-3 環境と共生する

II-3.2 アドバンテスト群馬 R&Dセンタビオトープ
―我が国最大級の企業敷地内のビオトープ―

■あらまし
　群馬県内の田畑で囲まれた工業団地でのIT関連研究所建設に際し，その一画に，当時では我が国最大級のビオトープを，綿密な事前調査，計画，維持管理と事後調査によって形成したもの．

■キーワード
事前調査，生き物との共生，維持管理，事後調査

■概要
所　在　地：群馬県邑楽郡明和町
事　業　者：(株)アドバンテスト
基本設計：(株)山下ピー・エム・コンサルタンツ
実施設計/施工/環境調査：清水建設(株)
植物相調査/監修：群馬大学社会情報学部教授　石川真一
研究所敷地面積：250 888 m²
ビオトープ面積：約17 000 m²
竣　　　工：2001年

1. 開発の経緯

　アドバンテスト社は，半導体試験装置の開発・製造のIT先端企業である．研究所の2号館建設に際し，環境保全活動の一環として，開発に打ち込む従業員が自然の風景を見ながら，心安らぐ緑豊かな環境をつくりたいとの意向があり[2]，建物外構をビオトープとして整備した（図II-3.8）．なお，1号館敷地には，修景緑地が整備されている．

2. 立地・敷地条件

　建設地は工業団地の一画に位置し，雑草がまばらに生育する程度の平坦な裸地で，自然環境の多様性は高くはなかった（図II-3.9，図II-3.10）．事前調査では，建設地が利根川に比較的近く，周辺に水田が広がっていることから，周辺でカモ類，サギ類などの水辺の鳥類が多く確認された．

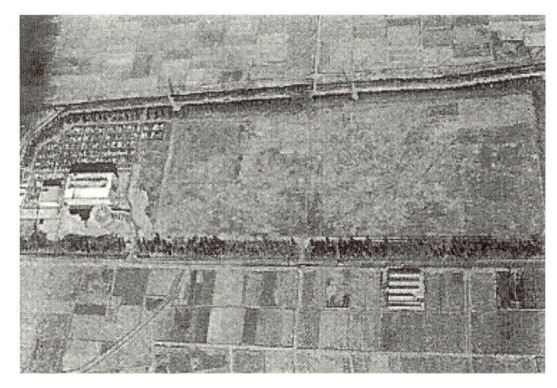

図II-3.9　建設前の様子[1]

図II-3.8　研究棟とビオトープ

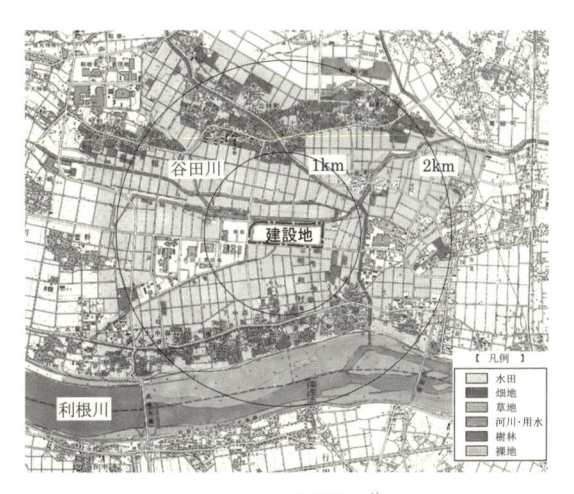

図II-3.10　周辺環境[1]

II-3 環境と共生する

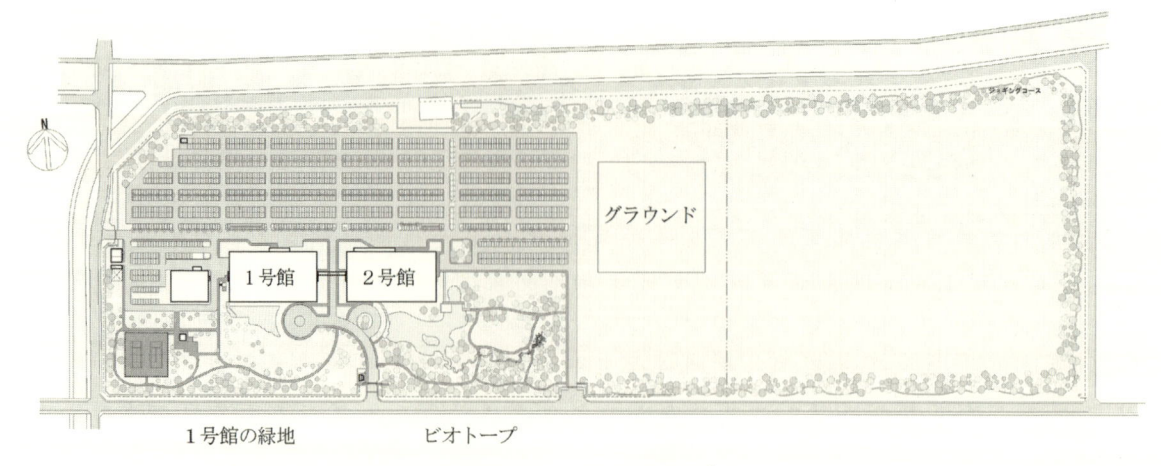

図II-3.11 ビオトープ位置図[1]

3. 土地利用の基本的な考え方

ビオトープの設計は，ITと自然との融合，関東平野の昔ながらの田園風景の復元を目指して進められた．まず周辺に見られる環境の構成要素を分析し，建設地内にその要素（水辺，草地，樹林地）を創出することで，利根川など周辺環境とのネットワークの形成に努めるとともに，高低差3m程度の微地形を創出し，環境の多様性を高めた（図II-3.12）．また，ビオトープの誘致目標生物をカモ類などの水鳥と設定して，それぞれの構成要素の配置やディテールを設計し，その他多種の生き物が生息できるよう，生態学的な見地から，様々な環境配慮を行った．

なお，企業敷地内という性格を踏まえ，単なる藪状の空間とならないよう景観面にも配慮するとともに，従業員に自然と触れあえる安らぎの場を提供できるよう，自然観察，散策のしやすさといった点についても十分考慮した．

4. 主な生態学的環境配慮

主な生態学的配慮としては，以下の4点があげられる．

(1) 既存樹木の活用

敷地周囲の既存樹木は，環境保全林として活用し，新たな植栽樹木は，北関東地域に生育する樹種から選定した．また，水辺に植栽したヨシは地域の放棄水田から移植した（図II-3.13）．

(2) エコトーンの形成

水生生物→水辺林→雑木林→草地と連続的に変化するエコトーン（環境推移帯）を形成して，より自然に近い環境を創出し，多種の生き物が生息できる空間を確保した．水辺のヨシ原は，水生生物の繁殖場や水鳥の退避場としての機能するものとした（図II-3.14）．

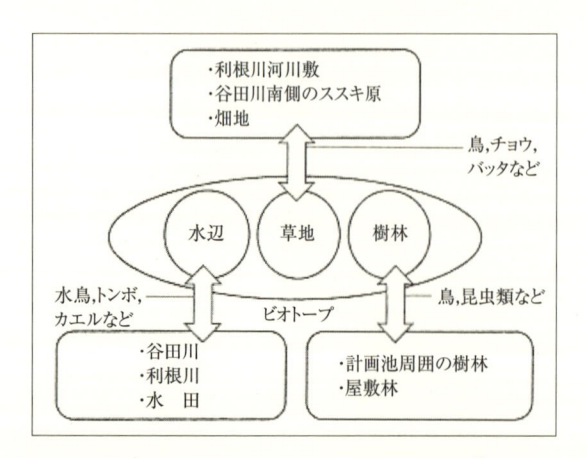

図II-3.12 ビオトープネットワークの概念図[1]

図Ⅱ-3.13　ビオトープ池とヨシ原[1]

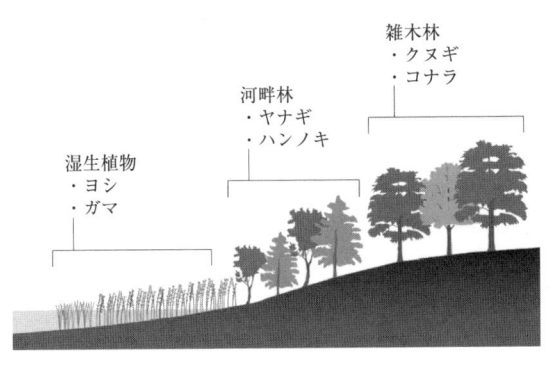

図Ⅱ-3.14　エコトーン（環境推移帯）断面図[1]

図Ⅱ-3.15　空石積み[1]

(3) 人と生き物の非干渉距離の確保

園路を池から十分に離し，水鳥が安心して飛来できるように，人と生き物との非干渉距離の確保に努めた．池と園路が近接している箇所には，マウンドを設け，水鳥から人の姿が直接見えないよう配慮した．

(4) ビオトープ装置（エコスタック）の配置

昆虫やトカゲなどの小動物のすみかとなる空石積みや伐採木積みなどを園内の環境に応じて配置した．これにより多孔質の空間ができ，多種の生き物の生息が可能となる（図Ⅱ-3.15）．

5. モニタリングと維持管理

ビオトープのような生き物の生息空間は，工事の竣工の時点で完成されるものではない．このため，維持管理については，モニタリングを適切に実施し，その結果に応じて順応的管理（adaptive management）の手法を用いて実施するのが適切である[3]．本ビオトープでは，2001年4月の竣工時より，継続的にモニタリングを実施し，ビオトープとしての変容過程と計画の効果について確認を行い，その結果を維持管理内容に反映させて，ビオトープの育成管理に努めている．なお，維持管理については，アドバンテスト社の100％出資の特例子会社アドバンテストグリーン社が業務受託をして実質的な作業を行っている．特例子会社とは，障がい者雇用促進等の観点から，障がい者に特別の配慮をした会社のことであり，本ビオトープは障がい者に仕事の場を提供する一助となっているといえる．主なモニタリング内容を以下に示す．

(1) 生物の生育・生息状況

植物と動物（ほ乳類，鳥類，両生類，は虫類，昆虫類，魚類，底生動物）について，四季を通じて調査した．植物については，調査結果に基づいて外来植物を駆除し，在来種の保護育成を行った．

鳥類については，冬季には100羽以上のカモが飛来し，夏季にはオオヨシキリが池のヨシ原で繁殖し，ヒナが無事に育った様子等が確認された．また，確認種の中には絶滅が危惧されている生き物も含まれるなど，多様な生き物の生息の場として，このビオトープが機能していることが確認されている（図Ⅱ-3.16，表Ⅱ-3.1）．

図Ⅱ-3.16 ビオトープ池のカルガモ[1]

表Ⅱ-3.1 ビオトープで確認された生物数

項目	確認種	
	2001年度	2007年度
ほ乳類	1種	1種
鳥類	17種	38種
両生類	1種	3種
は虫類	1種	2種
昆虫類	−	169種
魚類	3種	4種*
底生生物	−	40種*
植物（在来種草本）	23種	79種

（出典：文献4) および5) より作成）

表Ⅱ-3.2 ビオトープ装置内で確認された生物種[1]

ビオトープ装置	確認種
伐採木積み	カナヘビ（卵），アマガエル，テントウムシ類，アリ類等の昆虫類，クモ類等
伐採竹積み	アマガエル，カナヘビ，ドロバチ類等の昆虫類，ゲジ，オカダンゴムシ等
空石積み	コオロギ類，ゴミムシ類等の昆虫類，ゲジ，ワラジムシ等
砂礫積み	コオロギ類等の昆虫類，ゲジ等

また，隣接する建物（1号館）敷地内とビオトープを比べた結果，ビオトープの方が生物種がはるかに多く確認された．こうした結果からも，ビオトープが順調に機能しているものといえる（図Ⅱ-3.17）．

(2) ビオトープ装置（エコスタック）の利用状況

各種ビオトープ装置は，伐採材積みはヘビなどの産卵場として，伐採竹積みはハチ類が巣材を持ちこみ，巣として利用されていることが確認された（表Ⅱ-3.2）．

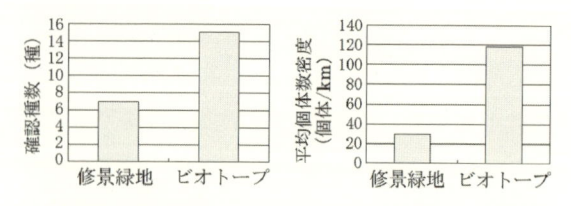

図Ⅱ-3.17 チョウ類ライセンス調査の結果[6]

修景緑地（1号館敷地）とビオトープ（2号館敷地）の鳥類についてラインセンサス調査（調査ルートを定めて生息種等を把握する調査）を実施したところ，ビオトープは修景緑地に比べ，確認種数や調査距離当りの確認個体数共に高い数値を示した．

(3) 水　　質

水源部，せせらぎ水路，池の3地点について水質（水温，pH，電気伝導度，COD）の測定を定期的に行った．水質は概ね安定して推移し，生き物の生息環境として支障のない状態が保たれていることが確認された．

(4) 景観等

ビオトープ内の19地点で定期的に定点観測を行い，景観の変化について調査を継続した．裸地に創出されたビオトープであるが，四季変化のある景観が形成され，目標とした関東平野の田園風景が復元されつつあるといえる．

6. ビオトープの活用・効果

本ビオトープは，前述のとおり，地域生態系の保全に寄与しているほか，アドバンテスト社により以下に示す活用が行われている．

(1) 従業員の憩い，リフレッシュ

本ビオトープでは，昼休みには従業員が散策したり，池を覗き込んだりして自然観察をしている様子や，休日に従業員の家族が散策に来る様子などが見られた．また，2004（平成16）年度に従業員にアンケート調査を実施したところ，約6割の従業員がビオトープを利用したとのことであり，7割以上の従業員が景観向上，癒し・安らぎの効果を感じている[8]とのことであった．

(2) 地域住民との共生，学識者との連携

本ビオトープは，地元の小学生を対象にビオトープ見学やザリガニ釣りなどが開かれており，子供たちの環境教育に貢献するとともに，地域住民との共生にも活用されている．また，ビオトープの植物については群馬大学・石川教授を中心にモニタリングが行われており，その研究成果については，毎年学生の卒業論文等や修士論文としてまとめられている(図Ⅱ-3.19)．

(3) 社会への企業PR

本ビオトープはアドバンテスト社のホームページで紹介されているほか，毎年発行されている環境報告書(現CSR Report)にも掲載されている．また，2004年には緑化優良工場日本緑化センター会長賞を受賞する等，企業のPRにも活用されている．

(節末文献1)～9)参照)

図Ⅱ-3.19 地元小学校の自然観察会の様子[7]

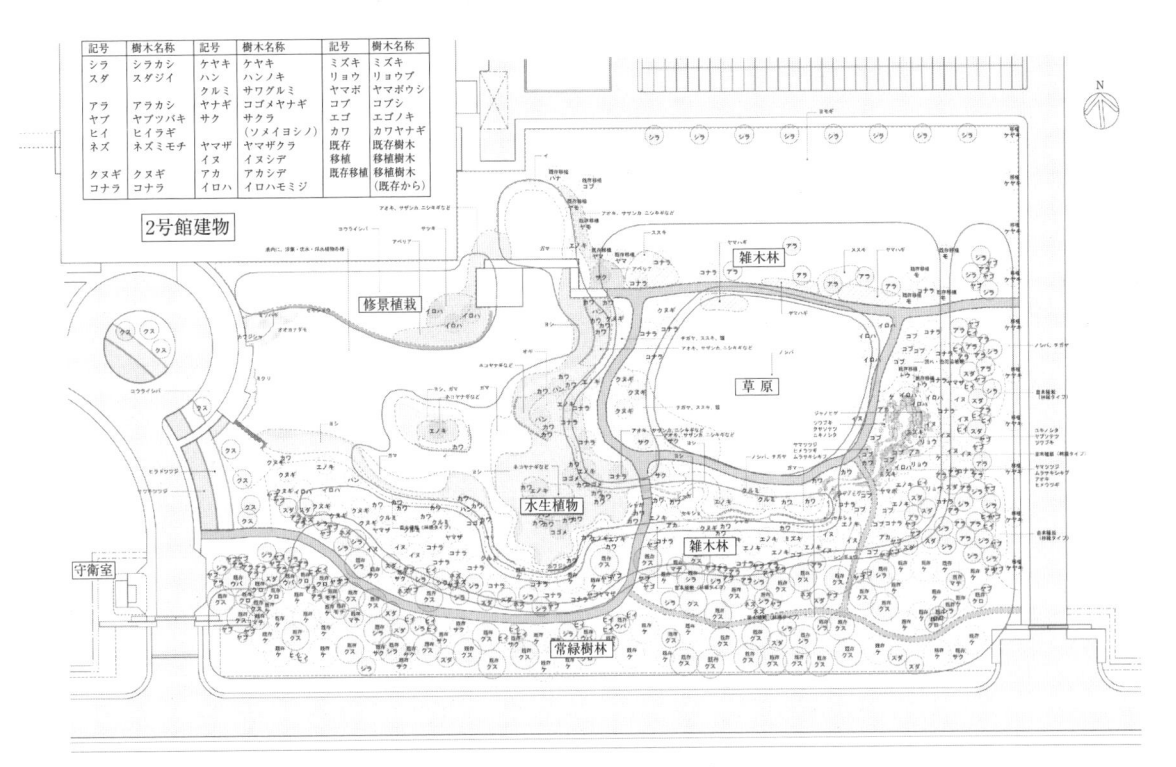

図Ⅱ-3.18 ビオトープ平面図[1]

II-3 環境と共生する

II-3.3 彩の国資源循環工場
―公共主導による先端環境技術産業の集約―

■あらまし

公共(埼玉県)が主導となり,環境分野で21世紀をリードする先端技術産業をPFI方式および借地方式により,寄居町に整備された県営の廃棄物最終処分場内に集約的に整備したもの.

■キーワード

循環型社会,先端環境企業の集約,公園整備,廃棄物処理施設

■開発の概要

循環型社会実現のための民間の有する技術力,経営力と公共の有する計画性,信頼性の高い住民合意システムのもとに全国に先駆けた「彩の国資源循環工場」を整備するものである.「彩の国資源循環工場」とは,民間再資源化施設,PFIサーマルリサイクル施設,県営最終処分場および埼玉県と民間の研究施設などで構成される総合的な「資源循環モデル施設」である.

計画地は,1989年から最終処分場として供用開始した埼玉県環境整備センター内(埼玉県大里郡寄居町)であり,整備内容および整備計画は別表(表II-3.3)のとおりである[9),10)].

1. 事業の特徴

「彩の国資源循環工場」は,公共(埼玉県)が主導となり,環境分野で21世紀をリードする先端技術産業をPFI方式および借地方式により,寄居町に整備された県営の廃棄物最終処分場内に集約的に整備したものである.ここでは,民間が有する技術力,経営力と公共の有する計画性,信頼性の高い住民合意システムのもとで,多種多様な廃棄物を処理する施設が整備されている.

「彩の国資源循環工場」とは,民間再資源化施設,PFI(Private Finance Initiative)サーマルリサイクル施設,県営最終処分場および埼玉県と民間の研究施設などで構成された総合的な「資源循環モデル施設」のことである.

2. 開発の経緯

(1) 産業廃棄物処理に対する公共の関与

産業廃棄物は,本来,廃棄物処理法により事業者自らが処理をしなければならないものと規定されており,事業者が処理する責任を有している.

しかし,計画当時は瀬戸内海の豊島問題や青森・岩手県境の不法投棄問題など,事業者責任だけでは解決できない産業廃棄物に関する問題が山積みされている状況にあった.

特に,産業廃棄物は一般廃棄物の約8倍以上の排出量といわれており,その管理(マニフェスト等)を公共自らがすべて管理・把握することは非常に困難な状況にあった.また,全国的に最終処分場が逼迫していることに加え,処理コストの高騰,再資源化の立ち遅れ・難しさ,処理施設の誘致・立地の困難さなど,産業廃棄物をとりまく環境は一段と厳しさを増している状況にもあった.

埼玉県においても,廃棄物の不適正な処理や県外流出が問題となっている状況にあった.そのため,埼玉県は排出事業者責任を原則としつつも,21世紀に新たな発展が期待される成長産業としての環境産業に焦点をあて,その育成・創造に努める中で廃棄物問題への発展的な解決を図ろうとした.そこで,埼玉県は排出事業者責任を一貫しながらも,官民の適正な役割分担のもとで,直接,産業廃棄物の処理を行うことなく,以下のような県内の産業廃棄物の安全管理システムを提案した.

①環境分野で21世紀をリードする先端技術産業を県内に育成・蓄積する.

②埼玉県が事業全体を運営することによって,高いレベルで廃棄物処理の安全性・信頼性を確保する.

③市民に対する透明性の高い運営システムとすることで,周辺環境にやさしい施設とする.

(2) 事業の概要

II-3.3 彩の国資源循環工場

表II-3.3 彩の国資源循環工場の事業内容

施設		整備内容	
		整備施設	規模
PFI事業	事業基盤施設	・公園緑地施設用地，サーマルリサイクル施設用地，借地事業施設用地等の整地 ・給排水施設 ・構内道路	約35.5 ha
	公園・緑地施設	・400 m トラック，展望デッキ等の公園 ・緑地施設 ・中核研究オフィス，東屋，守衛所等	約15.6 ha
	サーマルリサイクル施設	・廃棄物の溶融設備 ・排熱等を活用した発電設備等	約19.2 ha
借地事業	リサイクル施設	・焼却灰，蛍光管，廃プラスチック，建設廃棄物，下水道汚泥，剪定枝等のリサイクル施設 ・その他廃棄物全般を受け入れる総合的なリサイクル施設	

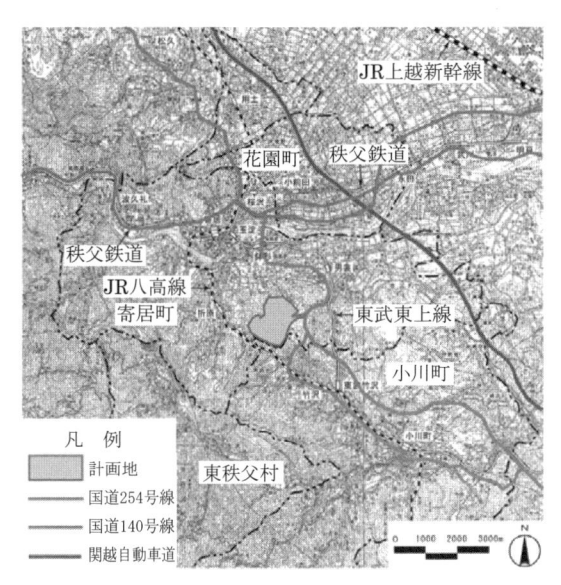

図II-3.20 計画位置図

① PFI事業の概要（表II-3.3）

PFI事業は大きく「事業基盤・公園緑地施設」と「サーマルリサイクル施設」から構成されており，PFI事業者はPFIプロポーザル方式によって選定された．

PFI事業者は事業基盤・公園緑地を整備した後に，埼玉県へ譲渡し，そのまま維持管理・運営を25年間行うことになる（BTO方式）．一方，サーマルリサイクル施設については，20年間にわたって県有地を有償で定期借地しながら，建設・維持管理・運営・撤去を行うものである．また，PFI事業者は，自らの責任において廃棄物を確保し，処理費や売電収入等によって建設費，維持管理・運営費等を賄うという，事業リスクの高い事業となっている（BOO方式）．

② 事業基盤・公園緑地施設の概要

事業基盤・公園緑地施設では，PFI事業者および借地事業者のための建設用地の基盤整備や，それに関わる上下水道等のインフラ整備，15.6 haの公園整備（400 mトラック，展望デッキ，トイレ，駐車場等），官民協働による研究を行うための中核研究オフィス，車庫棟，東屋等を整備した（図II-3.21）．これら施設整備は2005年3月までに竣工し，現在，維持管理をPFI事業者が実施している．

③ サーマルリサイクル施設の概要

サーマルリサイクル施設では，廃棄物を100％再資源化する「熱分解ガス化改質方式」と呼ばれる方式を採用している．具体的には，投入された廃棄物は2 000 ℃の高温で処理された後に，不燃物は溶融，可燃物はガス化される．その結果，溶融物はスラグ，メタルとして取り出され，廃棄物中に含まれていた重金属類も水酸化物として回収される．また，精製されたガスについてもリサイクルされている．

本施設は，処理量450 t/日，将来計画では675 t/日の規模を有するリサイクル施設であり，2006年4月から本格稼動している（図II-3.23）．

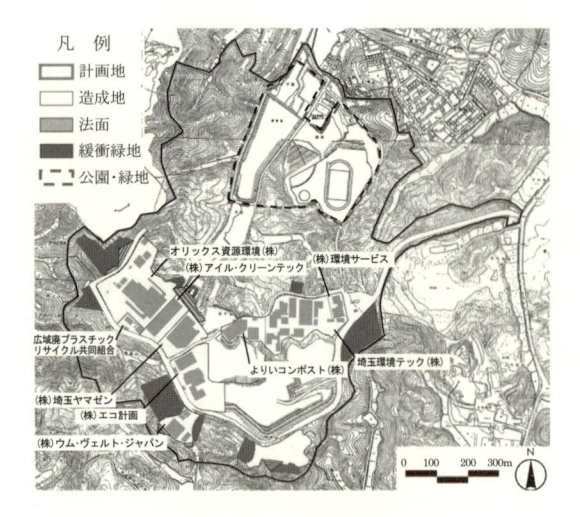

図Ⅱ-3.21 土地利用計画

図Ⅱ-3.22 公園・緑地施設

図Ⅱ-3.23 サーマルリサイクル

(3) 民間活力を導入した循環型社会の形成

近年は静脈産業の一つである廃棄物処理施設や再資源化施設が注目されており，一方で循環型社会形成基本法をはじめとする廃棄物に関わる法整備も充実されるなど，循環型社会形成に順風が吹いている．また，一般廃棄物処理施設等を中心に，PFI手法やDBO方式（p.137参照）等の民活手法を導入し，施設整備や維持管理・運営等が行われてきている．

しかしながら，PFI事業においては，仙台市スポパーク松森（泉区の複合健康施設）で負傷者を出す事故が起きたほか，病院事業においても当初の事業計画から大きな乖離が見られるなど，民活手法の導入に対して一石を投じる案件が出てきている．これらの事故や事業計画の不確実性等から学ぶ教訓の一つに，公共は「市民に安全な施設を安定的に供給する責任がある」と官民両者に再認識させたことである．

本事業の特徴等を踏まえ，廃棄物処理施設などの市民生活に欠くことのできない重要な施設において，民活手法を導入していく際には以下のような視点を持ちながら，公共と協働し，施設の安全の確保および地球環境負荷の低減，地元貢献等に寄与していくことが必須である．

①循環型社会の形成へ向けた官民の協働

持続可能な循環型社会を形成していくためには，産業廃棄物を適正に処理，再利用，再生利用することが可能な信頼性の高い技術を有する企業や，資金調達能力の高い企業等が参画することによって，強固なガバナンス体制を構築することが重要である．そのための基盤づくり，住民との合意形成などを官民が協働して作りあげることが重要である．

②信頼性のある技術の導入

本事業では，今後の産業廃棄物の処理技術，処理レベルのモデルとなるように，排出ガス中のダイオキシン濃度を法規制の1/10である0.01 ngにするなどの試みを採用している．この先進的な試みは，公共が先導するとともに，事業者もこの事業の意義を理解していたことで実現したものであ

り，信頼性のあるプラント技術があったから可能になったものである．

③周辺環境への十分な配慮

周辺住民の理解を得るためには，廃棄物の搬出入の時間帯を限定し，その出入りする車両について事業者で管理するなど，公共や住民が求めることに十分に応えることのできるシステムを構築している．今後も周辺住民が安全にかつ安心して生活できるように，排出ガスの定期測定，排出ガスの自主規制値の設定・遵守を継続していくことが重要である．

④地元企業への貢献等

公共が地元企業に対してどの程度の経済波及効果があるかなどを事前に推定することによって，公共とPFI事業者等が一緒になって，地元からの資材調達や雇用拡大等を促進することに努力することに繋がる．特に，建設時の資材調達や下請業者の選定などにおいて，地元企業への貢献につながるように官民双方で努力することが重要である．また，2006年5月に竣工した寄居体育館は，地元還元施設としてPFI事業者が自らの資金で整備し，地域住民に開放している（図Ⅱ-3.24）．

平成12年度	公共関与による資源循環モデル施設検討
平成13年度	基本構想・募集要項・事業主体決定
平成14年度	環境影響調査・設計・契約締結
平成15年度	都市計画決定・基盤公園着工
平成16年度	基盤公園竣工・建物着工
平成17年度	リサイクル施設竣工
平成18年度	サーマルリサイクル竣工オープン

図Ⅱ-3.24　全体スケジュール[11]

3. 住民合意形成の方策

廃棄物処理施設等の迷惑施設においては，住民合意形成がネックになり，計画が頓挫するものも少なくない．ここでは，住民合意形成の一つのツールである環境アセスメントにおいても先進的な試みを行っているため，その手法について紹介する．

(1) 環境アセスメント手続きの概要と流れ

彩の国資源循環工場は，工場を立地する造成事業と工場そのものを建設する事業とに分けられる．埼玉県環境影響評価条例では，各事業において規定される適用要件「工業団地の造成」（施行区域面積20 ha以上）および「廃棄物処理施設の設置」（産業廃棄物中間施設で排出ガス量4万m^3以上，一般廃棄物処理施設で一日処理量200 t以上）に該当しているため，条例に基づく環境アセスメント手続き（図Ⅱ-3.25）が必要であった．

そのため，本事業では，廃棄物処理施設の建設についてはPFI事業者および借地事業者の選定を待って，事業内容が明確になった段階で開始することになった．したがって，埼玉県が事業者となって造成事業の環境アセスメント手続きを開始することになった．

ただし，廃棄物処理施設は都市施設としての都市計画決定を伴ったため，廃棄物処理施設建設事

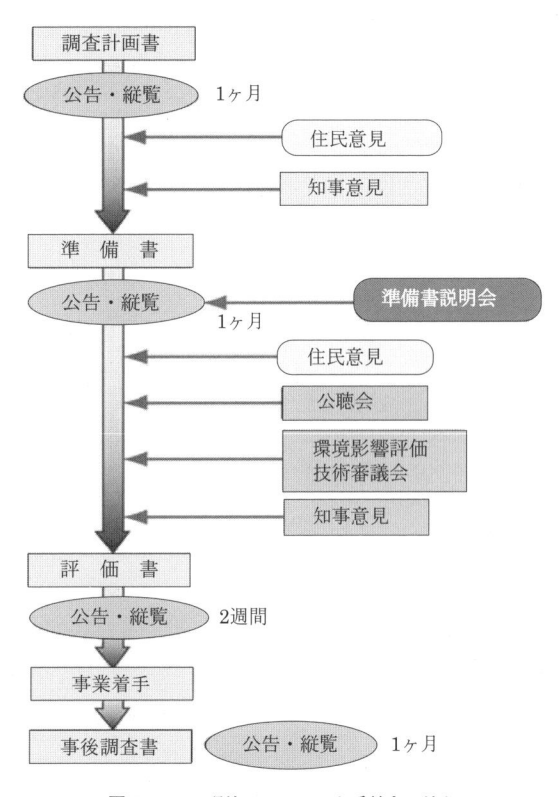

図Ⅱ-3.25　環境アセスメント手続きの流れ

業の環境アセスメントは「彩の国資源循環工場事業者協議会（進出事業者9事業者で構成）」ではなく，都市計画決定権者である埼玉県が実施者となって行った．

環境アセスメント手続きは，造成事業については2001年12月に，廃棄物処理施設建設事業は2002年7月に環境影響評価調査計画書（環境影響評価法における「方法書」に該当）を提出することにより開始された．その後は，住民への説明や環境影響評価技術審議会における審議について一体的にわかりやすく進めるべきとの配慮から，環境影響評価準備書は両事業とも2003年3月に併せて提出し，準備書縦覧，住民説明会，住民意見書提出，技術審議会審議を同時期に実施した．

住民意見は調査計画書については両事業ともなかったものの，準備書に対しては55通の意見書が提出されたが，各意見について取りまとめを行い，その意見に対する事業者の見解を提示した．

その後，埼玉県知事意見を受け，造成事業は2004年8月，廃棄物処理施設建設事業は同年12月に環境影響評価書を提出し，環境アセスメント手続きを終了した．

一方，都市計画手続きについては，環境影響評価書の提出を待って，2004年12月の埼玉県都市計画審議会において産業廃棄物処理施設として都市計画決定された．

(2) 事業者の位置づけ

廃棄物処理施設建設事業の事業者は「彩の国資源循環工場事業者協議会」であるが，その構成メンバーおよび計画の概要は表II-3.4に示すとおりである．このうち，サーマルリサイクル施設がPFI事業者，残りの8社が借地事業者である．

埼玉県環境影響評価条例の廃棄物処理施設設置の適用要件を個別事業に対して適用した場合には，環境アセスメント対象事業と対象外事業が並存する．そのため，本事業では彩の国資源循環工場全体を都市施設として都市計画決定することや，環境影響評価を事業全体の影響で予測・評価することが望ましいことなどの理由から，9事業者全体で一体の環境アセスメントを実施することとした．

一方，環境アセスメント手続きとは別に，「廃棄物の処理及び清掃に関する法律」に基づく廃棄物処理施設設置許可申請は各施設で必要となった．そのため，法に基づく生活環境影響調査が義務づけられることになり，県条例に基づく環境影響評価結果を受けて，各社で必要な予測・評価項目につい

表II-3.4 彩の国資源循環工場の環境アセスメント対象事業の規模等

施設内容	廃棄物の種類	敷地面積 (ha)	排出ガス量 ($m^3 N/h$)	処理量 (t/d)	備考
サーマルリサイクル/発電施設	廃棄物全般	4.8	85 200	675	オリックス資源循環（株）
固形燃料化施設，肥料化等総合リサイクル施設	燃え殻等 各種	3.0	27 000	594	（株）エコ計画
固形燃料化施設，堆肥化施設	廃プラスチック類，生ゴミ	0.4	—	57	（株）環境サービス
堆肥化施設	食品残渣，剪定枝，苅草，汚泥	1.2	—	108	（株）アイル・クリーンテック
水銀回収施設	蛍光管	1.1	790	25	（株）ウム・ヴェルト・ジャパン
複合型リサイクル施設	建設廃棄物	3.7	—	556	埼玉環境テック（株）
人工砂製造施設	焼却灰	1.5	31 500	300	（株）埼玉ヤマゼン
発泡スチロール原材料施設	発泡スチロール	0.4	—	6	広域廃プラスチックリサイクル協同組合
堆肥化施設	下水汚泥，食品残渣	1.1	—	200	よりいコンポスト株式会社
		17.2	144 490	2 521	合計

て単独の影響予測を実施する必要があった．

（3）手続きにおける特徴

本事業の環境アセスメント手続きにおける特徴は，以下のとおりである．

①官民の役割分担による住民合意形成

今回の手続きにおいては，造成事業，廃棄物処理施設建設事業とも埼玉県が環境アセスメント実施者となって前面に立って住民説明を行った．これは公共が得意とする役割の一つであるが，逆に事業者にとっては苦手な役割の一つであるため，双方にとって適切な役割分担であった．

特に，住民からの意見や要望に対しては，県が直接窓口となり対応することによって，住民の安心感を得るとともに，県が事業者に対して強力に指導することも可能となった．一方で，事業者にとっては，廃棄物施設建設では最も懸念する事業遅延リスクや住民対応リスク等を回避することが可能となり，事業リスクを小さく抑えられたことが最大のメリットである．

②一事業としての予測・評価の実現

本事業では9事業者が一体で手続きを行うことで，全社の影響を一体的に予測・評価できたことは環境アセスメントでは画期的なことである．しかし，廃棄物処理施設設置許可申請手続きの中で，事業計画を具体化するにつれて生じる諸元の変更について，環境アセスメント手続きに反映させていく必要が出てきた．そのため，仮に1社でも大きな変更が生じた場合には，条例の定めに従い変更内容検討書ならびに変更に関わる手続等免除承認申請をその都度提出することになった．

今回の環境アセスメント手続きにおいては，この申請を調査計画書提出後，準備書提出後および評価書提出後の計3回行うことになった．

③事後のフォローアップの重要性

本事業では，地元住民組織，地元行政，立地企業および埼玉県の間で締結した運営協定書に基づき，埼玉県，各事業者で施設稼働後に環境項目に関して測定監視を行っている．現在，環境アセスメント手続きに基づき，事後調査手続きを進めている段階である．

4. 循環型社会の形成に向けて

本事業は，廃棄物処理施設整備にPFI手法を導入することによって，循環型社会の形成に向けた官民協働プロジェクトとして実現することが可能となった．同時に，先進的な技術の導入や周辺環境・住民との協調の在り方などの新しい試みも実践されていることが特徴である．

さらに，環境アセスメント手続きにおいても，官民双方が得意とする役割を適切に分担することによって，住民との合意形成をスムーズに進めることができた良き事例の一つである．

本事業を礎としながら，今後，民活手法等を導入した循環型社会形成を実現していくために留意すべき事項について，以下に示す．

（1）産業廃棄物の循環・排出量を考慮した立地

民活手法等により産業廃棄物処理施設等を整備する場合には，民間事業者が廃棄物を確保したうえで，安定的な事業性と採算性を持つような事業計画を構築することが求められる．したがって，廃棄物の安定的確保が必須となるため，当該地域における産業廃棄物の循環量，排出量等の地域ポテンシャルが大きく影響することになる．これらの状況を勘案したうえで，対象廃棄物やその地域性による廃棄物の動向等を見きわめ，独自性を持った事業計画を策定できる立地場所でなければ実現は困難といえる．

（2）住民合意形成の困難さ

産業廃棄物処理施設等の誘致に対する住民の理解については，取り扱う廃棄物が産業廃棄物の場合，一般廃棄物以上に住民の反対が大きくなるため，事業推進に困難を伴いやすい．事業をスムーズに推進していくためには，官民協働が必要不可欠であり，そのためには官民の役割分担を明確にし，両者が得意とするリスクを双方が負担するとともに，責任が容易にとれるものがそのリスクを

抱えるという原則に則り，個々の役割を果たすべきである．

(3) 事業者間の調整の重要性

環境アセスメントのように，複数事業者が一体となって手続きを進めていく場合には，本事業のように事業者協議会等を組織化するなど，容易に情報交換やスケジュール調整が可能な体制を構築しておくことが重要である．

以上の留意事項は，今後，廃棄物処理施設を設置するような類似事業等において応用が可能である．さらに，多くの実績を積み重ねることにより，より効果的で，効率的な民活導入によるインフラ整備事業が展開されることを切に願うものである．

(節末文献10)〜13)参照)

☆II-3☆引用・参考文献

1) 日本建築学会編：建築設計資料集成　地域・都市Ⅰプロジェクト編，丸善，2003年
2) 大浦溥：ビオトープ，日本経済新聞夕刊，2006年8月17日
3) 亀山章編：生態工学，朝倉書店，2002年
4) 清水建設(株)：アドバンテスト・ビオトープモニタリング調査(平成19年度)報告書，2008年
5) 高岩顕記：大型ビオトープの目指すべき植物多様性に関する基礎研究，群馬大学社会情報学部卒業論文，2008年
6) 小松裕幸他：建物敷地内のビオトープと修景緑地におけるチョウ類の比較，「生物技術の最前線2006」研究発表講演会講演概要集，生物技術者連絡会2006年度大会，2006年
7) 清水建設(株)：アドバンテスト・ビオトープモニタリング調査(平成17年度)報告書，2006年
8) 清水建設(株)：アドバンテスト・ビオトープモニタリング調査(平成16年度)報告書，2005年
9) 彩の国資源循環工場・事業記録，埼玉県，2002年11月
10) 埼玉県資源循環戦略21，埼玉県，2004年3月
11) 彩の国資源循環工場・整備事業のご案内(リーフレット)，埼玉県，2002年4月
12) 彩の国資源循環工場廃棄物処理施設建設事業に係る環境影響評価書，埼玉県，2003年12月
13) 彩の国資源循環工場廃棄物処理施設建設事業に係る事後調査書，埼玉県，2008年2月
14) BE建築設備2008年3月号，環境共生住宅特集，建築設備綜合協会

II-4 環境負荷を減らし，エネルギーを節約する

II-4.1 東京ミッドタウン地域冷暖房
―大規模一体複合開発のエネルギー供給―

■あらまし

東京ミッドタウンは，防衛庁本庁が移転した跡地に計画された都心の大規模な都市再生事業であり，隣接する港区立檜町公園を含めた地区計画面積約 10 ha の土地にオフィス，住宅，ホテル，商業施設，ホール，美術館などからなる延床面積約 563 801 m^2 の複合施設である．

■キーワード

都市再生，環境共生，コジェネレーション，水蓄熱，電気・ガスのベストミックス

■概要

所 在 地：東京都港区赤坂 9-7-1 他
地域・地区：第二種住居地域，商業地域，防火地域，赤坂九丁目地区地区計画区域
事 業 主：三井不動産，ほか 5 者
敷地面積：約 68 891 m^2
延床面積：約 563 801 m^2
施設：
　オフィス：約 311 716 m^2
　住　宅：約 117 500 m^2
　ホテル：約 43 752 m^2
　商　業：約 70 993 m^2
　その他：約 20 401 m^2（コンベンションホール，美術館など）
着　　工：2004 年 5 月
竣　　工：2007 年 1 月
グランドオープン：2007 年 3 月
プロジェクトマネージメント：三井不動産
マスターアーキテクト：Skidmore, Owings & Merrill LLP（SOM）
コアアーキテクト：日建設計

1. 土地利用の考え方

（1）都市再生

都心に，古くからこの地にある緑を受け継いだ広大な自然を活かし，働く，住まう，遊ぶ，憩う，そのすべてが一体となった複合都市を目指し，高い機能性を備えたオフィス，ホテル，住宅，公園，美術館といった施設を設置し，多様な機能（Diversity）を持つまちづくりを行った．

図 II-4.1　施設配置

表 II-4.1　建築概要

棟名（仮称）	タワー	イースト	ウエスト	ガーデンサイド	パーク・レジデンシィズ	デザイン・ウイング
用途	事務所 ホテル	事務所 共同住宅 店舗 集会場	事務所 店舗	共同住宅 店舗 美術館	共同住宅	美術館 飲食店舗
延床面積	246 609 m^2	117 068 m^2	56 324 m^2	84 146 m^2	57 665 m^2	1 932 m^2
階数 地上／地下	54/5	25/4	13/3	8/3	29/2	1/1
最高高さ	248.10 m	113.10 m	73.05 m	47.70 m	100.55 m	4.80 m

(2) 環境共生

憩いの場としての檜町公園を含めた4 haの緑あふれるオープンスペースに加え，建物屋上でも緑化を行い，まちのあらゆるところに「緑」を配した．このような大規模な緑化により，都市部の気温を上昇させるヒートアイランド現象の緩和に貢献している．

(3) サステナブル，省エネルギー，省資源

地球温暖化をはじめとする地球環境・資源問題へ取り組むために，持続可能な建築物「サステナブル建築」を目指し，高い機能性に加え，長寿命化対策，省エネルギー，省資源システムを導入した．省エネルギー対策として，コジェネレーション（熱併給発電）システム，太陽光発電，水蓄熱システムなどによる省エネルギー・電力需要のピークカット対策など，省資源対策として，雨水処理・中水処理など水資源の有効活用システムを導入した．

2. 緑地計画の考え方

檜町公園を含めた屋外緑地や屋上緑地には，約5万本の樹木が植えられており，また東京ミッドタウンには，旧防衛庁敷地内に残された約140本の樹木が移植保存されている．樹木の保存にあたっては，1本1本，既存樹木の調査を行い，移植に適した樹高14～15 mを超える約140本を選び，環境変化を避けるため同じ敷地内に設けた樹

旧正門付近のクスノキ並木　　移植　　外苑東通りのクスノキ並木

図Ⅱ-4.2　既存樹木の活用

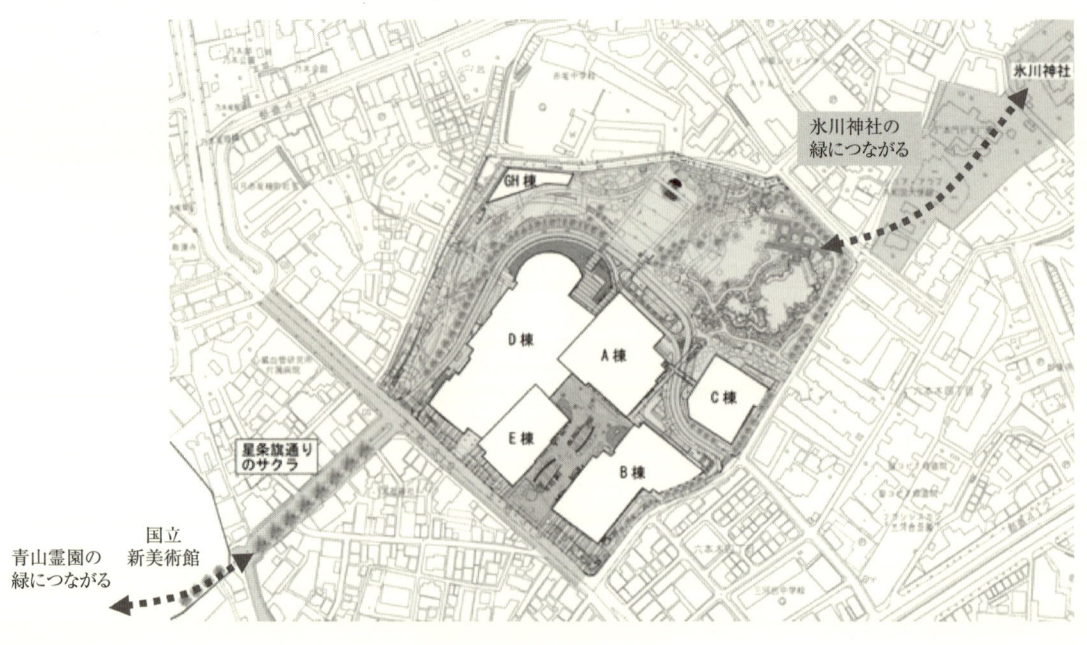

図Ⅱ-4.3　周辺の緑との関係

木育成エリアにいったん仮移植し，建築工事期間中はその場所で育成，外構整備後に現在の場所に本移植する形とした．

東京ミッドタウンの緑地は，青山霊園の緑，星条旗通りの桜，氷川神社の緑をつなぐ「周辺の緑」との「緑ネットワーク」を形成している．

3. エネルギー供給の考え方

東京ミッドタウンの熱源プラントは，「赤坂九丁目地域冷暖房区域」として省エネルギー・環境負荷低減に配慮した熱源センタープラントである．

冷熱源システムは，エネルギー供給の信頼性および経済性を考慮し，電気および都市ガスをミックスした複合熱源方式とし，コジェネレーションシステムの導入による排熱の有効利用，蓄熱槽の導入による電力需要の平準化，安価な夜間電力の利用など，トータルで省エネルギーかつランニングコストを低減できるシステムとした．

温熱源システムは，搬送動力が小さく，また加湿，ホテルの給湯に有利な蒸気を事務所およびホテル高層部に供給し，低層商業部分に温水を供給している．

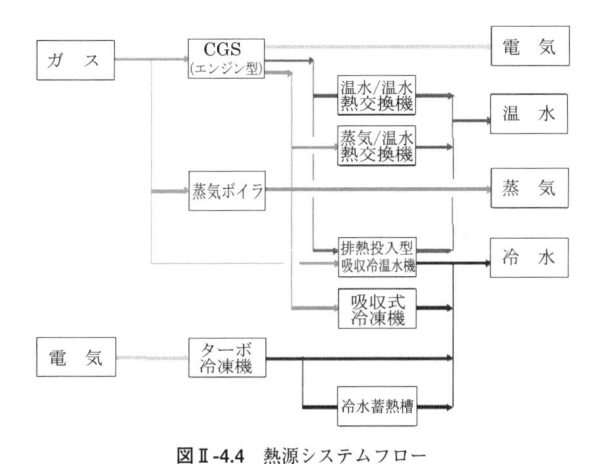

・熱媒体：冷水，温水，蒸気の6管式
　　　　　冷水　7〜15℃
　　　　　温水　50〜40℃
　　　　　蒸気　0.78 MPa
・供給能力：冷水　50 000 kW
　　　　　　温水　12 000 kW
　　　　　　蒸気　44.7 t/h
・コージェネレーションシステム（CGS）

東京ミッドタウンのCGSは，発電効率が約40％と非常に高く，省エネルギー性に優れたガスエンジン型原動機によるシステムを導入している．装置容量は，年間24時間運転を行っても排熱がほぼ回収できる容量とし，蒸気および温水として取り出した排熱は，優先的に温熱として利用することで省エネルギー性を高めている．

・蓄熱システム

タワー地下に設置された蓄熱槽は，冷水専用槽

図Ⅱ-4.5　コジェネレーションシステム

図Ⅱ-4.4　熱源システムフロー

（1）熱源プラント概要

・熱供給対象面積：約 450 000 m²
・プラント面積：約 2 000 m²

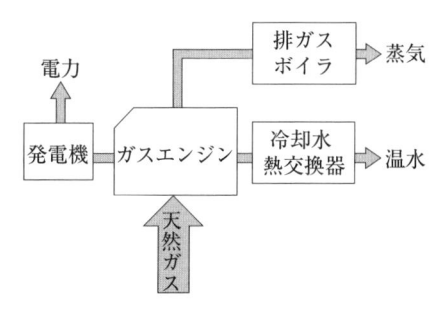

図Ⅱ-4.6　ガスエンジンコジェネレーションシステム

とし，水深 15.2 m の蓄熱槽効率の高い温度成層型である．蓄熱槽は，昼間熱需要を夜間移行することによる電力需要の平準化に貢献するだけでなく，熱源装置が定格で高効率運転できるよう放熱運転を行っている．

(節末文献 1), 8)参照)

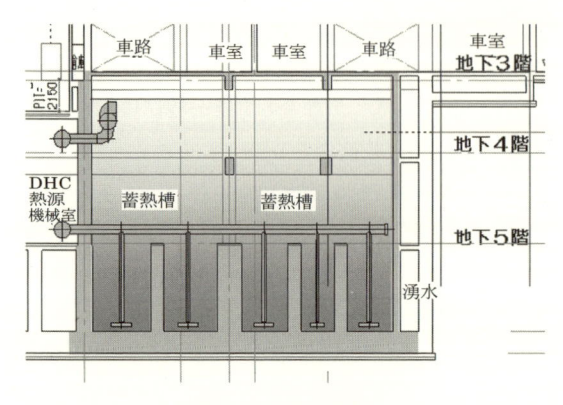

図 II-4.7 蓄熱槽断面

II-4 環境負荷を減らし，エネルギーを節約する

II-4.2 ソニーシティ
―民間単独ビル初となる下水熱利用冷暖房―

■あらまし
　好条件の未利用エネルギー源である下水処理場が区道を挟んだ北側に隣接．民間単独ビルでありながら，地域冷暖房なみの高効率未利用エネルギー熱源システムを構築し，環境性・経済性の両立を実現した．官民協同により，環境戦略の新たな道を切りひらいた．

■キーワード
未利用エネルギー，高効率熱源システム，民間活用

■建築概要
建物名称：ソニーシティ
所 在 地：東京都港区港南 1-7-1
延床面積：162 887.57 m^2
階　　数：地下 2 階，地上 20 階，塔屋 2 階
主 用 途：事務所，会議場，店舗等
工　　期：2004 年 8 月〜2006 年 10 月

図II-4.8　ソニーシティ

1. 建物の概要

　ソニーシティは JR 品川駅港南口に位置しており，それまで御殿山地区を中心に分散していたソニーの本社機能を集約した建物である．計画地は同社の芝浦テクノロジーセンター跡地であり，グループ企業であるソニー生命保険が資産運用の一環として建設した．

　地上 20 階建，約 160 000 m^2 のこの建物は，2004 年 8 月に着工し 2006 年 10 月に竣工した．主用途は事務所・会議場・店舗であり，ソニー(株)を中心としたグループ社員約 6 000 人が入居している．

　ガラスを主体としたシンプルで開放的な外観を特長としているが，この外皮にダブルスキンを採用したことで大幅な空調負荷低減を図っている．1 フロアの執務面積は約 5 000 m^2 であるが，大スパン構造ということもあり，拡張性と多様性のあるオフィス空間を実現している．

　南側コア部分のシースルーエレベーターに加え，北側ローカルエリアには 19 階までをつなぐエスカレーターを用意している．オフィスビルとしてはきわめて珍しい試みで，複数のフロアにまたがる事業部門のコミュニケーション円滑化に一役買っている．

2. 民間初の下水熱活用

　熱源システムについては，インバータターボ冷凍機と約 6 400 m^3 の大規模水蓄熱槽を中心とした高効率電化熱源システムを採用している．敷地北側に隣接する東京都下水道局の芝浦水再生センターから下水処理水による熱供給を受けており，熱供給事業以外の民間単独ビルとしては，全国で初めての事例となる．東京都からの事業提案を基に，ソニーとして経済性・環境性を総合的に判断した結果，十分採算性を持つとの結論に至り今回の共同事業が実現した．東京都にとっても，民間を活用した新たな環境戦略のモデルケースとして，今後同様の取組みが広がっていくことが期待される．

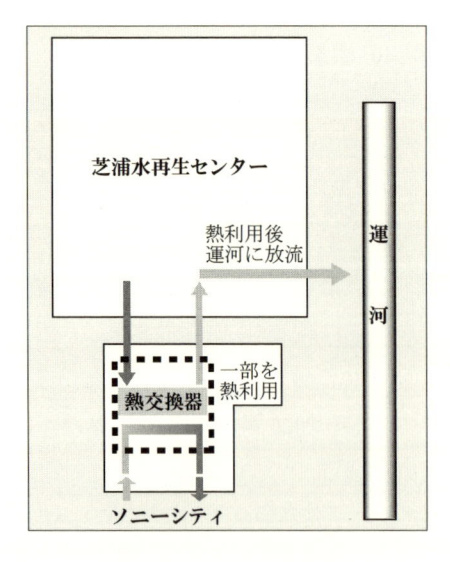

図Ⅱ-4.9　下水熱利用の概要

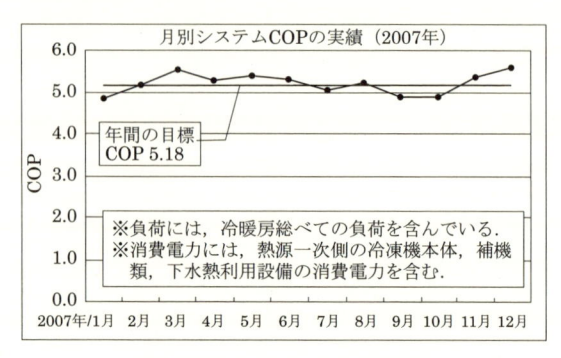

図Ⅱ-4.10　月別システムCOP実績

3. 下水熱利用システムの概要

芝浦水再生センターの塩素接触槽より南側区道の地下約6mの位置に下水の引込管を設置し、ソニーシティの地下に設置した熱交換器で熱の授受を行っている。センターの処理水量は1日平均で約68万 m^3 であるが、このうち最大で約6万 m^3/日を熱源水として受け入れている。

下水処理水の流入温度は、夏は28℃程度、冬は16℃程度と安定しており、ターボ冷凍機を高効率で運用するための熱源としてきわめて優れている。冷凍機のCOP（成績係数）を上げるだけでなく、冷却塔の場合発生する補給水の水道料金を丸々削減することができ、大幅なコストダウンを実現している。また冬場の温熱対応として熱回収ヒートポンプを1台用意しているが、このヒートポンプ機を温熱単独運転するための冬季の温熱源としても非常に優れている。

年間通じた冷暖房の総合システムのCOP（成績係数）は5.18を目標としており、これは熱供給の場合の総合効率（販売熱量/投入一次エネルギー量）に換算して約1.9に相当する。同じ下水熱を活用した幕張新都心ハイテクビジネス地区は、熱供給の中でトップクラスの総合効率であるが、この数字が約1.3であることを考えると、ソニーシティの効率がいかに高いかがわかる。未利用エネルギーの採用に加え、今まで大規模工場などでソニーが培ってきた熱源高効率化技術を、遺憾なく投入した熱源システムになっている。

入居を開始した2007年1月以降のCOP実績を、図Ⅱ-4.10のグラフに示す。まだコミッショニング（性能検証）の最中であるが、年間総合のCOP実績としては5.19と、目標の5.18を上回っている。

地球規模における CO_2 排出削減のため、今後民間による未利用エネルギー活用は増えてくると思われるが、ソニーシティはその草分けとなる好事例である。

(節末文献2)参照)

表Ⅱ-4.2　熱源設備

記号	名称	能力
TR-1	熱回収ヒートポンプ（インバータ）	冷：1 723 kW 温：2 109 kW
TR-2	ターボ冷凍機（定速）	冷：3 481 kW
TR-3	ターボ冷凍機（インバータ）	冷：3 481 kW
TR-4	ターボ冷凍機（定速）	冷：3 481 kW
ST-1	温度成層型水蓄熱槽	冷水槽：4 316 m^3 冷温水槽：2 154 m^3

II-4 環境負荷を減らし，エネルギーを節約する

II-4.3 東海大学伊勢原キャンパスエネルギーセンター
―既存病院設備更新時のESCO事業―

■あらまし

大規模な大学病院のエネルギー設備更新時に，ESCO (Energy Service Company)事業の導入により，省エネルギーとCO_2削減を大幅に実現するとともに，非常災害時にも対応できる高い信頼性を確保したもの．

■キーワード

大規模氷蓄熱，NAS電池，設備バックアップ

1. 病院施設向けのエネルギーセンター

東海大学伊勢原キャンパスは，特定機能病院，高度救急救命センター，災害拠点病院としての機能をあわせ持ち，エネルギー供給に関しては，特に高い供給信頼性が求められる．また，省エネルギー法に定められる第一種エネルギー管理指定工場に該当するため，環境・省エネルギーにも配慮した計画が必要となり，エネルギーセンターは，信頼性・環境性・経済性の三点を同時に実現するシステムの計画・運用が至上命題となる．

2. エネルギー供給の効果的なアウトソーシング

伊勢原キャンパスにおいては，新病院および既存建物へのエネルギー供給を効果的に行うため，エネルギーに関するノウハウを多く有する東京電力(株)が中心となって設立した事業会社によるエネルギー供給事業方式が採用されている．

事業会社は，伊勢原キャンパスの既存建物・新病院のエネルギーデータを分析したうえで，最適な

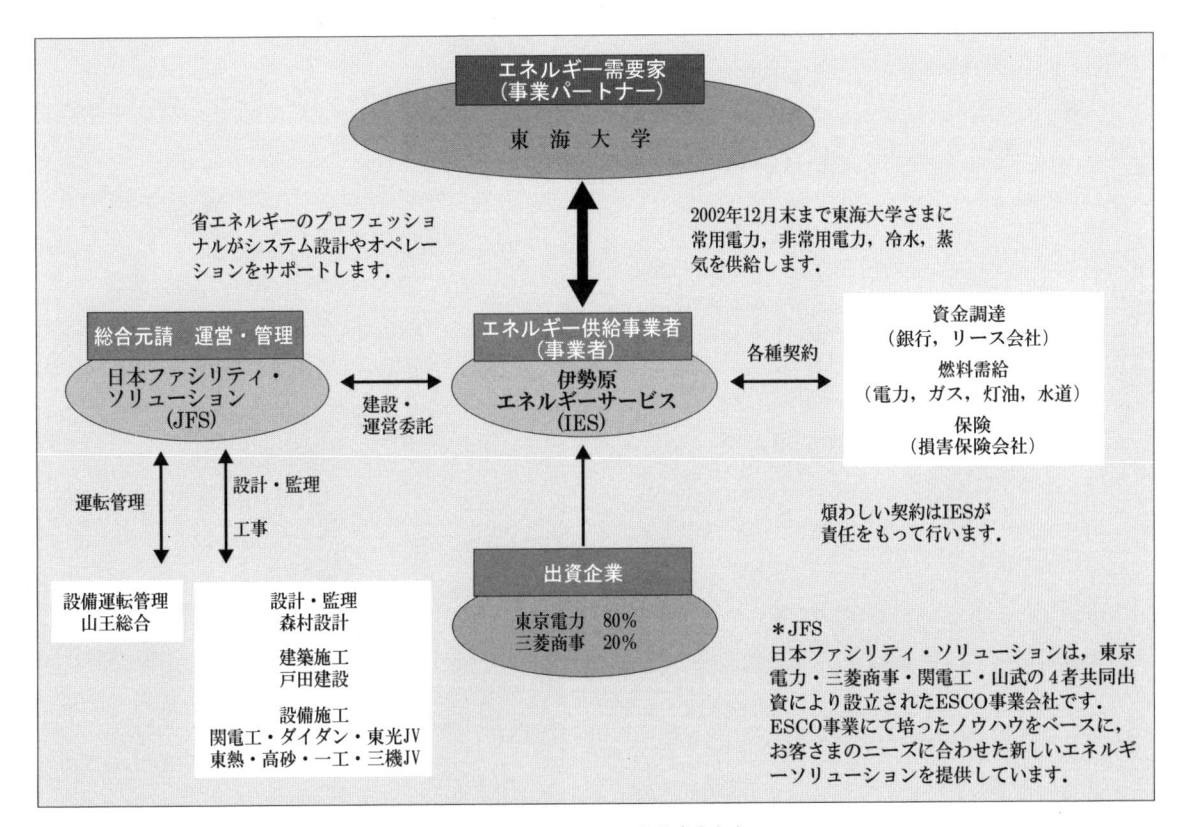

図II-4.11 エネルギー供給事業方式

電気・熱源システムを計画・建設し，電力，冷水，蒸気等のエネルギーを長期にわたって安定的に供給する．さらに，非常災害時のエネルギーのバックアップなどを考慮した細かいオーダーメイドのサービスを実現している．

さらに，エネルギーセンターの計画・運用には東京電力グループの ESCO 会社である日本ファシリティ・ソリューション(株)を起用し，省エネルギーに関するノウハウの水平展開を図っている．

システム全体として既設キャンパスの熱源設備と比べて 1 次エネルギー使用量を 40％，CO_2 排出量を 45％削減している．

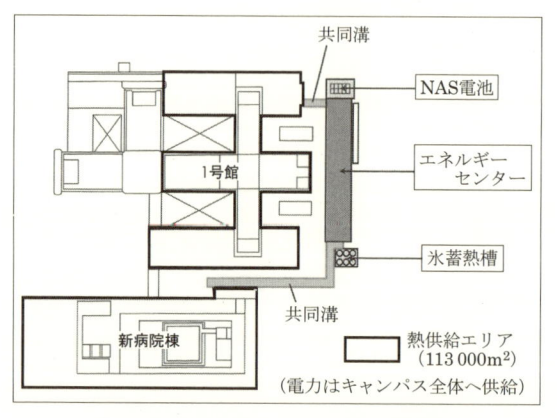

図Ⅱ-4.12　伊勢原キャンパス熱供給配置図

図Ⅱ-4.13　エネルギーセンター概観

3. 高効率のエネルギーシステム計画

エネルギーセンターは，病院施設へのエネルギー供給に求められる高い信頼性・経済性・環境性・省エネルギー性を実現するため，最新鋭のエネルギーシステムを導入している．

熱源システムにおいては，高効率ターボ冷凍機と 10 000 RTh（冷凍トン時）の氷蓄熱システムが採用され，また電気システムでは 2 000 kW の電力貯蔵用 NAS（ナトリウム－硫黄）電池システムが導入されている．蓄熱システムは，高効率冷凍機との組み合わせにより環境性・経済性に優れた夜間電力を最大限に活用して熱を製造し，昼間に放熱している．

また，NAS 電池システムは夏季昼間の電力デマンド管理を容易にすると同時に，夜間電力の活用・契約電力の削減に威力を発揮している．結果，

図Ⅱ-4.14　ターボ冷凍機

図Ⅱ-4.15　NAS 電池システム

さらに，各設備機器のバックアップ容量の確保，二重化，台数分割，非常用発電機・NAS電池を活用した非常時の保安電源の確保，燃料調達の多元化および非常用発電機燃料とボイラ燃料の相互融通などにより，エネルギー供給の信頼性を最大限に高めている．

以下に電気設備・熱源設備の概要を示す．

(1) 電気設備の概要

①特別高圧受変電設備

病院としての信頼性確保の観点から，トランスは1台で敷地内の全負荷を賄える容量とし，トランス1台の故障時においても病院機能に支障を与えない構成としている．

- 受電方式：本線・予備線
- 特別高圧変圧器：15 000 kVA × 2台

②非常用発電機

非常用発電機は2台構成とすることで，故障等に対するリスクを分散している．

- 非常用発電機：ガスタービン
- 発電機容量：2 000 kVA × 2台
- 燃　　料：灯油
- 運転時間：72時間(ボイラの燃料を融通することで最大100時間の運転が可能)
- オイルタンク：50 kL × 2基

③NAS電池設備

大型の電力貯蔵用二次電池としてNAS(ナトリウム—硫黄)電池を設置し，昼間の電力を夜間に移行することで契約電力を削減し，同時に安価な夜間電力を利用することで電気料金の低減を図っている．充放電についてはパターン運転・電力負荷追従運転の併用により効果的なデマンド管理を行っている．

- 電池容量：2 000 kW
- 電池機能：負荷平準化

(2) 熱源設備の概要

①冷熱源設備

氷蓄熱システムと最新鋭の高効率型ターボ冷凍機の組み合わせにより，経済性・環境性に優れたシステムとしている．

- ターボ冷凍機：800 RT(冷凍トン) × 2台
- ブラインターボ冷凍機：550 製氷RT(冷凍トン) × 2台
- 氷蓄熱槽　密閉円筒縦型：10 000 RTh(冷凍トン時)

②温熱源設備

炉筒煙管形ボイラを主体的に運用し，夏季・中間期の低負荷時は小容量の貫流形ボイラを併用する計画としている．また，都市ガス・灯油の切換専焼とすることで，燃料原価変動への対応を容易にし，また，非常用発電機の燃料との相互融通を可能としている．

- 炉筒煙管形ボイラ：10 t/h × 2台
- 貫流ボイラ：1.6 t/h × 3台
- オイルタンク：50 kL × 1基

4. 最適なシステム運用の追究

エネルギーセンターは，所長のもと，常駐で運転管理を行っており，恒常的にエネルギーの製造・使用に関わる各種データをきめ細やかに分析することで，システム運転の最適化を図り，エネルギーを効率的に「作る」ための追究を続けている．また，NAS電池を負荷追従で活用した電力のデマンド管理や，シミュレーションに基づくガス・灯油のデマンド・使用量の管理など，最新システム・手法を最大限に活用して，電力・燃料の料金メニュー・価格動向に合わせたエネルギー調達のベストミックスを行っている．

さらに，エネルギーセンター主催の看護師・大学職員向け省エネルギー講習会・見学会などを通じ，エネルギーを効率的に「使う」取組みを，大学病院とのパートナーシップのもと積極的に進めている．

5. 病院施設の新しいエネルギー・スタンダード

一般的に病院施設は，給湯・蒸気需要が年間を通じて多いためコジェネレーションシステムにむいているといわれており，その一方で，夜間に熱需

要があるため蓄熱式空調システムには不向きであると考えられることが多くなっている．

エネルギーセンターの計画においては，精細なシミュレーションを繰り返した結果，適切な容量・効率の蓄熱・蓄電システムと，燃料のベストミックスによるシステムが経済性・信頼性・省エネルギー性において病院施設にとって最もメリットがあるとの結論が得られており，これからの病院施設におけるエネルギーシステムの新しいスタンダードを示すものとして注目される．

(節末文献3), 4)参照)

★幕張新都心地域冷暖房★

幕張新都心には，ちょうどJR京葉線をはさんで南北に2つの大規模な熱供給事業が存在する．南側のインターナショナルビジネス地区は1989年に東京ガスが，北側のハイテクビジネス地区は1990年に東京電力がそれぞれ熱供給事業を開始したものである．それぞれうわものの開発時期や主用途の相違により，2つの大規模熱供給事業が誕生し，ともに設備更新を経て現在に至っている．

II-4 環境負荷を減らし，エネルギーを節約する

II-4.4 幕張新都心インターナショナルビジネス地区
―コジェネレーション（熱併給発電）による省エネルギー型地域冷暖房への設備更新―

■あらまし
　天然ガスによる高効率コジェネレーションシステムおよびその他の設備導入により，年間の燃料消費量24％，CO_2 排出量は約24 000 tの削減を行っている．

■キーワード
天然ガス，機器のベストミックス，余剰電力の外部供給，エネルギーと CO_2 の大幅削減

■規模等
熱供給事業者：(株)エネルギーアドバンス
熱供給面積：幕張新都心インターナショナルビジネス地区　約61.6 ha
熱供給延床面積：約66万 m^2
プラント面積：約5 000 m^2
企画・立案・設計管理：(株)エネルギーアドバンス
設　　計：(株)日建設計

■施設概要
コジェネレーションシステム　合計15 700 kW
ボイラ　　　　　　　　　　　合計146.1 t/h
冷凍機　　　　　　　　　　　合計28 495 RT（冷凍トン）

1. 設備更新の経緯

　(株)エネルギーアドバンスは，新宿新都心地区地域冷暖房センター（1971年熱供給開始）からさいたま新都心西地区地域冷暖房センター（2000年熱供給開始）まで，東京ガス(株)が保有していた15地点の地域熱供給事業とエネルギーサービス事業とを合せて2002年7月に分割，独立した会社である．

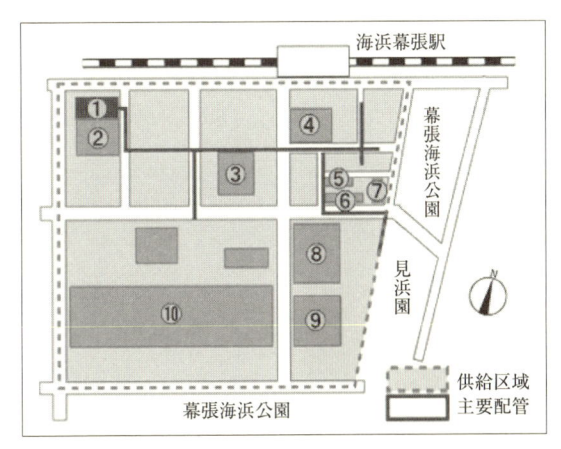

図II-4.16　(株)エネルギーアドバンスの熱供給区域

図II-4.17　(株)エネルギーアドバンスの熱供給区域図
（出典：日本熱供給事業協会ホームページより）

　エネルギーアドバンス社の熱供給プラントは，操業開始から15年以上経過したプラントが多く，熱源機器の更新時期を迎えている．さらに，地域

冷暖房事業は，政府の地球温暖化防止対策としての「エネルギーの面的利用の促進」を実現する手段として，地域冷暖房の積極的な導入・普及が明確に位置づけられ，さらなる省エネルギー・CO_2排出削減を実現する地域エネルギー供給システムへの見直し，導入が求められている．

そこでエネルギーアドバンス社は，屋外にコジェネレーションシステム（以下「CGS」という）用の増設スペースが確保されていた幕張地域冷暖房センター（以下「幕張地冷」という）において，最新の高効率・大型ガスエンジンによる天然ガスCGSと高効率電動ターボ冷凍機を導入し，省エネルギー・CO_2排出削減を実現する地域エネルギー供給システムの設備更新を2007年3月までに実施した．

2. インターナショナルビジネス地区地域冷暖房の概要

当地域冷暖房では，千葉市幕張インターナショナルビジネス地区を対象に1989年熱供給を開始し，現在幕張メッセ等9件の需要家に熱供給を行っている．プラント規模，熱販売量ともエネルギーアドバンス社新宿地冷センターに次ぐ大規模な地冷センターである．熱供給方式は，冷水（往：6.5℃，還：13.5℃）および蒸気（0.69 MPa・約170℃，凝縮水（約60℃））の4管方式による方式である．

3. 更新の目的

幕張地冷は操業開始以来17年が経過し，冷熱のベース運転用蒸気吸収冷凍機の経年劣化に対し更新計画を検討する段階にきていた．更新検討の際には，地冷建設当初から計画されていたCGS導入を今回同時に実施し，大幅な省エネルギー・CO_2排出削減の実現を目的に設備更新を検討・実施した．

(1) 更新前のシステム

幕張地冷の更新前システムは，都市ガスを燃料としてボイラで蒸気を発生し，その蒸気を需要家に供給するとともに蒸気吸収式冷凍機の熱源とし，冷凍機で製造した冷水を需要家に供給するシステムを主としている．幕張地冷の特徴として，1つ

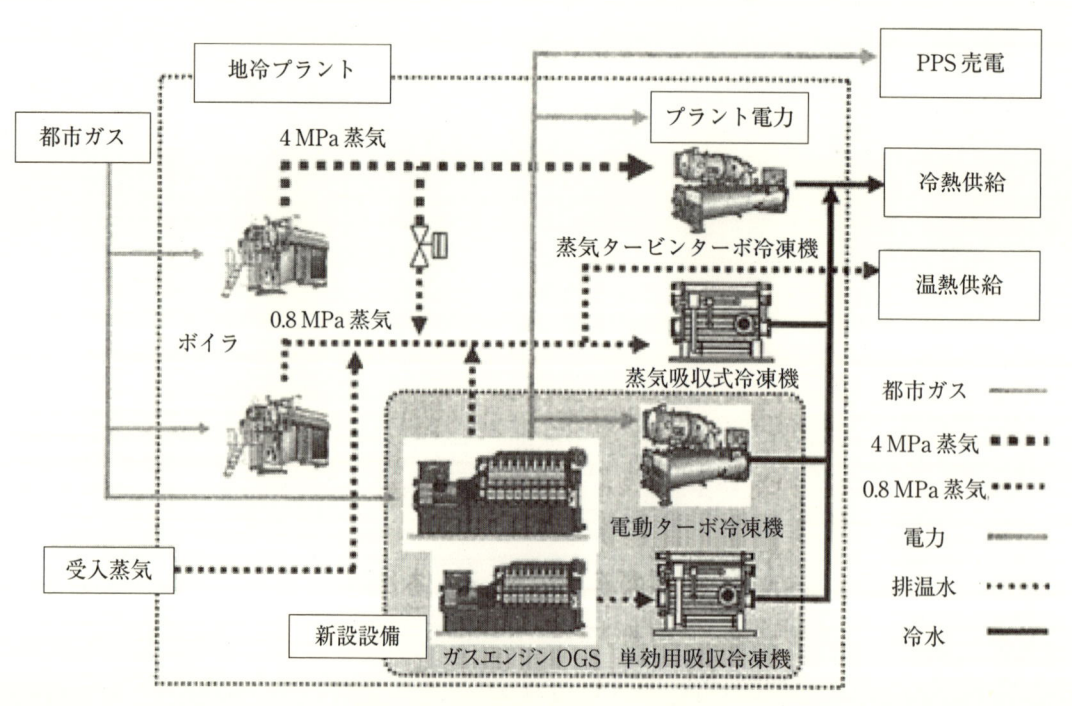

図Ⅱ-4.18　幕張地域冷暖房システム概略[5]

めの特徴は需要家であるイベントホール等に対する夏季の大容量の冷熱需要に対応するため，10 000 RT（冷凍トン）の蒸気タービンターボ冷凍機を2台，蒸気タービンターボ冷凍機用の高圧蒸気を発生させる水管ボイラを2台保有し，夏季昼間の時間帯に蒸気吸収冷凍機よりも高効率で運転する方式であり，2つめの特徴として隣接するビルに設置しているCGSの余剰蒸気を地冷の熱源として受け入れて運用を行なっている特徴を有している．

(2) 更新後のシステム

従来のシステムに加え，7 MW + 9 MW の大型ガスエンジンCGSを中心に設備導入を行い，導入したCGSは発電効率45％（LHV：低位発熱量）を超える高効率ガスエンジンであり，機関冷却用の温水を熱源に冷水を製造する温水吸収式冷凍機を併せて導入した．

ガスエンジンの排ガスは排熱回収ボイラで蒸気として回収し，需要家への蒸気供給もしくは蒸気吸収冷凍機の熱源として利用する．ガスエンジンから発電した電力は，プラント負荷の電力として使用し，余剰となる電力は外部に供給している．

既設設備の更新としては，冷熱のベース負荷の効率向上のため，蒸気吸収冷凍機から高効率電動ターボ冷凍機への更新を実施した（合計1 700 RT（冷凍トン））．

なお，7 MW + 9 MW のガスエンジンCGSを平日の昼間時間帯（8：00〜22：00）に運転することで，排熱として得られる蒸気と温水は全量地冷負荷として利用することができ，省エネルギー性の向上とともに，余剰電力の外部供給による経済性の向上に寄与している．

4. 設備更新効果

余剰電力の外部への供給分を考慮すると，年間の燃料消費量24％削減，CO_2排出量は約24 000 t（火力平均排出原単位 0.69 kg/kWh で評価）の試算結果である．また，エネルギーアドバンスは，他地区においても，従来のボイラ＋蒸気吸収冷凍機の地域冷暖房の「熱供給事業」から，CGS＋電動ターボ冷凍機を加えた省エネルギー・省CO_2型のシステムを設備更新に合わせて検討を実施し，経済性を確保しつつ環境負荷の低い「地域エネルギー事業」の導入を推進している．

(節末文献5）参照）

Ⅱ-4 環境負荷を減らし、エネルギーを節約する

Ⅱ-4.5 幕張新都心ハイテク・ビジネス地区地域冷暖房
―未利用エネルギー活用高効率プラント―

■あらまし

未利用エネルギーである下水処理水の排熱を有効活用した国内最高効率の地域冷暖房プラントとして、既に17年の運転実績を持つ。

未利用エネルギーおよび蓄熱槽がない場合に比べ、CO_2排出量で約39％減、NOxで約40％減の環境負荷軽減効果を達成している。

■キーワード

未利用エネルギー、下水処理水、都市排熱、ヒートポンプ、蓄熱、熱回収、低温冷水

■規模等

熱供給事業者：東京都市サービス(株)
熱供給地域：幕張新都心ハイテクビジネス地区約48.9 ha
熱供給延床面積：約90ha
プラント面積：3 000 m²
建屋・階数：地上1階　地下1階
企画・立案・設計監理：東京電力(株)
設計・施工：清水建設(株)
施　　工：新日本製鐵(株)、川崎製鉄(株)（現 JFE スチール(株)）、高砂熱学工業(株)、(株)荏原製作所

■施設概要

熱源設備：
1) 下水処理水熱源ヒートポンプ×4台
   冷熱 10.52 MW（3 000 USRT）
   温熱 11.03 MW（9 510 Mcal/h）
2) 遠心冷凍機×1台
   冷熱 10.52 MW（3 000 USRT）
3) 熱回収遠心冷凍機
   5.26 MW（1 500 USRT）×1台
   2.63 MW（750 Mcal/h）×2台

蓄熱設備：完全混合連結型 冷温水槽　3 990 m³
　　　　　もぐりぜき型冷水専用槽　250 m³
　　　　　もぐりぜき型温水専用槽　220 mm³

電気設備：受変電 66 kV　ループ受電　ガス絶縁変圧器

1. 計画概要

幕張新都心地区の開発面積は、新宿新都心の約5倍の437.7 haに及ぶ。本計画での熱供給対象地域は48.9 haの広大な JR 京葉線北側の地域で、国際交流の場としてハイグレードな商業・サービス機能を中心とするタウンセンターとニューメディア施設の充実したビジネスゾーンに分けられている。熱供給プラントは幕張テクノガーデン（以降 MTG）に隣接して設置され、新都心地区に近接する花見

図Ⅱ-4.19　下水処理水配管ルートと熱供給区域[6]

① セイコー電子　⑧ 住友ケミカル
② ロボットFA　　⑨ NTT
③ シャープ　　　⑩ ジャスコ
④ 富士通　　　　⑪ 日本IBM
⑤ BMW　　　　　⑫ 幕張テクノガーデン
⑥ 北沢パルプ　　⑬ 東京海上
⑦ キヤノン販売

図Ⅱ-4.20　東京都市サービス(株)の熱供給区域

（出典：日本熱供給事業協会ホームページより）

川終末処理場の下水処理水を利用した下水処理水熱源システムを採用した初めてのプラントとして，1990年4月より熱供給を行っている．

熱媒体である冷水と温水は年間を通じて常時製造され地域導管により供給されている．商業エリアに第2プラントの建設が予定されているが，同エリアでの建物建設が遅れているため，2008年1月現在未設置の状況である（図Ⅱ-4.19）．

2. 熱源システム

以下の3点の特長を活かし供給開始以来常に高効率な熱製造を継続している．

① 下水処理水利用：下水処理水温は外気温と比べて冬温かく，夏冷たく年間を通じての温度変動が少ないため，ヒートポンプの熱源・排熱源として利用する場合高効率の運転が期待でき，かつ冷却塔補給水量の削減が図れる（図Ⅱ-4.21，図Ⅱ-4.22）．

② 排熱回収システム：高機能事務所の年間冷房排熱を回収し温熱供給に利用することにより，高効率運転が可能な熱回収遠心冷凍機を利用できる．

③ 低温冷水蓄熱システム：1℃未満の低温の冷水を製造蓄熱することにより，単位体積当りの蓄熱密度を上げ，電力の夜間移行量の増加を可能とする．

3. システムと効率の変遷

熱製造および搬送動力低減，システムのシンプル化の目的により，竣工以来本プラントは数度の改修を経て現在に至っている（図Ⅱ-4.23）．

熱供給開始以来の1次エネルギー効率の変化を図Ⅱ-4.24に示す．システムの効率は，運転管理の習熟およびシステムの改修により改善されている状況が理解できる．現在は竣工当時より高効率な

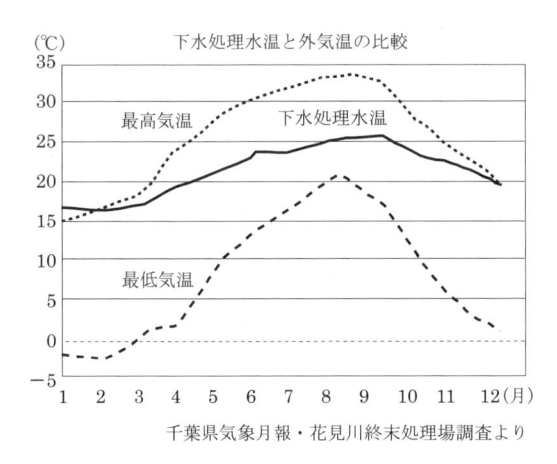

図Ⅱ-4.21 下水処理水温年変動[7]

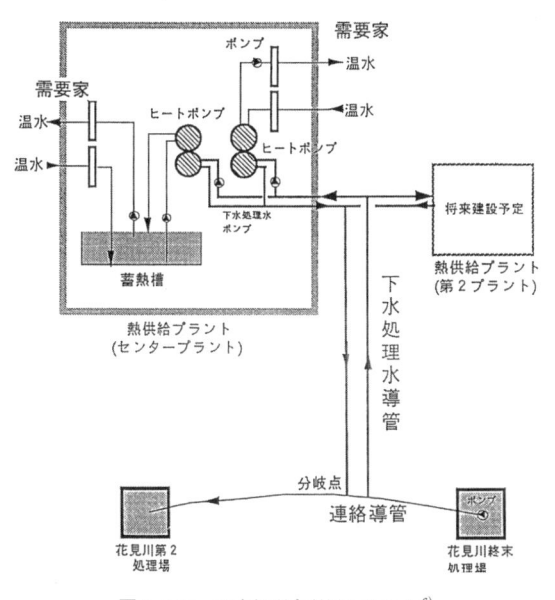

図Ⅱ-4.22 下水処理水利用システム[6]

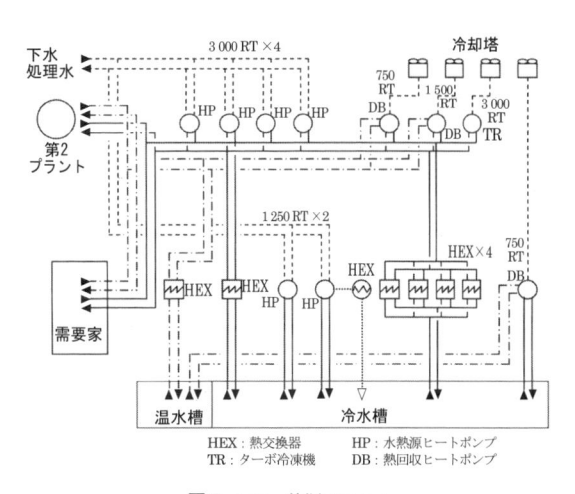

図Ⅱ-4.23 熱源システム

II-4 環境負荷を減らし,エネルギーを節約する

熱源機が開発されているため,将来の機器更新によりさらなる効率の上昇が期待できる(図II-4.25).

(節末文献6),7)参照)

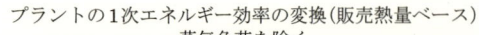

図II-4.24 一次エネルギー効率の変遷

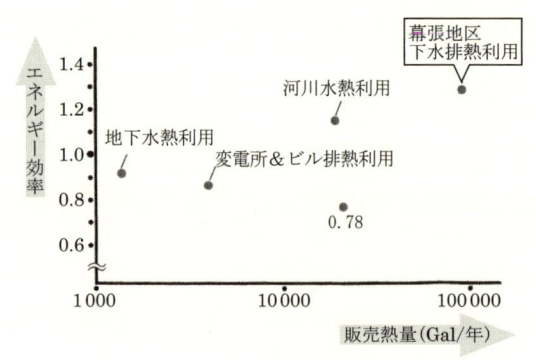

注) 1. エネルギー効率 = 販売熱量 / 投入1次エネルギー量 (平成8年度データ)
2. ● : 地域熱供給の一般的エネルギー効率
3. 販売熱量の実績値が想定計画値に近いほど,エネルギー効率は高くなる傾向にある.

図II-4.25 一次エネルギー効率比較[7]

II-4 環境負荷を減らし，エネルギーを節約する

II-4.6 アルビス前原汚水処理場（前原団地建替事業）
―団地建替に伴う独自の汚水処理場整備―

■あらまし

旧都市整備公団前原団地の周辺は下水道が未整備であったため，団地の建設とともに汚水処理場を整備した．その後，1997年に当該団地の建替工事が始まり，施設の老朽化等の理由から汚水処理場も再整備された．

■キーワード

三番瀬，団地建替，団地内汚水処理

■開発概要

建物名称：アルビス前原
所 在 地：千葉県船橋市前原6丁目1番地他
事業主体：都市再生機構（UR）
敷地面積：約12.9 ha
建設戸数：697戸（2007年1月時点）
階 数：3～10階
主 用 途：賃貸住宅

1. 立地・敷地条件

アルビス前原は千葉県船橋市に位置する，1960（昭和35）年入居開始の旧公団前原団地の建替えにより再生された住宅団地である．

船橋市は，千葉県西部に位置し東京湾の三番瀬に面している．三番瀬は鳥類，底生動物が豊富であり，環境省が「日本の重要湿地500」に指定している生物多様性の保全上重要な湿地である．しかし，現在の三番瀬は淡水および土砂の流入量の減少および流入河川の水質の悪化等による富栄養化が進行し，かつての干潟的環境と生物多様性が失われつつある．

汚水処理場の処理水の放流先は，団地に隣接した前原川であり，その処理水は海老川を経由し三番瀬に至る．現在の三番瀬の周辺には谷津干潟，鳥獣保護区が散在し，埋立地に囲まれながらも鳥類の飛来する干潟，浅海域を形成している．

三番瀬に流入する海老川の水質改善等水循環再生については，学識経験者，関係行政，市民団体が「海老川流域水循環再生構想」を1998年に策定し，その目標を「清らかで豊かな流れの創出」「自然との共生」等としている．

図II-4.26　アルビス前原

2. 都市再生機構の汚水処理場整備の実績

1965年当時，全国の公共下水道普及率が8％程度であったため，昭和30年から40年代初頭の団地建設にあたっては汚水処理場が必要とされ，その施設の整備を行った．

また，1978年，船橋市の芝山団地において，当時としては先進的な汚水の高度処理を行い，その処理水を団地内のトイレの洗浄水やせせらぎの水として再利用することが実施された．これらの実績は，汚水処理という本来の目的のほかに，省資源，環境問題に対しても一定の成果をあげたと考えている．

3. 汚水の処理方法

2001年に運転を開始したアルビス前原汚水処理場では，環境問題への意識の高まりにも配慮しな

がら，当時，最新の処理方式であり，海域および湖沼域の富栄養化の主な原因である窒素，りんを除去することができる「二槽式間欠ばっ気法」を採用した．

当該処理場の汚水処理フローの概要を図Ⅱ-4.27に示す．

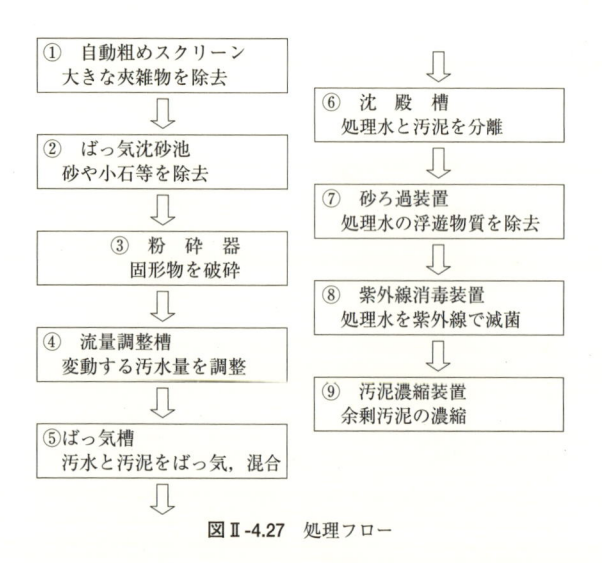

```
① 自動粗めスクリーン
  大きな夾雑物を除去
        ↓
② ばっ気沈砂池
  砂や小石等を除去
        ↓
③ 粉砕器
  固形物を破砕
        ↓
④ 流量調整槽
  変動する汚水量を調整
        ↓
⑤ ばっ気槽
  汚水と汚泥をばっ気，混合
        ↓
⑥ 沈殿槽
  処理水と汚泥を分離
        ↓
⑦ 砂ろ過装置
  処理水の浮遊物質を除去
        ↓
⑧ 紫外線消毒装置
  処理水を紫外線で滅菌
        ↓
⑨ 汚泥濃縮装置
  余剰汚泥の濃縮
```

図Ⅱ-4.27 処理フロー

「二槽式間欠ばっ気法」の特徴は，ばっ気槽を2槽に分割し，第一槽ではりんの除去に重点を置き，脱りん菌の活動を促進する「好気⇒無酸素⇒嫌気」の環境をつくり，第二槽では窒素の除去を確実に行うために「好気⇒無酸素」の環境をつくる制御を行うところにある．

なお，第一槽においても一時無酸素状態にあるため，汚水中の「窒素」を除去する「脱窒」も行われている．

2つのばっ気槽の環境は「溶存酸素計」，「酸化還元電位系」によって監視されているが，「ばっ気」，「撹拌」等の運転は自動化されており，施設管理の省力化を図っている．

一般的に，「りん」を除去する際には凝集剤が使用されるが，当該施設では先に述べたように微生物の働きにより「りん」を除去するため，余剰汚泥の発生量が少なく廃棄物の減量化に寄与している．

また，消毒処理においては，塩素処理が行われることが多いが，紫外線の照射により消毒を行なうことで放流先での有機塩素系化合物の発生を抑制している．

(1) 放流水質について

汚水処理場の建設にあたっては，建築基準法の基準はもとより，浄化槽法，水質汚濁防止法に基づく排水基準を満たすものでなければならない．さらに千葉県内においては，水質汚濁防止法の排水基準に対する上乗せ基準を定めた条例があり，当該条例を遵守する必要がある．

建替え前および建替え後の計画放流水質と水質汚濁防止法の排水基準を表Ⅱ-4.3に示す．

処理場の計画当初，窒素，りんについては条例の中で排水基準が設定されていなかったが，1998年の改正において新たに設定された．

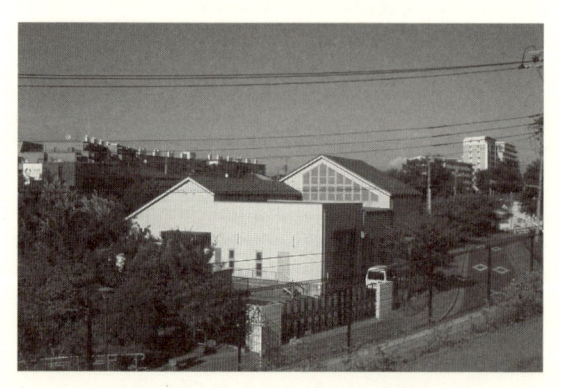

図Ⅱ-4.28 アルビス前原汚水処理場

表Ⅱ-4.3 放流計画水質

		建替え前汚水処理施設	建替え後汚水処理施設	水質汚濁防止法基準値
処理方式		標準活性汚泥法	二槽式間欠ばっ気法	
処理人口	人	約5 500	約6 300	
流入汚水量	m³		1 250	
放流水質 (mg/L)	BOD	30	10	160 (10)
	COD		15	160
	SS	80	20	200 (20)
	窒素		20	120 (20)
	りん		1	16 (2)

注）（ ）内数字は千葉県上乗せ基準
　　▓▓▓：2007年メモ数値，他は基本設計資料

4. 周辺への配慮

　当該処理場は住宅街にあり，特にその環境に配慮する必要がある．臭気対策についてはその発生源から吸気装置により臭気を集め，土壌脱臭装置によって臭気を除去している．

　また，処理槽等については大半を地下に配置し，地上部分を芝地や公園として利用し，周辺の景観に配慮している．

　水は，雨，地下水，河川水，海水など様々な場所にあり地球上を循環しているが，それぞれの場所で汚染が顕在化し問題となっている．汚水が公共用水域に流れ込む過程も水循環の一部であり，特に閉鎖性水域では主に「窒素」，「りん」が原因とされる富栄養化対策が重要である．

　アルビス前原汚水処理場から放流される「窒素」，「りん」が除去された高度処理水は周辺水域の環境にやさしく，さらに微生物の活動を最大限に利用した当該施設は水環境，廃棄物の抑制等，様々な面で環境に優しい施設といえるであろう．

(節末文献 9)～11)参照)

II-4 環境負荷を減らし，エネルギーを節約する

II-4.7 サンヴァリエ桜堤（桜堤団地建替事業）
―景観を継承し，環境負荷を大きく削減した団地建替―

■あらまし

築35年を越える大規模団地建替に際し，原風景や従前の団地の良い環境を継承しつつ，団地共有方式の「生ごみ処理システム」や一部の住戸に「家庭用燃料電池」を導入するなど，現代の住宅に見合う質の向上と，環境への配慮を行ったもの．

■キーワード

せせらぎ復活，雨水利用，市との連携，生ごみ共同処理，家庭用燃料電池，団地建替

■開発概要

建物名称：サンヴァリエ桜堤
所 在 地：東京都武蔵野市桜堤1-1他
事業主体：住宅都市・整備公団（現 都市再生機構）
敷地面積：約8.3 ha
建設戸数：1120戸
階　　数：3～10階
主 用 途：賃貸住宅

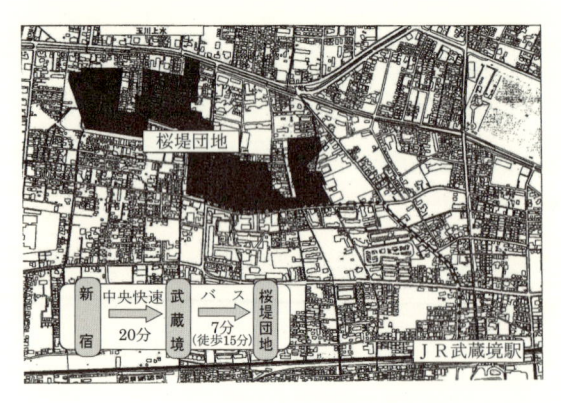

図II-4.29 位置図

1. 事業の概要

1958（昭和33）年に管理開始された旧日本住宅公団桜堤団地は，JR中央線で新宿から武蔵境まで快速20分，武蔵境から桜堤団地へはバスで7分または徒歩で15分の距離にある．1994年2月の事業着手以降，継続的に建替事業を進め，「サンヴァリエ桜堤」として生まれ変わった．

建替を機に長らく愛着をもたれてきた屋外環境（既存樹木やオープンスペース）や埋もれかけていた原風景（仙川の源流等）を効果的に活かした空間を整備し，また，団地共有方式の「生ごみ処理システム」や一部の住戸に「家庭用燃料電池」も導入するなど，現代の暮らしに見合う住宅の質の向上と，様々な環境に配慮した団地として再生されている．

2. 仙川の河川整備

桜堤団地内を流れる仙川は，小金井市内に端を発し，世田谷区で野川に注ぐ一級河川である．かつては雑木林の間を縫う美しいせせらぎだったといわれているが，改修前は三面をコンクリートで囲まれ，水もほとんど流れていなかった．そのため植物の生息さえしにくい状態であった．

その仙川を美しい水辺空間へと再生するために，様々な計画が策定された．まず武蔵野市は，1997年3月に「武蔵野市緑の基本計画"むさしのリメイク"」を策定し「仙川でまちなみをリメイクする事業」が重点事業に位置づけられた．

整備前　　　　　　　　整備後

図II-4.30 仙川の河川整備

また，1998年3月，河川管理者である東京都と，武蔵野市，住宅都市・整備公団（現 都市再生機構）の三者により，「水辺環境整備検討委員会」が設置され水辺環境整備の方針および方策がまとめられた．

さらに，公団桜堤団地の建替事業に関して公団と武蔵野市との間で締結された基本協定に沿い，桜堤団地内を流れる仙川の水辺環境整備を行うことが，1998年9月に合意された．

仙川整備にあたっては，以下の方針が目標となった．
①仙川に自然環境の多様な河川空間を創造する．
②人々が仙川と身近に触れ合うことができる親水空間を創造する．
③仙川およびその周辺に四季の花々を植栽し，憩いの空間を創造する．

これらの整備方針を基に，具体的な川づくりの方策として，多様な生き物の生息環境となる場（瀬・淵・河岸部の微地形）を創出したり，護岸構造物は透水性の高い，空積みを基本とするなどを念頭に，仙川整備を行った．

河川に付随する団地内の公園は，「緑の拠点」として，仙川の水辺と一体的整備を行うことにより，水辺・草原・林に棲む鳥類・水生生物・昆虫の生息する環境を創造した．

また，団地内に降った雨水を地下の貯留槽にいったん貯留し，太陽エネルギーを動力としたポンプで汲み上げて，公園での利用と同時に，晴天時における仙川への水量確保に役立てている．

3. 生ごみ処理システム

桜堤団地では，建替えを機に，武蔵野市の「生ごみ資源化事業」に協力し，家庭生ごみ資源化システムに取り組んでいる．

生ごみ処理機は，主として学校，福祉施設，事業所などで使われ始めているが，集合住宅団地，特に賃貸住宅で使用されている例はごくわずかである．

武蔵野市と公団では，生ごみ処理機・付帯設備の設置を公団が行い，生ごみ処理システムの運営・機器および付帯施設の維持管理を武蔵野市で行うことに決めた．

各家庭より投入された生ごみは，処理機の微生物による発酵処理で分解され，最大1/10程度にまで減量される．これを武蔵野市が回収し，さらに熟成させて堆肥にし，その堆肥を市内の農家などが有機肥料として活用している．

導入する生ごみ処理機は1日に32kg処理できる住宅用バイオ式生ごみ処理機で，24時間いつでも生ごみを投入できる．日常スムーズに利用でき

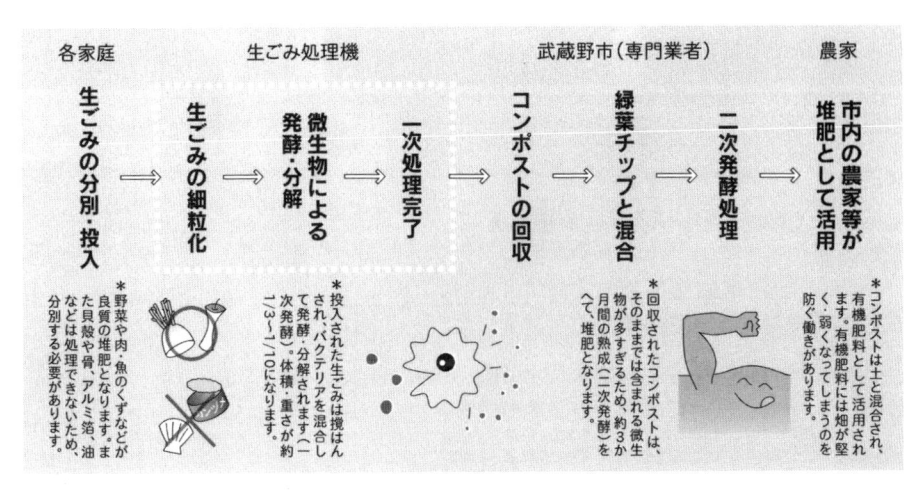

図Ⅱ-4.31　生ごみ処理システムのフロー図

るよう 1～2 棟(約 50 世帯)に 1 台の割合で配置している．600 世帯(第 1 期入居)で，年間約 15 t のコンポスト(堆肥)が出来上り，年間約 100～130 t (600 世帯)の生ごみを減らすことから，排出される可燃ごみの 3 割削減でき，環境保全に貢献している．

図Ⅱ-4.32 生ごみ処理機

4. 家庭用燃料電池

地球温暖化対策として省エネルギーの推進が求められているなか，住宅のエネルギー消費はライフスタイルの変化等を背景に増加傾向にある．民生家庭部門での省エネルギー，CO_2 排出削減に大きく寄与するものとして，固体高分子型燃料電池を用いた「家庭用燃料電池コジェネレーションシステム」(家庭用燃料電池)を団地の一部住戸に試行的な導入を行っている．

導入効果として，電力需要約 7 割，給湯需要の約 9 割が賄えている．

5. 得られた成果

建替えが完了した団地では，桜並木やけやき並木など，建替え前から親しまれてきた樹木が，保存等により現在でも継承され，団地内を流れる仙川も美しいせせらぎに再生され，様々な動植物が戻ってきている．生ごみ処理機もよく利用されており，非常に高い評価を得ている．

(節末文献 12)参照)

☆Ⅱ-④☆引用・参考文献

1) 白土弘貴ほか：東京ミッドタウン，建築設備士，2007 年 9 月号，建築設備技術者協会
2) (財)ヒートポンプ・蓄熱センター：ソニーシティ，COOL & HOT，(財)ヒートポンプ・蓄熱センター，2007 年 10 月
3) 田中裕一：病院施設における新しいエネルギーサービスの展開について，病院施設，日本医療福祉設備協会，2005 年 3 月
4) 笠原豪剛：東海大学伊勢原キャンパスエネルギーセンターについて，電気工事の友，関東電気協会，2005 年 11 月
5) 荘司豊：天然ガスコージェネと電動ターボ冷凍機導入によるエネルギー効率改善例，省エネルギー 2007 年 9 月号，省エネルギーセンター
6) 橘ほか：幕張センタープラント計画，空気調和・衛生工学，第 68 巻第 12 号，1994 年 12 月
7) 幕張新都心ハイテク・ビジネス地区　未利用エネルギー活用地域熱供給システム，東京電力パンフレット，1999 年
8) 三井不動産(株)・東京ミッドタウンマネジメント(株)：東京ミッドタウン-Tokyo Midtown-，新建築社，2008 年
9) 千葉県：千葉県三番瀬再生計画(基本計画)，2006 年 12 月，千葉県ホームページ
10) 船橋市：海老川流域水循環再生構想，1998 年 3 月，市ホームページ
11) 都市再生機構千葉地域支社：生き物と共に！，パンフレット，2001 年 2 月
12) もっとまちは楽しくなる，2000.6

II-5 優れた景観をつくる

II-5.1 シティコート大島（大島団地建替事業）
—コミュニティ道路で，地域と一体化させた団地再生—

■あらまし

シティコート大島は，日本住宅公団が1957(昭和32)年に建設した旧大島団地の建替事業で建設された賃貸住宅団地である．元々，賃貸と分譲が並存で建設されていたが，分譲部分の建替が先行して進み，賃貸部分はその分譲の建替状況と，団地の東側・北側に隣接する低層密集の既存住宅地との調和を図るように，計画され，居住者合意と周辺住民の理解を得ながら再設計され建替えられた．

■キーワード

団地建替，コミュニティ道路，既成住宅地，プレイスメイキング，路地，横丁

■開発概要

建物名称：シティコート大島
所 在 地：東京都江東区大島6-14
事業主体：都市基盤整備公団(現 都市再生機構)
敷地面積：21 400 m²
住宅戸数：436戸(建替前360戸)
工事期間：平成5年度～12年度

1. 開発の経緯

1957年に，4階建15棟と集会所で構成された賃貸・分譲並存団地として竣工したが，丸八通り側からの取り付け道路にクルドサック型のアクセス方式となっており，東と北に隣接する既成住宅地(戸建てが密集)とは，コンクリート万年塀で隔絶した配置構成であった．

丸八道路側の分譲部分の建替計画が先行し超高層住棟を活用した高層高密度の建替事業が実現した後，賃貸部分の建替計画が始まった．シティコート大島(賃貸住宅建替事業)では，周辺の住宅地に開かれた配置計画へと大きく転換させることとなった．歩車融合の「コミュニティ」道路を入れ，

図II-5.1 建替え前の大島団地

図II-5.2 シティコート大島のコミュニティ道路

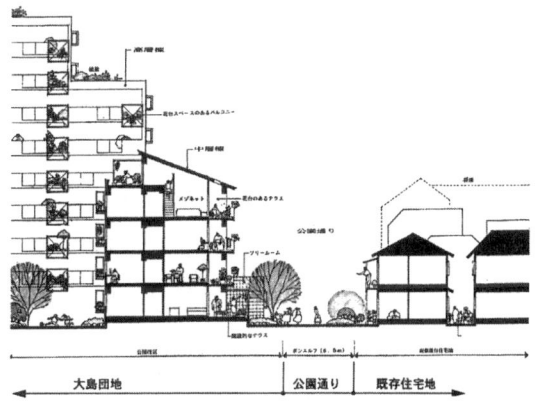

図II-5.3 建替えのスキーム：コミュニティ道路で周辺緩和

住宅地側の路地が塀で行き止まりになっていた箇所に，「辻広場」を構成できるよう新規建設住棟に，ゲート状ピロティを設けている．

2. 景観形成の考え方

東京下町のこの地区の周辺では，昭和40年代に大規模工場跡地を防災拠点にする「面開発市街地」の整備が行われ，防災性の改善には寄与できたものの，11～14階建て長大住棟群の団地は，隣接住宅地に異様な景観を呈してる．

この建替プロジェクトでは，その反省に立ち低層住宅地や地区商店街が持つ，ヒューマンスケールや生活風景と馴染ませた景観計画としている．

3. 立地・敷地条件

この団地は，都営地下鉄新宿線大島駅から徒歩数分で近接し，東側・北側には，団地建設当初から万年塀が設置され，行き来できない状況であった

図Ⅱ-5.4 団地周辺の路地と商店街

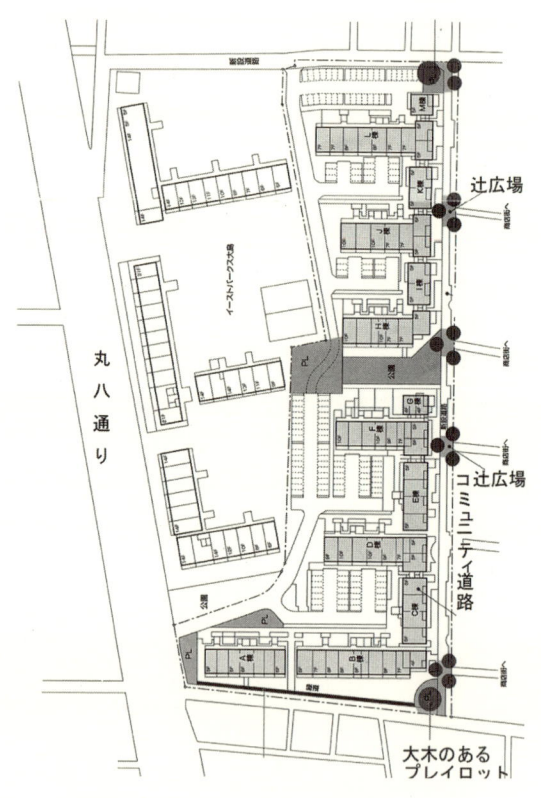

図Ⅱ-5.5 シティコート大島の配置計画：周辺融和

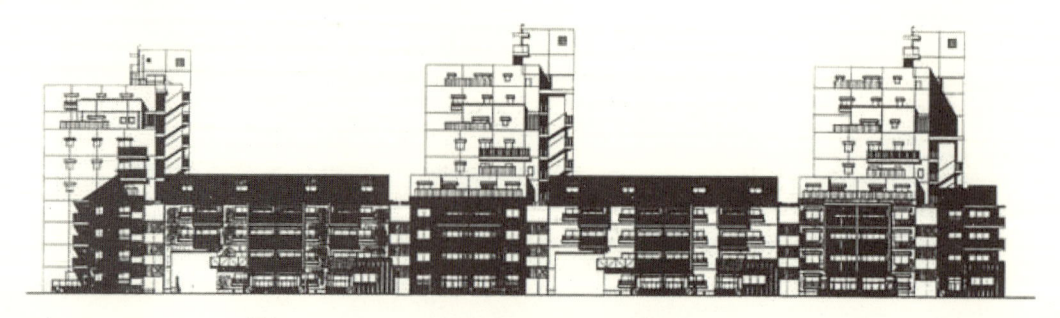

図Ⅱ-5.6 シティコート大島の東立面（既成市街地からのファザード）

が，一部の破れ目を通る動線が，団地より約50m東側のサンロード中之橋商店街への近道として利用されていた点や，既成市街地との調和がこれからのまちづくりに不可欠と考え，団地側の敷地を割愛してコミュニティ道路を通すこととした．かつて塀の破れ目から商店街へつながっていた部分を積極的な街角スポット「辻広場」とし，団地内にも既成市街地にならって路地空間を通している．

こうしたコミュニティ道路，路地，街角スポット空間の配置構成は，元の団地の「クルドサック型」アクセスに対して，通り抜けの良さ「パーミアビリティ」が確保されたものとなった．

(節末文献1)参照)

II-5 優れた景観をつくる

II-5.2 ファーレ立川
―パブリック・アートと景観デザイン―

■**あらまし**

立川市の業務核都市機能の育成強化と「多摩の心(しん)」にふさわしいまちづくりを目指し，立川駅北口地区の一体的整備を目指して取り組まれた市街地再開発事業(第一種市街地再開発事業)．1976年に，米軍基地跡地が全面返還された頃から構想が始まり，1985年の住宅・都市整備公団の参画で本格的な取組みが始まった．

■**キーワード**

パブリック・アート，景観ガイドライン，プレイス・メイキング，都市の記憶，業務核都市

■**建築概要**

全体で延床面積約26万 m² の立川基地跡地第一種市街地再開発事業建築物が，7街区11棟に分けて建設された．建物概要は，表II-5.1，表II-5.2のとおりである．
施 行 者：都市基盤整備公団(現 都市再生機構)
用　　途：業務・商業・サービス・公共施設・住宅
工　　期：(再開発の建物・屋外・都市施設)1990年3月～
　　　　　1994年12月

図II-5.7　ファーレ立川鳥瞰

表II-5.2　事業の概要

1.	事業の名称	立川基地跡地関連地区 第一種市街地再開発事業
2.	施行者	住宅・都市整備公団
3.	施行区域の面積	約5.9 ha
4.	施設建築物	11棟　地上10～13階 　　　　地下1～3階
5.	権利者数	44人（平成3年12月31日）
6.	経過	①都市計画決定表示：平成元年7月3日 ②事業認可告示：平成2年12月11日 ③権利変換認可告示：平成3年12月6日 ④建築工事着工：平成3年12月24日 ⑤建築工事完了告示（10棟）： 　　　　平成6年12月15日

表II-5.1　施設建築物の用途・面積等

街区番号	階数	主要用途	敷地面積	建築面積	延べ床面積
1	地上12階 地下1階	事務所，店舗，駐車場	約1 242 m²	約827 m²	約8 785 m²
3	地上12階 地下1階	事務所，店舗，住宅，駐車場	約2 351 m²	約1 589 m²	約16 821 m²
4-1	地上12階 地下2階	事務所，立川市立中央図書館，女性総合センター，公共駐車場，公共駐輪場，地域冷暖房施設	約4 465 m²	約3 285 m²	約34 045 m²
4-2	地上12階 地下1階	事務所，店舗，駐車場	約2 421 m²	約1 503 m²	約19 497 m²
5-1	地上10階 地下2階	事務所，駐車場	約7 183 m²	約4 529 m²	約47 860 m²
5-2	地上12階 地下2階	ホテル，駐車場	約3 644 m²	約2 605 m²	約25 800 m²
6	地上13階 地下1階	事務所，店舗，駐車場	約2 047 m²	約1 168 m²	約15 078 m²
7-1	地上10階 地下3階	銀行，店舗，駐車場	約8 182 m²	約5 727 m²	約67 739 m²
7-2	地上13階 地下1階	映画館，店舗，駐車場	約1 359 m²	約941 m²	約10 772 m²
7-3	地上12階 地下2階	事務所，店舗，駐車場	約1 345 m²	約825 m²	約10 062 m²
7-4	地上12階 地下2階	事務所，駐車場	約1 278 m²	約809 m²	約9 402 m²
		合計	約35 507 m²	約23 751 m²	約265 861 m²

1. 開発の経緯

首都圏基本計画で業務核都市として位置づけられた立川市の業務核都市機能の育成強化と，多摩の「心(しん)」にふさわしいまちづくりとして，立川駅北口地区の商業・業務用地を，米軍基地跡地など大規模国有地と一体的に整備することを目指して取り組まれた市街地再開発事業であった．

ファーレ立川地区の再開発は，その中で先導的整備事業と位置づけられ，業務・商業施設のほかホテルや映画館(シネマ・コンプレックス)などを合わせ持つエリアとして，1994年12月に竣工している．

立川市の目覚しい発展は，ファーレ立川地区の都市基盤としての質の高さや，国際的な評価を得たパブリック・アート計画や街区の景観デザイン面の秀逸さによるものと，市民や行政関係者が高く評価している．商業売上や乗降客数の点でもJR中央線沿線で最もにぎわうまちになっている．

当初の計画では，再開発の権利変換に必要となる約26万m^2の延床面積を，1棟の建物で賄うことが想定されていたが，「権利変換認可時点」(＝建築物の基本設計時)までに，5.9 haの地区を7街区に分け，11棟の建築物で構成することが決断された．

建築物の用途が，商業施設・業務施設・サービス施設・公共施設・娯楽施設・住宅など多岐にわたり，各建物の所有者やユーザーへのきめ細かなニーズへの対応性が求められた．工事期間中も変化する社会ニーズに柔軟に対応されなくてはならず，また地区から波及する都市の骨格性を明確にし，地区周辺との連携や竣工後の滲み出し効果を発揮するうえで，この方式が必要かつ効果的と考え関係者の理解を得ながら実現した．その後の再開発まちづくりの一モデルとなっている．

2. 立地・敷地条件

当地区は，JR中央線立川駅の北口から徒歩7分の立地で，緑川通りに面し，竣工後に開通した多摩都市モノレール立川駅にデッキで直結している．

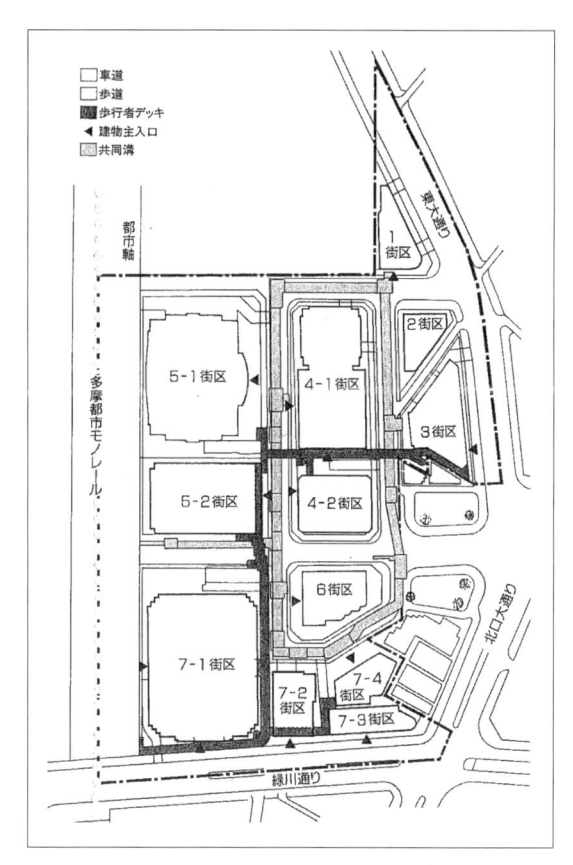

図Ⅱ-5.8 ファーレ立川街区図

隣接地区では，同じく住宅・都市整備公団(現 都市再生機構)が「国営昭和記念公園」の整備を終え，「都市機能型区画整理事業」を進行させつつあった(現在竣工済み)．再開発事業による駅前地区デパートの地区内への移転で，JR北口広場機能の拡充整備用地を生み出す役割も担った．

3. 景観ガイドライン

建物を分棟化しながら統一感のある魅力的なまちなみ景観を構成するために，「地区の景観ガイドライン」を策定し，各建築物を担当する設計事務所や建物権利者への周知・誘導・規制を図った．ガイドラインの主旨は，街路に面する1階の階高・ファサードの構成，その材質・色調，ペデストリアン・デッキで繋がる2階出入り口の形状やファサード・頂部デザイン，建物全体の高さとファサード構成のあり方などであるが，色調については多摩川

の石の色をベースとしたアースカラーを基本にすることとしている(色彩計画：吉田慎吾)．景観ガイドラインと整合させた当地区の屋外照明計画(海藤春樹)も，照明学会賞を受賞している．

4. パブリック・アート

　ここでの市街地再開発事業は，基地跡地部分が大きかったが，全面的な「スクラップ＆ビルド」型ではなく，既存建築物を地区内に残し，ビルの屋上にテラスハウスのコミュニティを再生するなどユニークな事業であった．それでも，新規建築物が一挙に建ちならぶ風景は，生活者や古くからの市民に違和感を覚えさせるのではないかという関係者の話し合いから，パブリック・アートの導入を図ることとなった．

　当時はまだ，日本で本格的なパブリック・アートの事例はなく，提案競技方式でコーディネーターを選定する発注者も，それに応募する側も手探りの状況でスタートしたが，そこで選ばれたのが，アートフロント・フロント・ギャラリーであった．

　「記憶に残るまち」というコンセプトの提案で選定され，「市民の記憶」「場所の記憶」がよみがえる仕組みを持つ，日本初ともいえる，国際的で大掛

図Ⅱ-5.9　都市の記憶(提案時プレゼンテーション)

図Ⅱ-5.10　場所性と都市の記憶の演出(©S.Anzai)
(作家：ゲオルギ・チャプカノフ)

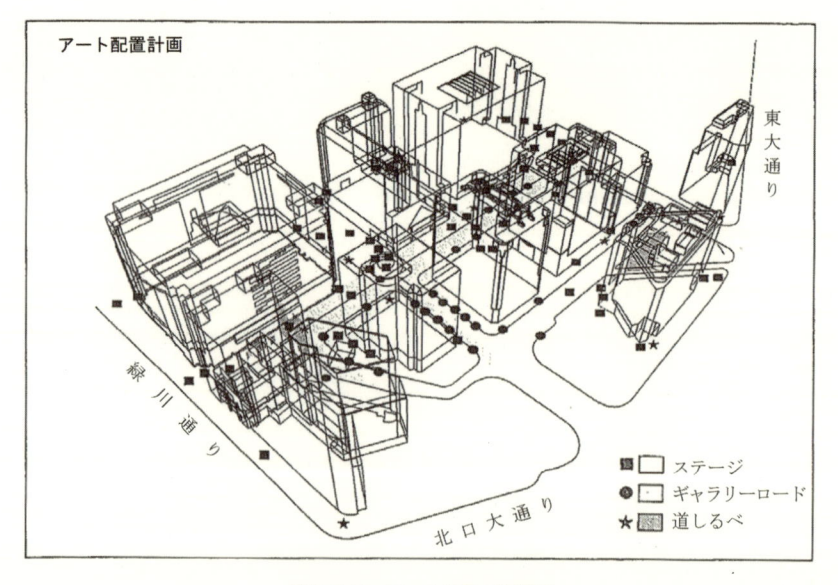

図Ⅱ-5.11　アート作品の配置図

かりなパブリック・アートを，ビル群の隙間にわずかに残された空間を利用して創りあげた．

大きな費用をかけたのではなく，コーディネーターの熱意・尽力とボランティアの志が，海外のアーチスト・各国大使館の協力につながり実現にいたった．同事務所代表の北川フラム氏は，2007年に芸術選奨を受賞したが，このプロジェクトが契機となったとされている．

「都市の記憶を蘇らせる」「記憶の森を創る」ということで，通常の再開発事業では失われ，忘れ去られてゆく「都市の記憶」を蘇らせながら，新たに設計され建設される建物や都市空間にも「場所性」を与える試みを数多く仕込んでいる．関係するアーチストは，36ヵ国92名に及び，作品数では109点となっている．

5. その後の状況

竣工後の評価も大変に高く，新聞などのマスメディアに100回以上紹介されたほか，NHK教育テレビ「日曜美術館」での特集紹介などが国内での状況であるが，オランダ大使館の広報誌(オランダ向け)など国外に向けた評価情報発信も行われた．当時の駐日米国大使夫人のモンデールさんは，このプロジェクトを絶賛し10回以上にわたり，大使館関係者や米国のアート関係者をつれて非公式に現地訪問された．

パブリック・アートの泣き所は，バンダリズム対策とメンテナンスであるが，竣工後まもなく，その維持管理のための市民ボランティア団体が発足し，立川市と連携して地道な活動を続けている．そういった市民の取組みも併さって，「立川国際アートフェスティバル」が市をあげての恒例行事になっている．

(節末文献2)～4)参照)

II-5 優れた景観をつくる

II-5.3 高幡鹿島台ガーデン54
―土木・建築一体となってまちなみをデザインした戸建住宅団地―

■あらまし

高幡鹿島台の住宅開発は，第一期(造成竣工1984年)が「ガーデン54」，第二期(造成竣工1997年)が「フォレステージ」とネーミングされているが，いずれの開発も建築家・宮脇檀氏が造成計画から建築に至るまで一貫して開発のすべての局面に関わって開発されたもので，造成は土木屋，上物は建築屋という従来型の開発パターンを踏まずに，それまでにはない美しいまちなみの住宅地を具現化したものである．

■キーワード

ボンエルフ(歩車共存道路)，セミパブリックスペース，無電柱化，受電ポール，地区計画

■開発概要

開 発 地：東京都日野市南平1丁目10番地
開発面積：ガーデン54　　　　22 016 m²
　　　　　フォレステージ　　 15 383 m²
区 画 数：ガーデン54　　　　54区画
　　　　　フォレステージ　　 53区画
造成竣工年：ガーデン54　　　 1984年
　　　　　　フォレステージ　 1997年
開発手法：都市計画法の開発行為，各々に地区計画有り
用途地域：第一種低層住居専用地域(容積率80％，建ぺい率40％)

1. 開発の経緯

開発地は1970年前後に高幡鹿島台住宅地として開発された区域の一画にあり，ガーデン54敷地については，一次造成だけで放置されていて，地元住民がソフトボールなどの遊び場として使用していた．そのすぐ南側に位置するフォレステージ敷地は，鹿島建設の社宅であった．

最初の開発(ガーデン54)計画では，既成市街地内で造成の段階からまちづくりができる稀有なプロジェクトであったので，従来の住宅開発と似たような月並みな計画は避けることを方針とした．といって，具体的な策があったわけでなく，ハウスメーカーやデベロッパーなどに斬新な提案を依頼した．しかし寄せられた提案はありきたりな道路配置のものばかりで，開発の方針に沿うものではなかった．

そうした中で，あるハウスメーカーが一枚の手書きの図面を提案した．その道路パターンは今まで見たことがないものであったが，説明によれば良好な宅地が確保でき，しかも道路として美しい街路ができることを確信させるものであった．その計画が建築家・宮脇檀氏によるものであると聞き，開発の方針に合致するかもしれないという期待がふくらんだ．

宮脇氏は，既に住宅設計とは別にまちなみデザイナーとして，区画整理の保留地に手を加えてコモン広場や歩行者専用道路を設けて景観に配慮したまちづくりをしていたが，土木の手で概成している道路や宅地を前提の計画では限界があり，造成の段階からすべて関われる高幡鹿島台の計画で，氏がそれまで培ったまちづくりのノウハウをすべて投入して，ぜひ計画を進めたいと意気込まれていた．

それから宮脇氏の設計アイデアを実現するために，開発事業者が東京都，日野市などの行政やインフラ関係の東電，水道局，ガス会社などと協議していくという役割分担が定着していく．行政との協議も，今までとは全く違う素晴らしい住宅地ができるという期待感をお互いに共有できるようになり，そのために妨げとなる条件をどうやってクリアするか共に考え，行動してもらえるようになったため，電柱問題を除いて，通常であれば簡単には通らない協議事項も非常にスムーズに解決することができた．

2. 立地・敷地条件

開発地は，東京の西郊，新宿駅から京王線特急

II-5.3 高幡鹿島台ガーデン 54

図II-5.12 高幡鹿島台団地

で約 30 分の高幡不動駅から徒歩 15 分の位置にある．見晴らしの良い北傾斜の高台に位置し，粗造成段階で放置されていた．敷地の高低差は約 20 m，最高地点が南西端，最低地点は北西端で，最高地点から最低地点まで外周を反時計周りに下る道路があった．

3．宅地造成計画

敷地の高低差が大きい傾斜地で，しかも形状も複雑なため完璧な宅地造成計画をつくりあげることは至難の業である．にもかかわらず，宮脇檀氏は，どのような観点から見てもまったく破綻のない計画をつくりあげた．そして造成地としての美しさにもこだわった．フォークのような道路パターンは，これまでにないユニークなものであったが，このおかげで 54 区画のうち 2 方向で接道する区画が 23，3 方向接道の区画が 15 と実に 70 ％の区画が 2 方向以上で接道している（広場や歩行者専用道路に接するものも含む）．また，接道面が一方だけの区画についても，南入りの区画と北入りの区画で背割り線の軸をずらしているため，上物が建っても日照と見晴らしが確保できるよう配慮している．

宮脇氏は「内に向けて開き，外に向かって閉じている」という考え方ですべての宅地はガーデン 54 の道路から出入りできるよう配慮した．これによってこのまちに住む人々は美しい道路を介して結ばれることになる．しかも，道路に使用したグラニットタイルを宅地内の道路に面する外構にまで使用することによって，道路というパブリック部分から住宅外構部のプライベート部分まで同じ素材を使用し，あえて官民の境界を曖昧にしている．

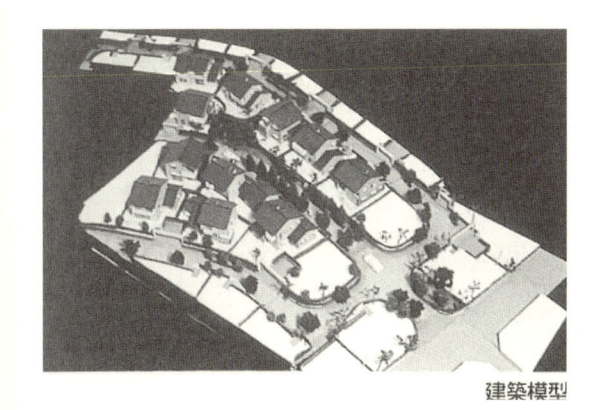

図II-5.13 総合計画図

したがって，どこまでが道路でどこからが個人の所有地なのかがわかりにくい．このマージナルな部分をセミパブリックと定義づけて，一体性を高めるような工夫をしている．

また普通は，道路では縁石などにコンクリート二次製品を使うよう指導されるが，ここではこれらの製品を一切排している．まちをつくる要素となる材料はできるだけシンプルにという考え方の表れともいえるが，どう見ても美しいとは感じられないものを使う必要はないと判断された．

敷地の高低差の影響を最小限にするために，南北の段差は3本の東西道路の南側の擁壁で受け，北側は道路との段差がほとんどない平らな宅盤を確保している．これによって，南側の宅地内住宅からの日影を道路幅員分で受けるようにしている．擁壁の高さをトンネルカーポート（地下車庫）の高さとそろえることによって，擁壁上の宅盤が宅地内でフラットになるようにしている（一部例外あり）．これはトンネルカーポートを住宅の一部にして，住宅内部から階段で出入りできるようにするためである．さらにトンネルカーポートの内部には，自転車やスペアタイヤが収納できるスペースも確保されている．

また南入りの宅地は，擁壁がある向かい側の区画と比較して空間的に開きすぎているため，2台分の駐車場の入口にRC現場打ちのゲートを設け，そこに住宅地の枝番を特注レンガで埋め込むとともに，ガスと電気のメーターも付けられるような工夫も施された．宅地造成では本来なら住宅外構にあたるトンネルカーポートやゲート，宅地内階段やアプローチ部分のタイル張りまで宅地造成として施工している．

4. 交通・道路基盤整備の基本的な考え方

「内に向かって開き，外に向かって閉じている」というコンセプトに基づき，自動車の通行が可能な道路の出入り口は2ヶ所に限定し，無用な車は進入しにくくしている．宅地内の道路は都市計画法の規定で細街路の最低幅員である5mにし（中央の道路だけ一部6m），しかも道路内に植栽桝を設けて低中木を配し，連続的に赤御影石のタイルを張ってアスファルトの黒と対比させることによってイメージハンプとした．ボンエルフ（歩車共存道路）のバリエーションである．道路構造令などに照らせば，道路の基準を充たしていないが，ここの住人とサービス用の車だけを対象にした道路ならこれでいいのではないかという判断である．

しかし人に対しては通り抜けを積極的に促すように，2系統の歩行者専用道路を南北に配した．ここでは車よりも人が優先されることが，誰にでもわかるような仕掛けである．

人の歩行を最優先させるなら歩いていて楽しい

図Ⅱ-5.14　北入りの車庫

図Ⅱ-5.15　ボンエルフ道路

道にしたいと，宮脇檀氏は道路に緩やかなカーブを描かせた．真っ直ぐで見通しのいい道路は歩いていても単調に思われるが，次第に景色が変化してくる道のほうが好ましいとの判断である．道路の線形は，宮脇氏自ら現地で石灰のライン引きを押して引いた．

いため，新たに道路を掘り返して下水や水道の接続が必要になることもないから，道路を掘り返す必要もない．

図Ⅱ-5.16 車が人に遠慮する「カーブする道」

図Ⅱ-5.17 ごみ置き場もまちなみをつくる大切な要素

こうした道路は，事業者が所有し管理し続けるなら実現は困難ではないが，ガーデン54では道路をはじめ歩専道からごみ置き場，ポケット広場に至るまで，私有地以外の部分はすべて公共に移管する方針であった．これができない場合，宅地の妨げになる部分については設計変更が必要となる．なぜなら事業者管理では未来永劫の管理は困難であり，住民の共有では費用の点など管理面での問題が多い．管理に行き詰った時には通常のアスファルトに全面張替えとかいう事態になりかねないが，ここでは地区計画にも盛り込まれているので50年，100年経ってもこの景観は変えられない．そのためグラニットタイルなどを余分に焼いて市に納めているが，特注で25 mmも厚みがあるため破損のリスクは小さい．また区画の分割ができな

ガーデン54の完成後に出来た隣接のフォレステージも，同様にクルドサックの道や歩専道を市に移管している．これはガーデン54の経験から，移管を受けても市として問題はないことが実証されていたためと考えられる．

5. 無電柱化計画

戸建住宅団地の電線等の地中化はしばしば検討はされるが，電力会社等の同意は困難な場合が多い．

したがって，地中化がどうしてもできない場合も考え，次善の策を考えておかなくてはならない．その一つは，宅地の背割り線に電柱を建てて配電するという方法である．これは地中化ではないので，電力会社の同意は比較的得やすくなると考えられた．しかし，当開発でも当初は背割り線建柱にも電力会社の対応は冷たかった．粘り強い交渉の結果，初めに背割り線建柱を，続いて部分地中化を認めてもいいという回答を得た．ただし，当

II-5 優れた景観をつくる

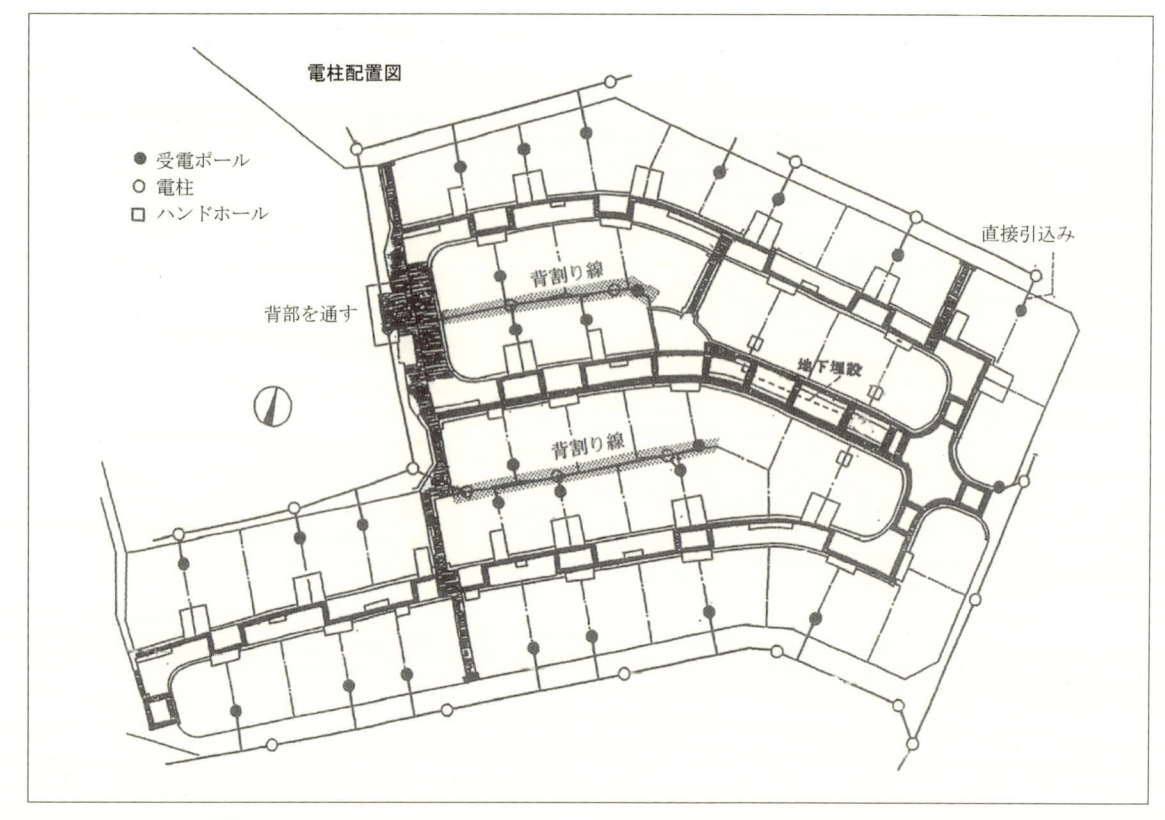

図II-5.18 電柱配置図

時電力会社が販促に躍起であった深夜電力給湯器を地区内で使用する、という条件がついた。

敷地と敷地の間の背割り線にアクセスできるよう50 cmの管理通路を設けると、背割り線から侵入する不埒な輩が出るかもしれないという防犯上の不安と、通路部分の所有権をどうするかという懸念があったがやむをえないと判断された。また、地中化の対象となるのは中央の6 m道路に面した6区画だけであったが、建柱と比べるとコストは非常に高かった。それ以外の区画は、外周道路から配電するなどで対応した。

居住者にしわ寄せがいったという点で、解決策としては十分ではなかったが、ガーデン54内道路から電柱がほぼ見えなくなったことは幸いであった。同じ手法は、フォレステージでも適用されている。

電話線については地中化を問題なく受け入れてくれたが、これは電話線の性質として、低電圧で線も細く、変圧器も必要ないためであろう。

また、道路内に電柱がない場合には街路灯を独自に設置しなければならない。宮脇氏は、街灯について夜間の雰囲気をつくるのに効果的な照明方法で、植栽桝の下から木を照らし上げるような間接照明と、各住宅の門灯にも街灯の役割を持たせることによって、京都の町屋のぼんぼりが連続するような見え方をイメージしていた。そのため門灯には、ぼんぼりのような丸いガラスグローブの器具を事業者側で支給して、暗くなると自動的に点灯し、明るくなると消灯するような自動点灯器をつけてもらうことによって、点灯し忘れが起こらないよう配慮した。

テレビアンテナについても、将来CATVの導入の可能性が高かったこともあり、最高地点近くに共視聴アンテナを建て、全戸に引き込むこととした。

6. 植栽計画

植栽についての基本的な考え方は，中高木は季節感が出るよう落葉する樹種にし，植栽帯では花植栽についての基本的な考え方として，中高木の季節に咲く低木を混栽する．これは植栽帯の樹種を限定してしまうと，開花期が決まってしまい他の時期に寂しくなる，時期を問わず花を見るようにしたいという狙いがある．

また，植栽帯は私有地（擁壁基礎の上部）に属するため所有者の管理が原則であるが，それでは管理水準にばらつきがでる．手入れが行き届いた植栽帯は美しいが，手入れをしない居住者の植栽帯では木が枯れたり剪定がされないなど，醜くなるとまちの景観としては問題となるので，管理組合をつくって外部の管理業者に委託したため，人が住んでいない宅地においても植栽帯はきちんと維持されるようになっている．

7. エリアマネジメントの基本的な考え方

良好な環境を長い間保っていくためにはそのための配慮が必要で，基本的には50年，100年経ってもこの美しいまちなみを維持できるような仕組みを考えた．一つ目は，地区計画である．ガーデン54の地区計画では建築物の最低敷地面積を180 m^{2}と規定しているため，一番大きな区画でも288 m^{2}であるから区画を分割することはできない．道路との境界にブロック塀を設けたり，歩行者専用道路やポケット広場を変更することもできない．共同住宅や商店を建てたりすることもできない．道路側の植栽帯や植栽枡の樹木も撤去できない．

地区計画は都市計画であるから，建築行為などをする際には確認申請の前に地区計画に基づく申請が必要である．地区計画の方針および整備計画に反する行為はできない．

ただ地区計画だけでは不十分な点については，宅地購入者用の「住宅地マニュアル」の中で事業者側から4点についてお願いしている．

①総二階建てはできるだけ避けていただきたい．
②屋根型は切妻でも寄棟でもよいが，主屋根に関してはできるだけ5寸勾配にしていただきたい．
③屋根材は，特注のモニエル瓦（高幡グレー）を使ってもらいたいが，無彩色系統のものなら他のものでも構わない．
④設計図面がほぼ確定した時点で，配置図，平面図，立面図と工程表を見せていただきたい．

当初は全戸宮脇氏の設計で建売りにする計画であったが，立ち上がりの販売は思わぬ苦戦で建売りを続行することは困難と判断し，売り建て（建築条件付き土地分譲）に後退，それでも苦戦し，ついには土地分譲にした．当時の苦肉の策であった．

結果，怪しげな住宅もないわけではないが，ま

図Ⅱ-5.19 土と草だけの昔懐かしい「原っぱ」のスケッチ

図Ⅱ-5.20 原っぱの最近の状況

ちなみの骨格がしっかりしているため，破綻をきたすようなことにはなっていないと考えられる．

当開発では前述のとおり，戸建て住宅地にも関わらず管理組合がつくられており，植栽帯の樹木管理，街路灯とTV共視聴施設(現在はCATV)など，全体共有に属する施設を専門の管理業者に依頼して管理している．当初の管理費は月額4000円であったが，一時金として植栽では15万円，TV共視聴施設では10万円を基金として預かり，月々の管理費で賄えないような時に使えるようにした．

造成竣工からガーデン54でほぼ四半世紀，フォレステージでは11年の歳月が経過している．時間経過とともに緑がよく定着し，インフラ関係に綻びがないため古さや陳腐な感じを与えていない．建売住宅地の多くは建物が完成して植栽がはえそろった時点が一番見映えがし，年月を経るに従って醜いものが目立つようになるものだが，このまちではそういうことは起きていない．擁壁に刻んだ縦目地や四角い水抜き穴，道路のタイル等々のディテールなど，時間をかけて熟成していくことを見越して計画しているからである．ガーデン54では，そろそろ建替えにとりかかるケースも出てくると思われるが，そうした場合でもまちなみはしっかりまもられて次の世代に受け継がれていくと確信している．

(節末文献 5)〜7)参照

☆ Ⅱ-⑤ ☆引用・参考文献
1) もっとまちは楽しくなる，2000年
2) 北川光宏・北川フラム監修:ファーレ立川アートプロジェクト，現代企画室，1995年12月
3) 北川フラム:希望の美術・協働の夢 北川フラムの40年 1965-2004，角川学芸出版，2005年10月
4) 都市基盤整備公団:住宅・都市整備公団史，都市基盤整備公団，2000年9月
5) 日経アーキテクチャー:住宅特集 街並みからつくる家，日経アーキテクチャー2005年9月5日号，日経BP社
6) 瀬谷啓二:プライベートとパブリックの空間を融合した街，住まいと電化2000年4月号，日本工業出版
7) 特集 戸建て住宅で街をつくる，エスプラナード，2001年1月
8) 鹿島建設土木設計本部:造成設計－新・土木設計の要点－，鹿島出版会，2004年

第Ⅲ章
知っておきたい，まちづくりのインフラの基礎知識

III-1　サステナブルなまちづくりの考え方

　第Ⅱ章で紹介した各事例を理解するための，最小限の考え方と基礎知識を本章で解説する．これらは，本書冒頭の「はじめに」で述べたとおり，読者層をまちづくり，大規模開発のハードウェアに関心のある初学者とし，本書をその入門書と位置づけているため，それぞれのテーマ，基礎知識としては，それぞれの分野の専門家にとっては物足りない感があることは筆者らも推察するところであるが，入門書としての紙数を優先し，以下の内容とした．不足分は参考文献を多く挙げることで補うこととした．

III-1 サステナブルなまちづくりの考え方

III-1.1 まちづくりと生態系保全

1. 都市における生態系保全の意義

生態系(ecosystem)とは、一定の範囲での生物群集やそれをとりまく環境のことであり、生産者である植物と消費者である動物、そして分解者である菌類や微生物からなる生物的要素と土壌・水・大気・太陽光などの非生物的要素から構成され、相互作用によって形成される。都市では人間活動によってこれらの構成要素が損なわれ、歪んだ生態系が形成される。

生物種は世界中で約170万種が確認され、実際にはその十倍以上が存在すると推測されているが、近年は毎年数万種が絶滅しているといわれている。こうした生物種の減少は、世界的な生物多様性の危機につながり、温暖化とならぶ地球環境問題の一つである。それは都市においても同様である。

都市では、イノシシやクマ等の中・大型哺乳類やオオタカ等の猛禽類のように広い生息空間を必要とし、生態系ピラミッドの高次に位置する生き物が生息することは難しい。一方、ハシブトガラスやドバト、クマネズミ、ゴキブリ等の都市型動物が多く生息し、ヒトのすみかである建築をすみかとして繁栄している。さらに、国際化で外国から持ち込まれた植物や動物が、競争相手や天敵がなくなった環境に容易に侵入し、残された在来種を絶滅に追い込む。

このように都市の生態系は、本来の自然生態系と比較すると生物の種数や個体数が少なく、生物多様性が貧弱で、生態系の構造が単純になり、歪みを生じている。この原因は都市化に伴う、緑地や水辺等の消失と大気汚染、水質汚濁等による生息環境の悪化にある。生き物に厳しい環境はヒトにも優しいはずはなく、ストレスや健康障害の原因にもなっている。持続可能なまちづくりには、都市のインフラである生態系の歪みの原因をできるだけ取り除き、健全なものにすることが必要である。

2. 生態工学的アプローチ

都市の生態系を改善し、健全なものとするには、生き物の視点で保全対策を講じることが重要であり、生態工学によるアプローチが求められる。

生態工学は、生き物の生活のシステムを解明する「生態学」とヒトの生活に役立つ技術をシステムとして構築する「工学」の2つの学問からなり、人間と自然が共存できるシステムを構築しようとする学問領域である[1]。

生態系は未知な部分が多く、人間の影響に対する反応についての知見も少ないので、目標として具体的に生き物の種名や個体数などを示すことは難しい。それだけに生態工学では、調査の重要性が強調され、また、予測評価には不確実性が伴うため、それを補うための順応的管理が必要となる。順応的管理とは、モニタリングにより評価して見直しを行う柔軟な管理手法をいう。実施のためのプロセスは、調査→分析・評価→目標設定→計画→設計→施工→管理の順で進められる。

3. 生態系の分析・評価

保全対策の立案では調査に基づいて生態系を分析・評価し、できるだけ具体的な目標を設定することが望ましい。そのための生態系の分析・評価では、「生物情報による方法」と「生き物に着目した方法」があげられる。

①生物情報による方法

近年のコンピューター技術の進歩や地形図等のデジタル化により、GIS(地理情報システム)の利用

が容易になった．地形図，植生図，生物の分布図等のデータと土地利用計画図をオーバーレイすることにより評価を行う．また，GPS，CAD，衛星画像などのデータを取り込み，様々な統計解析や空間解析，シミュレーションが可能であり，生物情報を基に保全すべき環境の抽出を行うことができる．視覚的に表現されるため，意志決定の支援や関係者の合意形成に活用することができ，都市計画策定のツールとして有効である．

②生き物に着目した方法

古来より，カエルが鳴くと雨になるなど観天望気の言い伝えがあり，気候や天候の変化の目安にしてきた．植物は，季節の変化だけでなく，大気汚染や日照の指標となることもよく知られている．まちづくりのインフラの視点からは，生物群集を指標とすることが考えられる．それは，都市に多様な生物群集が存在することは，先に示した非生物的要素が総合的に良好な状態にあり，環境がよいことを示すためである．これは多様度指数と呼ばれ，鳥類やチョウ類を対象とした手法が開発されている．

近年，野生生物の生息地（ハビタット）を質，空間，時間の視点から総合的に評価するHEP（Habitat Evaluation Procedure）が米国から導入され，環境アセスメントや自然再生事業等の評価手法として採用されている．そのほかにも様々な手法が提案されているが，「指標種」による方法について紹介する．

Nossは，次にあげるような特徴を持つ種の保全対策を行うことにより，生態系保全に貢献できるとの考えを示している[2]．

①生態的指標種：同様の生育場所や環境条件要求性を持つ種群を代表する種．

②キーストーン種：生物群集における生物相互作用の要にあり，その種が失われると生物群集や生態系が変質すると考えられる種．

③アンブレラ種：生態系ピラミッドの上位にあり，大型哺乳類や猛禽類のような生育地面積要求が大きく，その種を守れば多数の種の生存が確保されると考えられる種．

④象徴種：その美しさや魅力によって世間に生育地の保護をアピールすることに役立つ種．

⑤危急種：希少種や絶滅の危険が高い種．

こうした考え方によれば，その土地固有の種に着目することで，その土地の生態系の変化を推測できるとともに，保全対策の目標設定が可能となる．

山林を伐採する開発でオオタカなど猛禽類の保護が問題となることが多いが，これは単に一部の自然保護運動の感情的な問題によるものではなく，猛禽類は生態系ピラミッドの上位にあり，猛禽類の生息は良好な生態系が保持されていることを意味するためと理解すべきである．

既成市街地でも，例えば人口45万人の金沢市の都心部でも日常的に猛禽類を見ることができるが，これは都心から比較的近い所に山林があることや，まちなかに比較的まとまった緑地が多いことなどによるものと推測される．

4. 指標種の保全対策例

大規模な宅地造成によって開発された山梨県大月市の戸建て住宅団地「パストラルびゅう桂台」では，そこに生息しているニホンリスを森林環境の指標種として位置づけ，様々な保全対策により生態系の保全を目指す取組みを行っている．その一つに「リスの橋」がある（図Ⅲ-1.1）．

これは，住宅地への取付け道路がニホンリスの生息域を分断することが環境影響評価などにより判明し，ロードキル（自動車による轢殺）の発生が懸念されたため，綿密な調査に基づき，ニホンリスの巣がいくつか発見された林地と，ニホンリスが好むオニグルミが多く生育する林地の間に，電柱，ワイヤーとネットからなる簡易な構造物として建設したものである．その後のモニタリング調査でニホンリスの利用が確認され，現在でも継続的に調査や点検が行われている（図Ⅲ-1.2）．

III-1.1 まちづくりと生態系保全

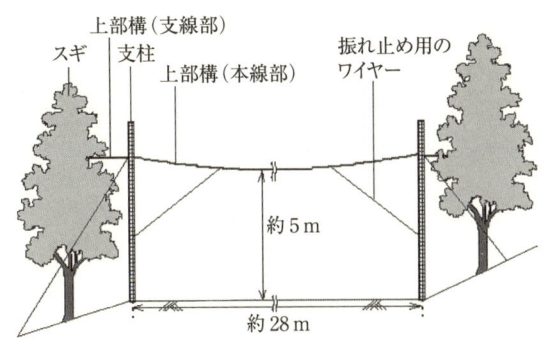

図III-1.1 リスの橋[3]

図III-1.2 橋を利用するニホンリス（写真提供：清水建設（株））

我が国の既成の大都市では，猛禽類や哺乳類を指標種として保全対策の目標に位置づけることは困難だが，カエルやチョウ，トンボなどの小動物を指標種とすることは可能である．

例えば，横浜市は小中学校で，トンボの誘致を目指したビオトープづくりを展開している．これは，市内小中学校の校庭で造成されたビオトープ間をトンボが飛び回るビオトープネットワークによって，豊かな生態系の創出を意図したものである．東京都目黒区立駒場野公園ではホタルの保全が取り組まれており，こうした取組みは各地で見られる．このように，人気のある身近な生き物を指標種に選ぶことも，広く市民参加による生態系保全の取組みを進めるうえで有効な手段である．

5. ビオトープと都市環境の改善

ビオトープ（Biotop：ドイツ語）とは，野生生物の生息空間をいい，都市では，公園緑地，寺社林，工場や学校の樹林地，ビル屋上の植栽等の緑と河川や池の水辺等がビオトープとして機能する．

都市の生態系を健全なものとするには，既存の生物の生息環境の改善とともに，ビオトープの保全・創出とビオトープネットワークの形成が課題となる．ビオトープは生物種の遺伝的情報のプールであり，できるだけ大面積を確保することが望ましい．

また，都市では並木や連続した緑地帯，水路等が生き物の通路として機能する．それぞれのビオトープが孤立して，遺伝子資源が枯渇しないように積極的に通路で連結し，生き物が移動できるようにすることが必要である．こうした通路は生態回廊（エコロジカル・コリドー）といい，ビオトープを連結することをビオトープネットワークという．ビオトープの配置については，図III-1.3に示すようなDiamondの6つの原則が参考となる．

		優	劣
原則1	広いほどよい	●	・
原則2	分割しないほうが良い	●	∵
原則3	分離しないほうが良い	::	∴
原則4	線状より等間隔のほうが良い	∴	●●●
原則5	緑道でつないだほうが良い	●●●	●●●●
原則6	円形に近いほうが良い	●	⬬

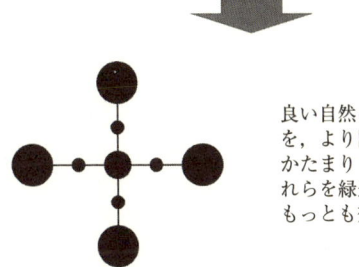

良い自然はより広い面積を，より円形に近い形でかたまりとして残し，それらを緑道でつなぐのがもっとも効果的

図III-1.3 Diamondの6つの原則[4]

都市では大規模な緑地や水辺を新たに確保することは難しいが，都市内に現存するビオトープを

保全し，失われた箇所は新たに創出して，都市全体にビオトープネットワークを張り巡らせていくことで生態系の質を高めることができる．小規模であってもビオトープや回廊を増やすことで，より安定した都市生態系を構築することができる．また，緑による都市の景観や風の道づくりとうまく合わせながら，ビオトープの配置を進めることも重要である．こうした取組みが都市の自然再生であり，持続可能な都市づくりには必要である．

6. ビオトープの計画・設計

ビオトープを創出するための計画・設計では，環境調査から始めて，図Ⅲ-1.4に示すステップで検討することが望ましい．目標とする誘致生物の生息環境条件をランドスケープデザインに反映させるとともに，ビオトープは，工事完成後がスタートであることを認識して，維持管理プログラムを検討しておくことも必要である．また，創出型ビオトープのような二次的な自然は，ヒトの関与がなくては生物多様性を維持することは困難であるため，「ヒトに愛される」ことが必要であり，ランドスケープデザインの役割は重要である．

しかし，一部には単なる話題づくりで，十分な事前調査が行われないまま造られたり，ビオトープは維持管理が不要であるとの誤解から，十分な事後調査や保全対策が行われず，「多様な生物の生息の場」としての本来のビオトープの役割を果たしていない例も見受けられる．ビオトープ設計上の留意点は，以下をあげることができる．

①土地ポテンシャルの活用

地歴等を調べ，かつて湿地だった箇所には池を配置する等，その土地が持つ自然的ポテンシャルに沿った環境要素の配置を行う．維持管理上も無理がない．また，復元の場合，いつの状態に戻すのか時代的な目標を設定する．

②既存樹木の活用や郷土種による植栽

ビオトープの植栽は，できるだけ外来種は避け，地域のもの（郷土種）を用いることが望ましい．

③エコトーンの形成

2つの異なる環境の間に見られる連続的な移行帯のことをエコトーンという．水辺からの距離に応じて植生が変化するため，より自然に近い環境（景観）が形成され，多種の生き物が生息できる空間となる．

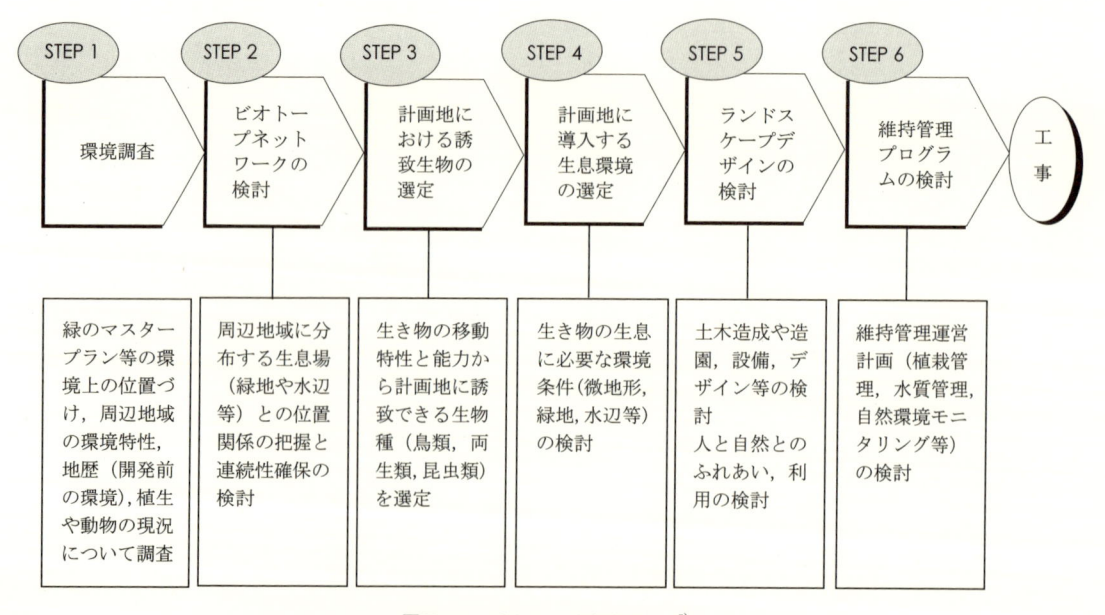

STEP 1	STEP 2	STEP 3	STEP 4	STEP 5	STEP 6	
環境調査	ビオトープネットワークの検討	計画地における誘致生物の選定	計画地に導入する生息環境の選定	ランドスケープデザインの検討	維持管理プログラムの検討	工事
緑のマスタープラン等の環境上の位置づけ，周辺地域の環境特性，地歴（開発前の環境），植生や動物の現況について調査	周辺地域に分布する生息場（緑地や水辺等）との位置関係の把握と連続性確保の検討	生き物の移動特性と能力から計画地に誘致できる生物種（鳥類，両生類，昆虫類）を選定	生き物の生息に必要な環境条件（微地形，緑地，水辺等）の検討	土木造成や造園，設備，デザイン等の検討　人と自然とのふれあい，利用の検討	維持管理運営計画（植栽管理，水質管理，自然環境モニタリング等）の検討	

図Ⅲ-1.4 ビオトープ計画の流れ[5]

④人と生き物との非干渉距離の確保

　生き物にとって最大の脅威はヒトである．生き物が生息するためのゾーンとヒトが観察等で利用するゾーンを分け，できるだけ生息場との距離を確保する．また，生息場へは立ち入りも制限する．

⑤ビオトープ装置（エコスタック）の配置

　伐採木積みや石積み等のエコスタックを適宜配置し，昆虫等の小動物のすみかを用意する．

⑥周辺環境との連結

　ビオトープ内の植栽や水辺等の環境要素と隣接する樹林地や水路等の周辺環境との連続性を確保する．

7. ビオトープの効果と展開

　ビオトープが都市環境の改善に寄与することについては既に述べた．生き物であるヒトは生活の中に自然を求め，都市化が進むほどその傾向は強くなる．数百万年に及ぶ人類進化史の中で，そのほとんどは大自然の中での狩猟採取生活であり，高度な都市を形成し，そこに住み始めたのはこの数百年に過ぎないのである．ヒトは自ら創りだした都市環境にはまだ進化（適応）できていないとみるのが適当であろう．

　ビオトープは都市生活の中で，ヒトと自然をつなぐ接点となる．植物による生理的・心理的効果については知られていることであり，疲労回復やリラックス感の向上に役立つ．また，ビオトープにやってくる鳥や昆虫等の生き物は，ヒトに驚きや感動をもたらす．都市生活に豊かさと癒しを提供してくれるのである．

　特に，子供には自然との関わりを持つことが，発育・発達のうえで必要であると考えられており，ビオトープは，子供たちに身近な自然とのふれあいの機会を提供する．また，ビオトープづくりを通じた地域での取組みは，まちづくりでの住民の参加，協力，合意形成のきっかけづくりや促進が期待でき，ヒトとヒトをつなぐ接点ともなる．

　このように，ビオトープは自然をつなぐだけではなく，地域や社会をつなぐ役割も担うのである．

　ビオトープの導入先としては，学校，工場，共同住宅，ビル，公園等があげられる．学校では環境教育や理科教材の場，工場では企業の社会的責任（CSR）として環境の取組みの具現化と従業員のリフレッシュや環境活動の場，共同住宅やビルではヒートアイランド緩和策，公園では生き物とふれあえる場，等々それぞれの用途と目的に応じた取組みが可能である．こうした取組みをうまく誘導し，都市環境の改善に結びつけるための戦略的な都市計画が必要であり，都市の再生には欠かせない．

8. 生き物との関わり

　ビオトープは生き物を扱うため，計画どおりにならないこともあり，状況にあった順応的管理が求められる．ある程度の不確実性を許容し，いかに設計や維持管理に活かすか．ビオトープづくりでは先に述べた生態工学的アプローチが必要である．ビオトープに訪れる生き物は，ヒトに癒しや感動をもたらす反面，ハチやカなどのようにヒトに危害や嫌悪感をもたらすものもある．マラリア等の生物が媒介する病気や害虫による農業被害等，ヒトは生き物との戦いの歴史を重ねてきた．その戦いの中で，ヒトは生き物とのつきあい方を学んできたのである．生き物とのつきあいが希薄になった都市では，居間にハエが侵入しただけで大騒ぎとなる．生き物とのつきあい方をどのように学ぶかは，都市でのビオトープにおいて避けて通れない課題である．

（節末文献1）～5）参照）

III-1.2 まちづくりとヒートアイランド

1. 都市の温暖化

　多くの人々が生活する都市は健康的で快適でなければならない．近年，夏における熱帯夜や真夏日，猛暑日の増加は，子供や高齢者などの弱者が

熱中症になるなど健康的に厳しい都市環境であり，健常者にとっても快適な都市環境とはいえない．これは，地球規模での温暖化の影響とともに都市構造や都市活動による要因からもたらされるものである．都市部では郊外の田園地帯に比べて地球温暖化以上に高温化が進んでいる．個々人のライフスタイルから建築レベルや都市レベルでの様々な対応策を講じることによって，都市環境を向上させ，さらに地球規模での環境を良くすることが求められている．

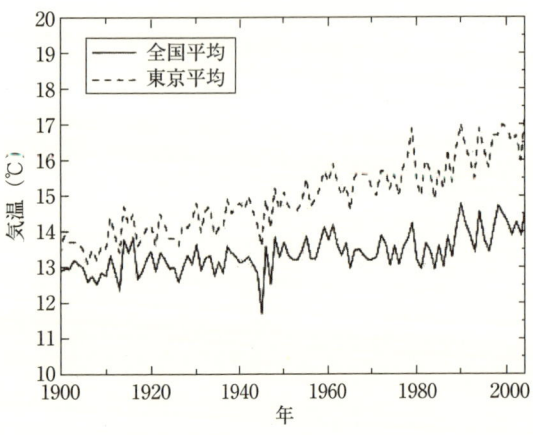

図Ⅲ-1.5 東京と全国の気温の変化[6]

2. ヒートアイランド現象

ヒートアイランド現象とは，都市中心部が周辺の郊外より高温となり，等温線を引いた時に都市部に島状に温度が高い部分が生じることである．特に，都市部と郊外部で温度差が出やすい無風の夜間が顕著である．

ヒートアイランドにより次のような影響があり，熱汚染ともいわれている．
① 熱中症の増加，熱ストレスによる死亡率の増加，ウィルス媒介蚊によるウィルス感染の増加，睡眠障害などの健康への影響
② 桜の早期開花や紅葉の遅延など生態系への影響
③ 集中豪雨や落雷の増加など気象への影響
④ 光化学オキシダント等大気汚染物質濃度の増加など大気への影響
⑤ 冷房エネルギー消費の増加による電力などエネルギー消費への影響
⑥ 天候リスクコストの増加など経済への影響

3. ヒートアイランドの原因

ヒートアイランドの主な原因は次のようなものである．
① 地表面の改変
　地表面が道路や建築物など日射を蓄熱しやすい性質のものに改変されたことが，第一の原因である．アスファルトやコンクリートは熱容量が大きく，日中日射により蓄熱し，夜間に熱を放出している．また，都市の凹凸による日射吸収率の増加や，天空率の減少による放射冷却量の減少も指摘されている．
② 人工廃熱の増加
　冷房や自動車などによる廃熱が増加したことが，第二の原因である．都市での生活や生産，移動に伴うエネルギー消費，つまり住宅，商店や事務所，工場などからの廃熱と自動車による廃熱の増加である．特に，建築物でのエネルギーの消費に伴う増加が著しく，都心では事務所からの廃熱が大きい．
　熱の流れには顕熱流と潜熱流があり，顕熱流が温度差による熱流に対し，潜熱流は水の蒸発などの変化に伴う熱流である．
③ 都市風の減少
　建物密度の上昇や高層化により都市内の弱風化や風の遮断が生じ，熱がよどみやすくなってきていることが，第三の原因である．東京の例では，東京湾からの海風を遮ってしまった汐留の超高層ビル群による風下側(内陸側)の弱風化が報告されている．

4. ヒートアイランド対策

ヒートアイランド対策はその原因を除去することが必要であるが，原因が複雑に絡み合っている

ため，個々に対応するのではなく，総合的な対策が望まれる．

都市の置かれている自然環境によって気候ポテンシャルは異なるが，その地域資源である気候ポテンシャルと技術的対策を併せてヒートアイランド対策を行う必要がある．ヒートアイランドを緑地や水辺などで形成される低温域「クールスポット」で，できるだけ分断することなどが重要である．主な対策は次のとおりである（**表Ⅲ-1.1** 参照）．

①風の道

海に近い都市では，海陸風を風の道を通して活用することがあげられる．海陸風とは，穏やかに晴れた日に，昼の海から陸への海風と夜の陸から海への陸風のことをいい，海風の方が陸風より強い．関東では，東京湾・相模湾からの海陸風があり，日中東京の中心部より北側の埼玉県南部等で夏の最高気温が観測されるのはこの影響によるものといわれている．

また，河川による風の道も活用されてよい．先ほど述べた海陸風や季節風を河川沿いに導き，建築物の形態や配置を工夫することにより，都市内に風を行き渡らせるのである．河川水は都市内気温に比べ低く，河川沿いは建物密度も低く人工廃熱も少ないため，河川によるヒートアイランドの分断も可能である．

山に近い都市では，山風を風の道を通して活用することがあげられる．山風とは，山の斜面で夜間形成された冷気が重力により谷沿いに下降してくるもので，斜面冷気流や斜面下降流ともいわれている．

②緑の道

植物の蒸発作用による冷却効果を活用する．蒸発による潜熱は大気中へ水蒸気を放出し温度を下げるため，植物は人工物に比べて表面温度が低い．緑被率が高いほど気温が低くなり，緑地で形成された冷気は風下側へ移動することや，風がなくても冷気が周辺の市街地ににじみだすことが知られている．これらをより効果的にするために，緑地

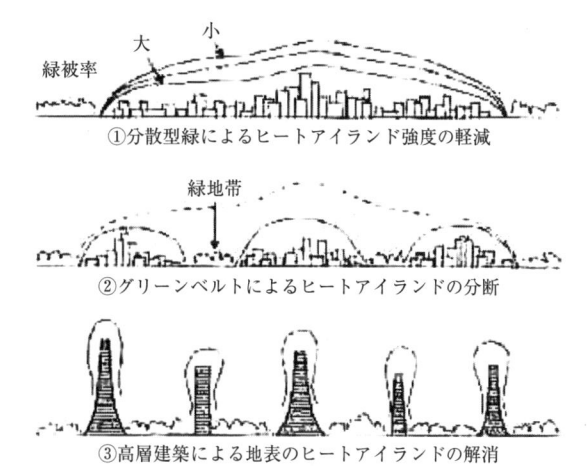

図Ⅲ-1.6 ヒートアイランド対策[8]

①分散型緑によるヒートアイランド強度の軽減
②グリーンベルトによるヒートアイランドの分断
③高層建築による地表のヒートアイランドの解消
④風の道－冷気の誘導

表Ⅲ-1.1 ヒートアイランド対策（文献6）を参考に作成）

対策	具体的対策	備考
風の道	海陸風の活用	建築物等の形態・位置配慮必要
	河川の活用	建築物等の形態・位置配慮必要
	山風の活用	斜面冷気流・斜面下降流の活用
緑の道	緑地の創造	校庭緑化
	緑の保全	屋敷林・斜面林等の保全
	緑のネットワークの形成	水の路と連携すると効果大
	屋上緑化・壁面緑化	
	街路樹の活用	緑陰・木陰の形成
水の路	水の路の創造	緑の道と連携すると効果大
	水の路の復元	暗渠の復元
表面素材対策	建築物レベル（クールルーフ）	日射反射率の高い塗料
		保水性建材
		光触媒の活用
	都市レベル（クールペイブメント）	保水性舗装
		遮熱性舗装
		高反射舗装
		校庭緑化
人工廃熱対策	建築レベル	省エネルギー対策
	都市レベル	省エネルギー対策
		未利用エネルギーの活用
		公共交通機関の利用促進
		コンパクトな都市づくり
	市民レベル	ライフスタイルの見直し

Ⅲ-1 サステナブルなまちづくりの考え方

をできるだけ大きく都市内で確保することと，都市内の風通しを良くする必要がある．

緑のネットワークによる風の道を形成するプロジェクトとしては，東京都の新宿御苑，明治神宮，神宮外苑，赤坂御所，青山霊園をむすぶ「風の道計画」が検討されている．

緑については，増やすことと同時に減らさないことも重要である．都市内に残る屋敷林など貴重な緑は，所有者自身による開発や売却，相続時などで失われることが多く，保全対策が必要である．また，景観的にも貴重な斜面林が減少してきており，その保全も講じなければならない．

建築物に対しては，屋上緑化や壁面緑化を行い，市街地スケールでは街路樹の緑陰による風の道形成や木陰の道を都市内に構築する必要がある．屋上緑化はただ単に緑を植えるのではなく，市民が憩える空間としての整備が望ましい．また，植物は生き物であるので，その土地の気候風土に合った樹種の選択や維持管理を慎重に行わなければならない．

また，緑化は都市の快適性や都市景観に与える影響が非常に大きいので，それらへの配慮が必要である．

③水の路

水面はアスファルトやコンクリートの表面に比べて低温である．河川周辺では周辺市街地より低温であることが知られている．水面の効果を活かすことが必要である．浅い水面では貯熱が少ないため，ある程度水深をとり，せせらぎのような流れがある方がより効果的である．

都市内にはかつての河川や水路に蓋をして暗渠になっている所があり，再び，水の路として復元することも必要である．復元に併せて緑地の整備を行えれば，緑と水のネットワークが形成できる．韓国ソウルの都心に流れる清渓川（チョンゲチョン）の復元は先進的取組み事例である．

水面も緑化と同様，親水性による都市の快適性や都市景観に与える影響が大きいので，それらへの配慮が必要である．

④表面素材対策

都市表面の日射反射率を高めた塗料等を屋根に用いたものを「クールルーフ」といい，舗装用に使用する場合「クールペイブメント」という．クールルーフは使用経過による塗料表面の日射反射率の低下の課題があり，今後の高性能製品や維持管理技術の向上が望まれる．クールペイブメントは舗装体内に水分を貯留しているものを「保水性舗装」といい，舗装面の反射率を高めたものを「高反射性舗装」という．保水性舗装は給水が必要であり，高反射舗装は天空以外に反射した先の熱による環境悪化の課題がある．そのほか，光触媒による建物壁面の冷却効果なども報告されており，今後の技術開発に期待したい．

また，緑との関連で，都市内の校庭を芝生で覆う校庭緑化は，地表面被覆改善に効果があり，景観向上や土ほこり飛散減少など周辺環境や教育的にも好ましいといわれている．

⑤人工廃熱対策

東京都内区部の人工廃熱量の推計値が年間平均日射量の約20％であるとの報告や，大阪市淀屋橋地区では年間日射量と同等の人工廃熱があるとの報告があり，これは，もう一つの太陽が都市を照らしているような状態であることを意味し，人工廃熱対策は喫緊の課題である．建築関係では大量の資源・エネルギーを消費しているため，住宅，商店や事務所，工場などのそれぞれの建築物の省エネルギー対策を推進するとともに，都市レベルでの省エネルギー対策を講じる必要がある．都市レベルでは，未利用エネルギーである河川水，海水，地下水等の温度差エネルギーと工場廃熱，ゴミ焼却廃熱，下水廃熱，地下鉄廃熱，変電所廃熱などのエネルギーをリサイクルし有効に活用する必要がある．また，都市の廃熱を，地域冷暖房施設を通じて河川水，海水，下水，地下水などの冷却水で処理することも効果がある．

自動車による廃熱を削減するためには，自動車

のエネルギー効率性能の向上とともに，エネルギー効率の高い公共交通機関の利用促進を図り，人々や物の移動を少なくするコンパクトな都市づくりが求められている．

また，ヒートアイランド対策は，加害者であると同時に被害者である我々個々人のエネルギーを消費しなくては生きていけないライフスタイルに，問題を投げかけている．

5. ヒートアイランド対策の合意形成へ

ヒートアイランド対策を含む都市環境の向上のためには，市民，企業，行政，都市計画や建築の専門家，研究者など様々な人々の取組みが必要である．そのためのツールとして，都市環境気候図作成と建築物総合環境性能評価システムをあげる．今後，このようなシステムが改善され，より多くの人々がヒートアイランド対策に参画できるようになることを期待したい．

①都市環境気候図作成

地域の気候風土に配慮した都市環境を形成するためのツールとして，都市環境気候図（図Ⅲ-1.7）の作成がある．都市計画・建築計画のための気候図集であり，計測等の科学的知見に基づく都市計画のための気候解析結果と，それによる都市や建築・住宅の環境設計指針から構成される地図集である．このツールを用い，市民，都市計画や建築の専門家や研究者，行政担当者などが共通の土俵にたって，熱環境の改善（ヒートアイランド対策）や大気汚染対策のまちづくりを行うことが期待される．

都市環境気候図の先進地ドイツのシュツットガルト市では，熱環境や大気汚染の気候分析図と対策のための計画指針図などで構成されている．クリマアトラスという気候地図集を作成している．

②建築物総合環境性能評価システム（CASBEE-HI）

資源・エネルギーを大量に消費する建築において，環境性能を評価・格付けする我が国の産官学共同で開発したシステムがCASBEE（Comprehensive

図Ⅲ-1.7　都市環境気候図（神戸市灘区）[41]

Assessment System for Building Environment Efficiency）である．新築段階はCASBEE-新築，既存建築はCASBEE-既存等のツールがあり，CASBEE-HIは建築物に起因するヒートアイランド緩和方策の効果を，定量的に評価する観点から開発されたものである．

CASBEEでは，ヒートアイランド現象緩和に関する建築物の環境性能効率BEE（Building Environmental Efficiency on Heat Island Relaxation）を次式で定義する．

$$BEE_{HI} = Q_{HI}/L_{HI}$$

ここで，Q_{HI}：仮想空間内の温熱環境の改善効果（温熱快適性の改善効果による評価），L_{HI}：仮想閉空間外へのヒートアイランド負荷（敷地外の気温上昇，温熱快適性の悪化による評価）．

仮想閉空間外へのヒートアイランド負荷を低減し仮想空間内の温熱環境の改善効果を高めた

BEE_{HI} の数値が高いほど，ヒートアイランド緩和方策の評価が高いものである．

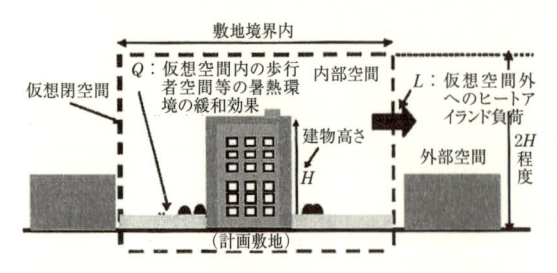

図Ⅲ-1.8 建築物総合環境性能評価システム (CASBEE-HI) [9]

【参考】国や自治体などの対策

国では，ヒートアイランド対策関係府省連絡会議を設置し(2002年9月)，「ヒートアイランド対策大綱」を策定した(2004年3月)．この中で，①人工廃熱の低減，②地表面被覆の改善，③都市形態の改善，④ライフスタイルの改善の4項目を対策項目として取り組んでいる．また，国土交通省では「ヒートアイランド現象緩和のための建築設計ガイドライン」(2004年7月)を策定し，建築物設計にあたっての配慮事項として，①風通し，②日陰，③外構の地表面被覆，④建築外装材料，⑤建築設備からの廃熱を掲げ，事業者等に協力を要請している．

ヒートアイランドの影響の大きい東京都では「ヒートアイランド対策取組方針」(2003年3月)や「ヒートアイランド対策ガイドライン」(2005年7月)を策定している．ヒートアイランド対策取組方針では，①道路プロジェクト(保水性舗装，街路樹等)，②公園プロジェクト，③屋上緑化プロジェクト，④調査研究プロジェクトの4項目をヒートアイランド対策先行プロジェクトとして取り組んでいる．また，ヒートアイランド対策ガイドラインでは，建物用途別の対策メニューなどを提示し，民間建築物での対策を推進している．

また，日本建築学会では「都市のヒートアイランド対策に関する提言」を行っている(2005年7月)．

この中で，基本的考え方として，①ヒートアイランド対策を通じて質の高い都市空間の創造，様々な事業に際しては，②建築・都市の専門家はヒートアイランド対策に配慮すること，③健康で快適な環境を形成するための科学的な設計手法を開発・普及することを掲げている．

（節末文献6)～9)および41)参照）

Ⅲ-1.3 まちづくりと交通のあり方

1. まちの中の交通とは

都市交通とは都市活動を支える人や物の目的を持った移動であり，この移動を支えるのが交通インフラである．したがって，交通インフラの整備や運用が十分でなければ，都市活動に支障をきたし，まちの魅力を阻害することになる．

このため，都市計画・まちづくりにおいては，交通計画は重要な柱であり，交通計画に沿った交通インフラ整備には多大な予算が投入されてきた．

したがって，交通の現状や計画を十分に調査して，これらに整合のとれたまちづくりを進める必要がある．特にまちなかは都市活動・生活活動が集中し，交通も著しく集中し，錯綜する．したがって，限られた都市空間の中で，交通空間の合理的で適切な配分と活用が重要となる．

まず，大量の交通を処理できる交通計画，交通施設の整備・運用が必要である．このため，大量・中量の公共交通の活用が重要となる．自動車の過度の集中は，混雑による都市活動の低下や環境の悪化をきたすものとして，その利用や走行を規制されることも考えられる．

特に環境にやさしいまちづくりに向けて，交通による環境負荷は無視できない．CO_2排出量のうち運輸部門での排出量は21％で，その約9割が自動車交通で占められている（図Ⅲ-1.9）．したがって，自動車に過度に依存しない交通計画，まちづくりを進める必要がある．

また，まちなかの交通は大量に集中するのみな

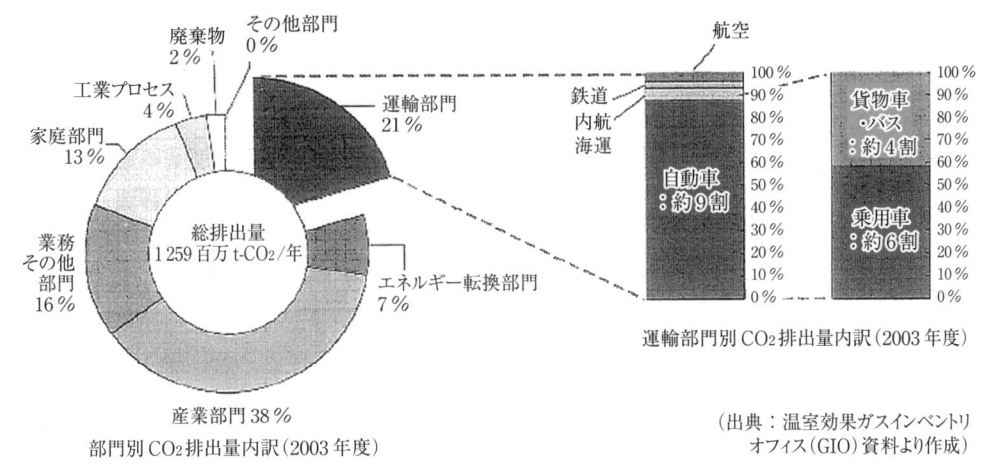

図Ⅲ-1.9　部門別 CO_2 排出量内訳（2003年度）[10]

部門別 CO_2 排出量内訳（2003年度）

運輸部門別 CO_2 排出量内訳（2003年度）

（出典：温室効果ガスインベントリオフィス（GIO）資料より作成）

らず，その主体や目的が多様である．高齢化社会に突入し，まちなかでも高齢者を含む交通弱者の交通増加も著しい．まちなかでは，だれもが便利で快適で，安全・安心に移動できる交通空間，交通施設整備と運用が求められる．その意味では公共交通へのアクセス整備に十分に配慮する必要がある．

さらに，自動車交通への依存は市街地を拡散させ，まちなか特に中心市街地を衰退させたとされている．公共交通の発達している大都市では目立たないが，地方都市での衰退は著しい．したがって，まちづくりと交通は表裏一体となるもので，総合的に計画，整備を進めていく必要がある．

2. 移動手段とインフラ

人の動きの特性を把握するパーソントリップ調査では，トリップの目的，起終点，時間，移動手段などを調査する．トリップ目的は，通勤・通学，業務，私用，その他などに分類され，移動手段は鉄道・バスなどの公共交通，および自動車，二輪車・徒歩などに分類される．それぞれの交通手段に応じた分析，予測が行われ，交通施設需要が検討される．また，物資流動調査なども行われ貨物車等の動きを把握し合わせて資料とされている．

交通施設需要を参考に，それぞれの整備・管理主体や運営主体によって中期・長期の整備計画が策定されて予算に応じて整備事業が行われ，供用されることになる．

大都市圏の都市鉄道は，高度成長期の大都市圏の急激な膨張を支えるものとして，運輸省（現 国土交通省）の運輸政策審議会で検討・答申されて，路線の新設・延長などが位置づけられ整備が進められ，世界に例を見ない都市鉄道網を供用してきた．このため，例えば東京圏の公共交通利用率はきわめて高く，極限ともいえる大量の輸送需要にこたえており，逆に東京都心部の高度再開発や周辺副都心，湾岸部の高度開発の集積を可能にしている．

この他の軌道系交通では，人に優しく環境に優しい路面交通機関として路面電車・LRTなどの導入が，熱心に検討されている地域も増加しているが，実例はまだ少ない．

バスは道路混雑やサービス水準の低下により，利用者の減少に拍車がかかっているが，公共交通の確立には重要である．幹線バス，デマンドバス，まちなかのワンコインバスなど様々なサービス形態が普及し始めており，それに対応するインフラの整備や運用も必要となる．

道路は国，都道府県，市町村，高速道路等各主体によって計画，整備，管理運用が行われている．まちなかでは都市内幹線や補助幹線クラスの道路

まで，都市計画区域ごとの都市計画図に都市計画道路として表示されている．都市計画道路は整備状況や短・中期の整備計画もあり，まちづくりに重要な前提条件となる．

従来，幹線的な道路では自動車交通の増加への対応に追われてきた感があるが，まちなかでは歩行者や自転車の移動も多く，近年では道路の断面構成の見直しなど，歩行者・自転車に対する配慮も重要になってきている．特にまちなかでは，歩いて暮らせるまちづくりという施策があり，歩行者動線を重視したモールやコミュニティ道路の計画・整備も取り組まれている．

3. 交通と環境

持続的な地球環境の維持のために，CO_2排出量の削減は全世界の課題であることは論を待たない．我が国では，航空機や船舶も含めた運輸部門のCO_2排出量が全排出量の21％で，そのうち実に約9割が自動車によるものである（図Ⅲ-1.9）．したがって，運輸部門では自動車からの排出量を減らさない限り，その削減は覚束ないという状況にある．

エコカーやバイオ燃料の利用・開発など自動車の環境に向けての進化も様々に努力されているが，自動車交通から公共交通へのシフトやエコドライブなど，自動車利用者の意識の転換が必要な時期になっている．

4. 交通の結節機能の重要性

合理的，効率的な交通を形成するには，総合的な交通体系を確立する必要がある．そして，それぞれの交通手段をスムースに接続し，乗換え等の抵抗を少なくする交通結節機能の充実を図る必要がある．鉄道と鉄道，鉄道とバスなどの公共交通機関同士は無論のこと，鉄道駅とそれにアクセスする自動車や徒歩・自転車にも配慮が必要である．

鉄道同士の結節であるターミナルといわれるようなところでは，大量の乗換えが発生し大きな商業機会を産むことも少なくない．したがって，駅周辺のまちづくりに与える影響も多大である．

鉄道と鉄道へのアクセス手段を結ぶのは，鉄道駅と駅前広場である．一般に駅前広場は，バス，タクシー，自動車，歩行者・自転車などの鉄道駅アクセス交通の処理と，まちの玄関口としての修景機能を有し，都市計画道路と同様に都市計画事業として整備されることが多い．特に，駅前は古くから商業の密集等も多く，周辺を含む都市再開発事業として整備されることも多いので，まちづくりにとっても重要な施設整備といえよう．また，乗降客の多い駅では，商業需要を見込んだ駅ビルの開発も多く，駅周辺のまちづくりと調和を図りながら進められる必要があろう．

駐車場は自動車とまちの結節機能である．ひとは自動車を停めてまちなかに入るものであり，自動車に乗っている限りまちなかとの接触はない．その意味で駐車場の配置は，まちづくりにとって重要であり，どこを走らせどこを歩かせるかを計画する必要がある．モールを整備しフリンジパーキングとしてまちなかを活性化している事例も少なくない．

5. 交通とバリアフリー

高齢化社会を迎え，交通弱者や体の不自由な人たちを含む誰もが円滑に移動できる交通環境の整備が求められるようになり，2001年にバリアフリー法が施行された．

特に生活交通が集中する鉄道駅や駅周辺，大規模集客施設，福祉施設周辺では，車椅子の円滑な移動やエレベーターなどの立体移動支援施設の設置が義務づけられており，自治体や交通事業者など管理主体別にバリアフリー計画や関連施設の整備が進んでいる．

また，移動経路にとどまらず鉄道やバスの車両でも，車椅子への対応や楽に乗降できるノンステップバスなど車両の改善も進んでいる．

図Ⅲ-1.10 道路におけるバリアフリー化[11]

6. まちの中の交通の考え方

我が国の都市化は鉄道沿線沿いに進展し，鉄道駅を中心に市街地を形成してきたが，高度成長期以降のモータリゼーションに伴い，市街地は外延化し低密度の市街地を拡大することになった．このため自動車への依存度が高まり，郊外への道路整備が進みそれによる利便性の向上が，自動車依存をさらに高めるモータリゼーション・スパイラルに陥ることとなった．必然的に公共交通の利用者は低下し，利用減に伴う減便等のサービスの低下は更なる利用減を生じている．

ところが高齢化社会の到来による自動車を運転できない高齢者の増加や環境負荷の高まりは，公共交通サービス充実の必要性を迫っている．

また，市街地の拡散は，中心市街地の空洞化を招きまちの魅力を消失するとともに，都市機能や行政サービスも拡散し行政コストを増大させ，都市財政を圧迫している．

したがって，国土交通省の社会資本整備審議会「新しい時代の都市計画はいかにあるべきか（第二次答申 2007 年 7 月）」では，拡散型の自動車依存から脱却し「歩いて暮らせるコンパクトな集約型都市構造」への再編を，まちづくりの重要な施策としている．

今後展開すべき主要な施策としては，

①道路整備の選択と集中，環状道路の重点的整備推進，トラフィック機能の強化，都市内道路の再構築，道路整備と連動した沿道の土地利用の実現など，道路整備の重点化．

②公益性の高い不採算公共交通路線の公的関与による整備・運営，公設民営方式，市民的経営のような地域との連携などによる公共交通の整備・再生．公的負担にあたっては，公共財の特性，外部不経済の軽減，外部経済の創出といった公益性の視点から評価する．

③パークアンドライドやフリンジパークへの集約化などの駐車場の戦略的な配置・整備．駐輪施設の適切な配置・整備など交通結節施設の整備．

④骨格的な放射環状ネットワークの形成，物流交通の規制誘導，物流拠点の対応，荷捌きへの対応など物流交通への対応．

などである．

また，都市交通施策は地方公共団体等が主体的に計画，実現し，国が公的支援に配慮する公主体で，市街地整備施策と連携し総力戦で集約型都市構造の実現に戦略的に取り組むものとしている．

（節末文献 10）〜15）参照）

III-1.4 まちづくりと安全・安心

都市は社会経済の集積密度が高く，また建物密度や居住密度も高いことから，防災性や防犯性が大きな課題となってくる．ここでは，政府の都市再生本部のテーマでいう「安全安心のまちづくり」の視点で，都市型災害と都市型犯罪の近年の状況について紹介する．

1. 都市型災害への備え

我が国の都市災害の最大課題は，木造家屋が密集しているエリアの，地震とそれに伴う大火に対する脆弱性である．100年前に始まった近代都市計画以降も，この問題はあまり解決できていない．関東大震災(1922年)や阪神淡路大震災(1995年)での被害，第二次大戦での空襲被害で明らかになったにも拘わらずのことである．経済成長期以降，建物の不燃化が進んだものの，全国で25 000 haが問題エリアとして残り，特にその内の8 000 haが緊急に改善すべきエリアとして位置づけられている．東京と大阪は各2 000 haとなっている．

密集市街地の整備については，1997年に「密集市街地における防災街区の整備の促進に関する法律」(密集法)の制定によりその制度的枠組みが準備された．その後，2001年12月には都市再生本部

密集住宅市街地の整備目標

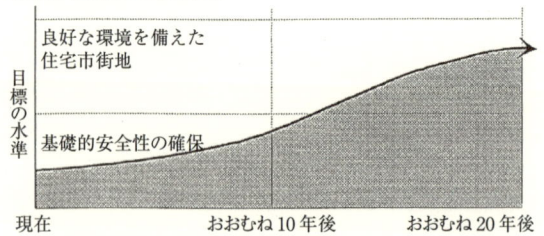

	木造住宅密集地域	早急に整備すべき市街地
木造建物棟数率	70％以上	70％以上
老朽木造建物棟数率	30％以上	45％以上
住宅戸数密度(世帯密度)	55世帯/ha以上	80世帯/ha以上
不燃領域率	60％以上	40％以上
全国の対象エリア	25 000 ha	8 000 ha

図III-1.12　密集住宅市街地の整備目標
(出典：国土交通省資料)

において「密集市街地の緊急整備」が都市再生プロジェクト(第3次)として決定され，(特に大火の可能性の高い危険な市街地を重点地区として整備する市街地(重点密集市街地)と位置づけられ，2011年度までに最低限の安全性(不燃化率を40％まで引き上げる)を確保すること等が目標として設定されている．

こうした地域では，建物を耐火構造化し，道路幅員を6m以上にする原則で取り組まれてきているが，土地利用や権利関係の実情から遅々として進まないため，近年では，行政側も幅員4mの道路で準耐火構造化までハードルを下げ，少しでも面的広がりのある改善効果を期待するに至っているのであるが，老朽家屋の崩壊による圧死者多発への懸念から，老朽家屋の耐震補強優先の動きもあり，不燃化に向けた動きはやや混沌状態となっている．こうした状況を踏まえた「インフラ」のあり方は，しっかりとした防災都市基盤をつくることも必要であるが，住民の実情を勘案しつつ，住民参加と住民自身の意思決定を誘導することも必要となる．

前者の例として，東京都渋谷の三軒茶屋地区などが，また後者の例として東京北区の神谷地区や

図III-1.11　東京の重点密集市街地
(濃くなっている部分ほど緊急度が高い)

■不燃化更新

図Ⅲ-1.13 東京北区神谷地区の取組み

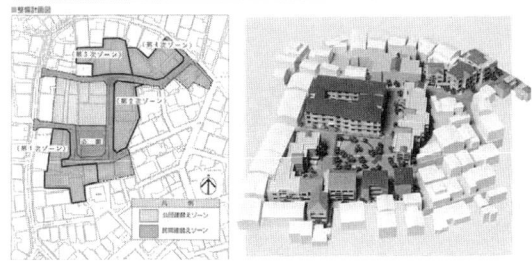

図Ⅲ-1.14 大阪寝屋川の東大利地区の取組み

寝屋川の東大利地区での取組みなどをあげることができる.

(1) その他の都市型災害

近年,温暖化の進行と都市地表面の不透水化のために,都市型洪水がたびたび発生するようになり,これに対する備えも大切になってきた.具体的には,これまで浸水被害のない高台などでも,道路側から床下や地下室に浸水する事態が起きている.

■ハザードマップ公表市町村

図Ⅲ-1.15 バイオハザードマップを公表している市町村
(出典:国土交通省ハザードマップ・ポータルページより)

また,洪水だけでなく,内水や高潮,津波,土砂災害,火山についても,多くの自治体でハザードマップができており,公開しているので,これからの都市インフラづくりにあっては,そうした災害危険の予防,発生時の避難・安全への対応性,あるいは被害の緩和を考慮することも必要になってきている.

⇒降雨量を100として,

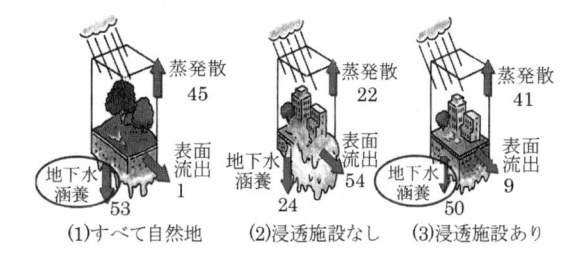

図Ⅲ-1.16 雨水地下浸透工法
(出典:都市再生機構)

例えば，都市型洪水の予防として，雨水地下浸透を考慮した道路舗装や雨水排水施設なども，都市型洪水に大きな効果を発揮する「都市インフラ」となる．

2. 防犯性に配慮したまちづくり

都市型犯罪への取組みは，政府の都市再生プロジェクト（第9次：2005年6月）で，「防犯対策等とまちづくりの連携協働による都市の安全・安心の再構築」として位置づけられている．防犯・防災・福祉・教育・文化等の活動ネットワークが，まちづくりの中で連携，協働することにより，体感治安の回復（犯罪不安の解消）など，都市の安全・安心を再構築するための取組みを強力に推進する，とされている．

表Ⅲ-1.2 犯罪の国際比較

国別	犯罪合計	進入盗	車盗
イングランドとウェールズ	8 545	902	745
ドイツ	7 672	198	193
フランス	6 085	330	710
米国	4 617	862	459
カナダ	8 094	728	457
オーストラリア	6 978	1 580	703
日本	1 612	188	559

Schneider & Kitchen, p57(Developed from Barclay G.C, and Taverns, C.(2000), and International Comparisons of Criminal Justice Statistics(1998), London, Tables 1.1.1, 1.3-1.5)

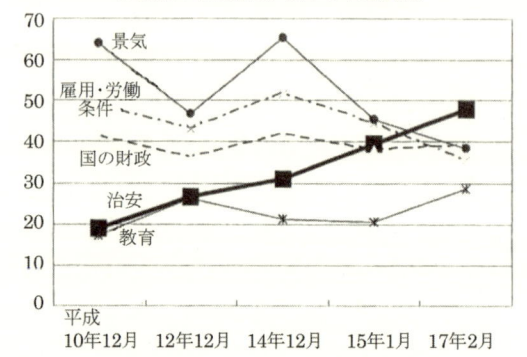

図Ⅲ-1.17 社会不安への国民の意識

（出典：内閣府社会意識調査，平成17年度）

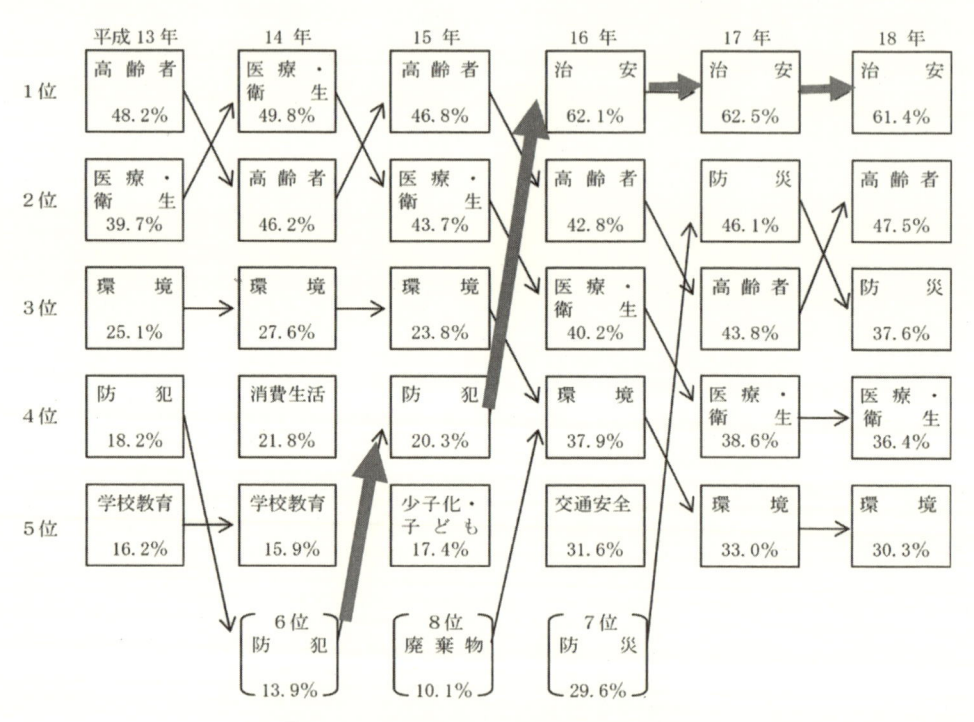

図Ⅲ-1.18 東京都生活ニーズ調査「都政への要望」

（出典：東京都のおしらせ）

世界的にみても，先進諸国の犯罪発生率はすさまじいものがあり，欧米では1990年代から，国をあげて，また地域と警察が一体になった取組みで減少の兆しがあるが，犯罪がきわめて少ない例外的な先進国といわれた日本で，犯罪や犯罪不安感が，近年急伸している状況がある．

そうした中，「大都市等の魅力ある繁華街の再生」と，「全国の多様な主体の連携によるトータルな安全・安心まちづくり」への取組みが始まっている．

サステナブルな都市インフラを考える立場からは，大都市の繁華街を除く全国の都市問題を対象にしている点で，上記後者の「全国の多様な主体によるトータルな安全・安心まちづくり」の視点がとても大切になってくる．これは，1990年代後半から始まった「安全・安心まちづくり」の取組みの流れであり，その後各都道府県で「安全・安心まちづくり条例」や「安全・安心まちづくり会議」が整備されるようになっている．しかし，犯罪や犯罪不安の増大がそれを上回り，全国レベルでも防犯や治安が都市問題の中で最大のテーマとなってきた．

関心の薄い市民は，これらの問題を警察や警備会社が対処すべき問題のように見なしがちであるが，それで行き着くのは，「防犯カメラ監視都市」や「ゲーテッド・コミュニティ」の都市でしかない．一連の「安全・安心まちづくり」の取組みや，現在の都市再生プロジェクトの「全国の多様な主体による（トータルな安全・安心まちづくり）」としている心は，欧米先進国で研究開発され実施されている「環境デザインによる防犯CPTED（crime prevention through environment design）」の考え方と同種のものである．すなわち，都市デザインの質を高め，近隣コミュニティの力を活用して，安全で快適なまちづくりを行うことである．

まちづくりに関わる多様な主体が，防犯等地域の安全・安心に関わる情報を共有し，相互に補完する活動を行うことで，通学路周辺，住宅地，商店街等の地域特性に応じた安全なまちづくり，とりわけ子どもや高齢者など弱者の安全・安心環境を確保することの重要性が，都市再生プロジェクトでも謳われている．成熟型社会特有の問題としてとらえておく必要がある．

3. 防犯まちづくりの理論

英国では，生活の質（QOL）の問題として，犯罪に対する市民の知覚をとらえることが定着してきており，「SBD（secured by design：セキュアード・バイ・デザイン）」制度が一つの取組み施策として確立している．よく知られている，オスカー・ニューマンの「まもりやすい住空間」[29]の考え方や，「環境デザインによる防犯CPTED」の実践的取組みを踏まえて，英国では，政府レベルの取組みから，警察レベル，自治体レベルの取組みまで，各種のデザイン・ガイダンスが示されている．

そうしたデザイン・ガイダンスによって，近隣地区の密度やハウジングのあり方の枠組みが出来るようになっている．当然のことながら，高齢者の生活環境や子どもの成育環境については，特に留意されている．

日本では，防犯の問題は，もっぱら警察や警備会社の問題として扱われ，防犯カメラの設置や防犯設備装置の導入ですまされることが多いが，そうした取組みでは犯罪を防ぎ予防することはできない．また，安易なゲーテッド・コミュニティ化へのシフトは，都市の健全性を損ねることにもなりかねない．

4. アーバンビレッジとニューアーバニズム

少子高齢化の現実をよくわきまえ，近隣コミュニティの健全さを活かす防犯デザインを取り込み，コンパクトシティの考えや環境共生の考えも総合したまちづくりとして，英国発の「アーバン・ビレッジ」，米国発の「ニュー・アーバニズム」（「スマート・グロウス」や「TOD」もほぼ類似とされる）が始まっている[30]．ゲーテッド・コミュニティなどとは正反対の取組みである．こうした取組みのまちや住宅地，あるいは都市再生・団地再生が成功

を収め，好評を博していることは，英国のイアン・カフーン教授の著作，「デザイン・アウト・クライム」に詳しく紹介されている[18]．

5. サステイナブルな都市と防犯性

サステイナブルな都市インフラを考える立場からは，誰が，何故，犯罪を犯しているのか，あるいは犯罪やバンダリズムを犯すようになっているのか，等々まで総合的に考えて取り組む必要がある．ティーンエイジャーの居場所の問題や，心の傷の問題，経済的困窮や差別，格差の問題などを総合的に考え，多分野の専門家が，行政の縦割りを超えて住民参加（草の根レベル）で取り組む以外に方策がないことを，英国やフランスの取組み経験から報じられている．

（節末文献 16)〜19) および 27)〜30) 参照）

図Ⅲ-1.19　フランスの郊外団地のバンダリズム

Ⅲ-1.5　まちづくりと環境負荷削減，省エネルギー

1. エネルギー消費の変遷

京都議定書に記された「我が国の CO_2 排出量を 1990 年に比べ 6 ％削減する」という義務の達成が非常に困難であるとの認識は既に衆知の事実となっている．産業分野でのエネルギー消費量は 1990 年値に対し 2004 年には 4 ％の微増となっているものの，民生用のエネルギー消費量は 33 ％，運輸では 23 ％の増と全く歯止めがかからない増加傾向となっている（図Ⅲ-1.20）．

民生，産業，運輸部門におけるエネルギー消費傾向
（1990 年を基準として）

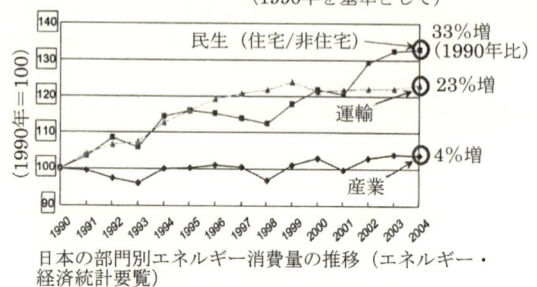

日本の部門別エネルギー消費量の推移（エネルギー・経済統計要覧）
→ここ 10 年間における民生部門の急激な増加
→運輸部門の増加は停止

図Ⅲ-1.20　エネルギー消費傾向[20]

長期エネルギー需給見通しにおいても，省エネルギー技術の活用によるエネルギー消費量の削減を伴わない限り，エネルギーの消費量は 2020 年すぎまで増加傾向を辿ってしまうことが予想されている（図Ⅲ-1.21）．

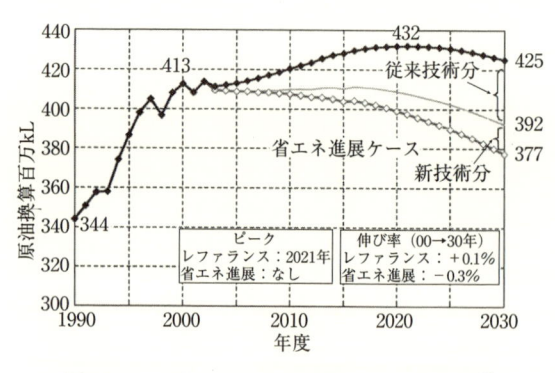

図Ⅲ-1.21　長期エネルギー需給見通しによる予測[21]

1965 年と比べた世帯当りの用途別エネルギー消費とエネルギー源の変化から，この 40 年間の変化は生活水準の上昇とネットワーク接続型エネルギー消費（電力・ガス）の割合の増加が見てとれる（図Ⅲ-1.22）．

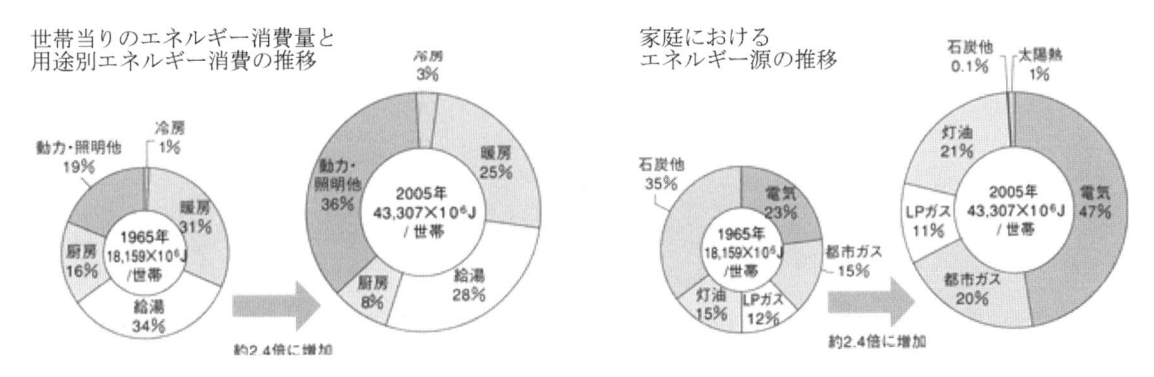

III-1.5 まちづくりと環境負荷削減，省エネルギー

世帯当りのエネルギー消費量と用途別エネルギー消費の推移

1965年 18,159×10⁶J/世帯
- 動力・照明他 19%
- 冷房 1%
- 暖房 31%
- 厨房 16%
- 給湯 34%

2005年 43,307×10⁶J/世帯
- 動力・照明他 36%
- 冷房 3%
- 暖房 25%
- 厨房 8%
- 給湯 28%

約2.4倍に増加

家庭におけるエネルギー源の推移

1965年 18,159×10⁶J/世帯
- 石炭他 35%
- 電気 23%
- LPガス 12%
- 灯油 15%
- 都市ガス 15%

2005年 43,307×10⁶J/世帯
- 石炭他 0.1%
- 太陽熱 1%
- 灯油 21%
- 電気 47%
- 都市ガス 20%
- LPガス 11%

図III-1.22 エネルギー消費の変化[22]

資料：（財）日本エネルギー経済研究所：エネルギー・経済統計要覧，資源エネルギー庁：総合エネルギー統計
注）総合エネルギー統計は，1990年度以降の数値について算出方法が変更されている．

　過去10数年間，建物本体の断熱性能や設備機器のエネルギー消費効率は確実に高まっているものの，総量としてのエネルギー消費量は伸び続けている．地球環境へのインパクトの低減を図るうえでは，インフラとしての投入エネルギーの絶対量を減らす手段を構築しなくてはならない．
　CO_2排出量削減で先導的な役割を演じている欧州諸国では，再生可能エネルギー利用の割合を設定し，エネルギー消費構造を変えつつある．風力発電，太陽光発電，バイオマス熱併給発電，地熱の地域暖房への利用などのプロジェクトのほか，住宅での断熱の強化策などが矢継ぎ早に打ち出されている．
　我が国においても，こうした再生エネルギーの利用

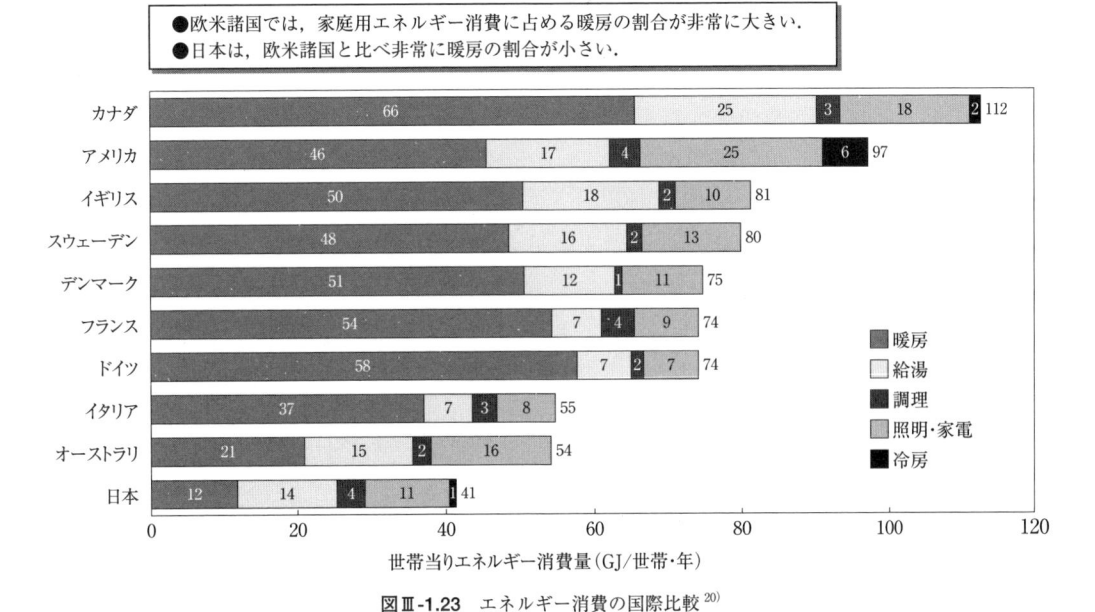

●欧米諸国では，家庭用エネルギー消費に占める暖房の割合が非常に大きい．
●日本は，欧米諸国と比べ非常に暖房の割合が小さい．

国	暖房	給湯	調理	照明・家電	冷房	合計
カナダ	66	25	3	18	2	112
アメリカ	46	17	4	25	6	97
イギリス	50	18	2	10		81
スウェーデン	48	16	2	13		80
デンマーク	51	12	1	11		75
フランス	54	7	4	9		74
ドイツ	58	7	2	7		74
イタリア	37	7	3	8		55
オーストラリア	21	15	2	16		54
日本	12	14	4	11	1	41

世帯当りエネルギー消費量（GJ/世帯・年）

図III-1.23 エネルギー消費の国際比較[20]

（出典：2004年度世界の暮らしとエネルギーに関する調査報告．（財）社会経済生産性本部「フォーラム・エネルギーを考える」（委託先：住環境計画研究所），2005.3）

注）オーストラリアは1999年・その他は2001年データ．アメリカ，日本の調理は暖房給湯以外のガス・LPG分であり調理用電力は含まない．カナダの調理用電力は1997年データ．オーストラリアの冷房は暖房に含まれる．

への研究・実施が進んでおり，バイオエタノール自動車，電気自動車，PIEV（プラグイン電気自動車）など交通面でも利用可能性の探求がなされている．

2. エネルギー消費の特性

図Ⅲ-1.23に示すように，多くの国が日本より北に位置する欧米先進諸国との家庭用途別世帯当りのエネルギー消費量比較においては，日本では暖房用エネルギー消費の割合が小さい．しかしながら，日本を地域的に分けて考えると，図Ⅲ-1.24に示すように，札幌では暖房用エネルギーの比率がほぼ欧米諸国と同じであるにも関わらず，那覇で

● 札幌では，暖房エネルギー消費が約半分を占める．
● その他の都市では，暖房の割合は相対的に低く，給湯や照明他電力の割合が大きい．

住宅におけるエネルギー消費の現状（8都市域の戸建住宅に関する比較）

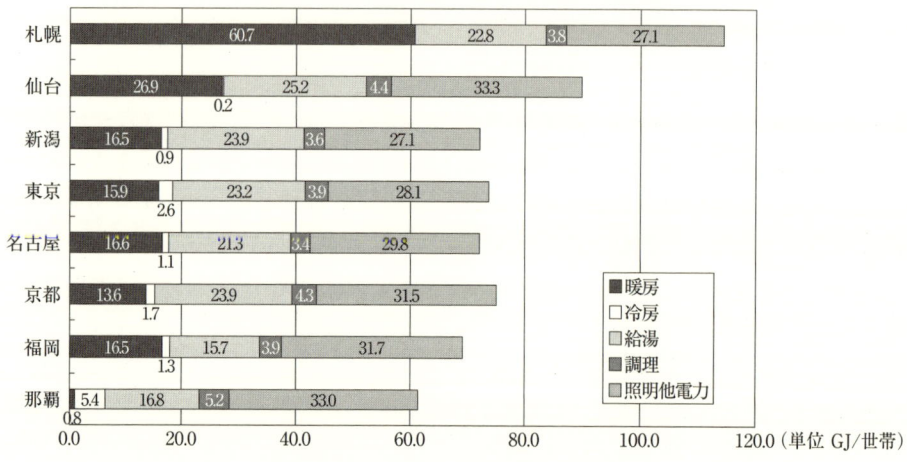

都市	暖房	冷房	給湯	調理	照明他電力
札幌	60.7		22.8	3.8	27.1
仙台	26.9	0.2	25.2	4.4	33.3
新潟	16.5	0.9	23.9	3.6	27.1
東京	15.9	2.6	23.2	3.9	28.1
名古屋	16.6	1.1	21.3	3.4	29.8
京都	13.6	1.7	23.9	4.3	31.5
福岡	16.5	1.3	15.7	3.9	31.7
那覇	5.4	0.8	16.8	5.2	33.0

（単位 GJ/世帯）

図Ⅲ-1.24 エネルギー消費の国内地域比較[20]

（出典：（財）建築環境・省エネルギー機構「自立循環型住宅への設計ガイドライン」）

● 約7割の人が，暖房または冷房エネルギーが一番エネルギー消費が大きいと認識．
● 実態は照明・家電が一番大きく，実態と認識が大きく乖離．

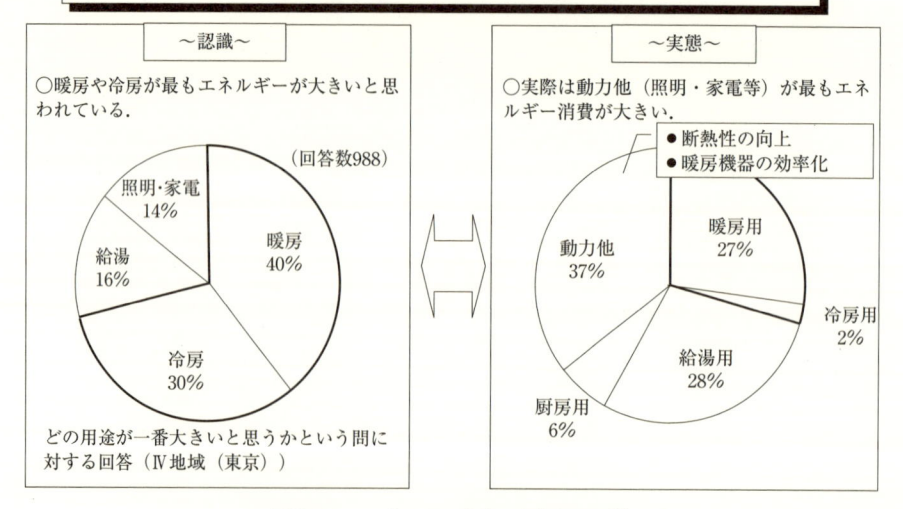

〜認識〜
○暖房や冷房が最もエネルギーが大きいと思われている．
（回答数988）
- 照明・家電 14%
- 給湯 16%
- 暖房 40%
- 冷房 30%

どの用途が一番大きいと思うかという問いに対する回答（Ⅳ地域（東京））

〜実態〜
○実際は動力他（照明・家電等）が最もエネルギー消費が大きい．
● 断熱性の向上
● 暖房機器の効率化
- 動力他 37%
- 暖房用 27%
- 冷房用 2%
- 給湯用 28%
- 厨房用 6%

図Ⅲ-1.25 エネルギー消費の実態と認識[20]

（出典：東京理科大学井上隆研究室）

はほとんどないことがわかる．自明のことであるが，日本は南北に長い国であり，北と南では，気候に大きな影響を受ける民生用のエネルギー消費特性は全く異なる．

また，家庭におけるエネルギー消費の実態と認識にも大きなギャップがあり（図Ⅲ-1.25），各々の地域において何がエネルギー消費として削減効果があるのかを正しく認識する必要がある．

3. 都市のエネルギー供給の動向

ここでは，インフラであるネットワーク接続型エネルギー供給について述べる．

①ガス供給と利用

都市ガスは石炭や石油に比べ燃焼時のCO_2排出量が少ないクリーンなエネルギーと考えられ，ヨーロッパにおいてもCO_2排出量削減の観点から大規模に石炭・石油から天然ガスへのエネルギー転換が進められている．

我が国では，かつては都市におけるガスの利用は熱利用のみ（冷房用も含む）であったが，近年電力と熱との両方を製造するコジェネレーション（熱併給発電）の導入が増加してきた．

コジェネレーションでは発電の際の排熱を上手く利用し，総合エネルギー効率を高め，エネルギー使用量の削減を図るところに利点がある．建物に設置する規模の発電機のみでは20～45％程度の熱効率しか得られないが，排熱まで暖房・給湯・冷房などに利用すれば熱効率は70～80％まで上昇する．現在は家庭用のガスエンジン給湯器も開発され，コジェネレーションの適用範囲の拡大が進んでいる．

また，コジェネレーションレーション発電機の効率は上がってきており，燃料電池の開発によりさらなる上昇が期待されている．

需要家におけるガス燃焼機器の効率アップも図られており，家庭用潜熱回収型給湯器，高効率型ガスコンロの設置が進みだしている．

ネットワーク接続型エネルギー供給のガスとしては，将来的に燃焼時CO_2排出量ゼロである水素の供給も考えられており，その安全性の向上，製造・貯蔵方法の研究がなされている．

②電力供給と利用

民生用エネルギーとして電力ほど活用範囲が広いエネルギーはない．情報・照明・動力・熱等都市のインフラとして欠くことのできないものである．近年IT技術の浸透によりオフィスのみならず家庭においてもOA機器の設置が進んでおり，電力需要増の要因の一つとなっている．

こうした，情報機器やエレベーター等の機器単体の効率は上がっており，照明も将来的にはLED（Light Emitting Diode）発光ダイオード利用により大幅な効率向上が期待されている．

2008年1月，省エネルギー対策の一環として，ロンドン市は家庭の白熱電球を消費電力の少ない蛍光灯型電球と無料で交換するキャンペーンを始めており，こうした傾向が今後世界的に広まっていく可能性もある．

ガスが燃焼により熱エネルギーを発生させるのに対し，電力はヒートポンプにより外界から熱移動させることにより温熱を製造することができる．また，この原理を利用し，熱を奪われる側を利用すれば冷凍・冷房が可能となる．この原理は建物の空調に利用されており，蓄熱槽の併用とあいまってさらなる効率の向上も図られている．

従来，給湯に電力が使用される場合は電気ヒーター（COP*：Coefficient of Performance 成績係数＝1）によっていたが，現在は最大でCOP4～6程度のヒートポンプに置き換えられてきており，効率の大幅なアップが行われた．また，家庭用にもヒートポンプ型貯湯式給湯器の導入が進んでいる．調理に関しても，電磁調理器（IHクッキングヒーター）の開発により全電化住宅・全電化マンショ

注：＊COP：冷暖房・給湯エネルギー量を投入された電力エネルギー量で除した値

III-1 サステナブルなまちづくりの考え方

ンが出現し，電力の使用範囲は拡大傾向にある．

③エネルギーの面的利用

CO_2 排出量削減のため，「京都議定書目標達成計画」（2005年4月）が閣議決定・策定されたが，この中で，エネルギー起源 CO_2 削減対策の基本的考え方として「面的な広がりをもった視点からエネルギーの需給構造を捉え直し，我が国のエネルギー需給そのものを省 CO_2 型に変えていく」とされている．さらに，エネルギー密度の高い都市部においてエネルギー利用効率の向上を図ることは省 CO_2 効果が大きいとし，個別の建物に止まらない「エネルギーの面的利用の促進」により，都市のエネルギー環境を改善し，省 CO_2 型の地域づくりの促進が掲げられた[23]．

エネルギーの面的利用はネットワーク接続型エネルギー供給に類するものであり，従来の熱供給事業もこの範疇に属する．現在その形態・事業のあり方から，**表III-1.3** に示す3つの類型に分けられている．

第一類型は従来の熱供給事業であり，一般に地点熱供給と称せられる集中プラント型熱供給が第二類型に属する（**図III-1.26**，**図III-1.27**）．広義では，これら第一，二類型を合わせて地域冷暖房と考えられる．また，新たな概念として，建物間で熱の融通を行うものを第三類型としている（**図III-1.28**）．

いずれの場合においても建物単体ではなく，地

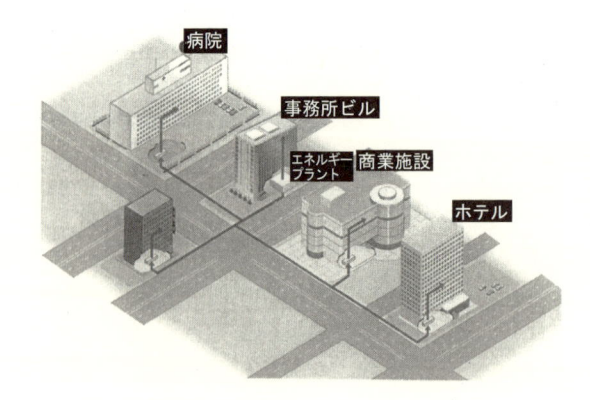

図III-1.26　第一類型：熱供給事業型[23]

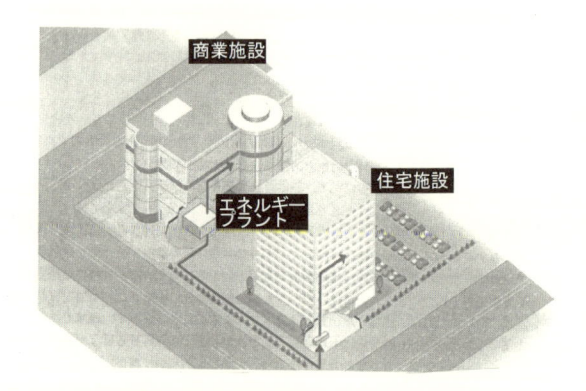

図III-1.27　第二類型：集中プラント型[23]

域のエネルギー負荷を集約することにより高効率機器の利用，機器分割による部分負荷効率の向上を図り，省エネルギー・省 CO_2 効果を期待するものである．また，熱源に都市の未利用エネルギーであるごみ焼却場や工場の排熱，地下鉄・変電所の

表III-1.3　エネルギーの面的利用の分類[23]

分類	規模	契約等	供給主体	供給形態	その他
①熱供給事業型（広域な供給エリアへ大規模エネルギープラント[*1]から供給）	大	熱供給事業法に基づく供給規定	法に基づく熱供給事業者	熱事業法に基づく供給義務（供給規定により，供給条件を規定）一部においては，電力の供給が行われている例もある	道路の占有の許可については，義務占用に準じた取扱いがされている
②集中プラント型（小規模な特定地域内へ集中的なエネルギープラントから供給）	中～小	供給者・需要家間契約	契約に基づくエネルギー供給事業者	契約に基づく供給義務（制約は①に比べ少ない．供給条件は契約による）	道路の占有の許可については，制度上可能であり，道路占用している例がある
③建物間融通型（近接する建物所有者が協力し，エネルギーの融通，あるいはエネルギーの共同利用）	小	建物所有者同士の相互契約	複数の建物所有者相互契約により取決め	道路の占有の許可については，制度上可能である[*2]	

*1：ヒートポンプ，コジェネレーション，ボイラーなどの熱供給機等．
*2：現状に置いて実施例はほとんどなし．

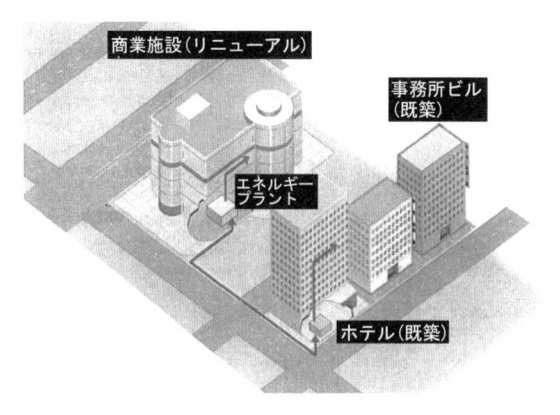

図Ⅲ-1.28　第三類型：建物間融通型[23]

排熱，河川水・海水・下水・下水処理水等の温度差などを利用することにより，複数の建物に効率よく熱供給を行うことができる．未利用エネルギーは都市部に多く賦存しており，これらを有効な資源として利用し，エネルギーの面的利用と結びつけることが今後の方向性となると思われる．

海外においてはエネルギーの面的利用は電力・ガスなどとならび一般的なもので，図Ⅲ-1.29に示すようにパリ，ベルリンでは都市規模の熱供給が行われている．パリはごみ焼却場の排熱，ベルリンは熱併給発電所（大型コジェネレーション）からの熱供給である．

（節末文献20)～23)参照）

図Ⅲ-1.29　熱供給の都市比較[23]

Ⅲ-1.6　まちづくりと維持管理の主体

1.　民間活力の活用と多様な手法

PFI/PPP，指定管理者制度，市場化テストなど，民間活力の活用に関して，近年多様な整備手法が展開され，その結果，多くの事業実績を得ている．

(1)　PFI

1)　PFIとは

PFI(Private Finance Initiative)とは，公共事業を実施するための手法の一つである．民間の資金と経営能力・技術力（ノウハウ）を活用し，公共施設等の設計・建設・改修・更新や維持管理・運営を行う公共事業の手法である．あくまで公共団体が発注者となり，公共事業として行うものである．民間資金等の活用による公共施設等の整備等の促進に関する法律（1999年法律第117号）－通称「PFI法」－として制度化された．近年約40件/年ずつ増加し，2008年1月現在約300件程度となっている．

表Ⅲ-1.4　PFI法における公共施設等

①道路，鉄道，港湾，空港，河川，公園，水道，下水道，工業用水道等の公共施設
②庁舎，宿舎等の公用施設
③公営住宅及び教育文化施設，廃棄物処理施設，医療施設，社会福祉施設，更正保護施設，駐車場，地下街等の公益的施設
④情報通信施設，熱供給施設，新エネルギー施設，リサイクル施設（廃棄物処理施設を除く），観光施設及び研究施設
⑤前各号に掲げる施設に準ずる施設として政令で定めるもの

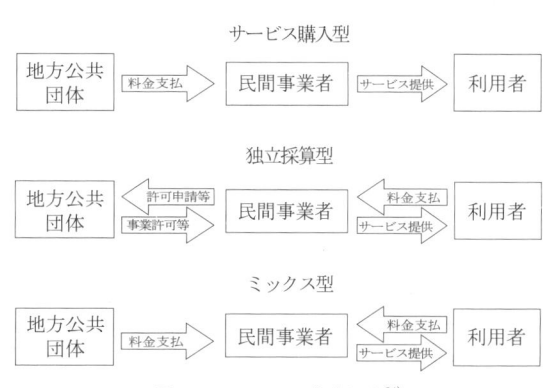

図Ⅲ-1.30　PFIの事業類型[24]

2) PFIの対象

PFI法第2条では，PFIの対象となる「公共施設等」として，**表Ⅲ-1.4**に示すものをあげている．

表Ⅲ-1.5 PFIの形態（代表的なもの）

BOT（Build Operate Transfer）
　民間事業者が施設等を建設し，維持・管理および運営し，事業終了後に公共施設等の管理者等に施設所有権を移転する事業方式．

BTO（Build Transfer Operate）
　民間事業者が施設等を建設し，施設完成直後に公共施設等の管理者等に所有権を移転し，民間事業者が維持・管理および運営を行う事業方式．

BOO（Build Own Operate）
　民間事業者が施設等を建設し，維持・管理および運営し，事業終了時点で民間事業者が施設を解体・撤去する等の事業方式．

図Ⅲ-1.31 PFIの形態（代表的なもの）

3) PFIのメリット

PFIのメリットは，次のとおりである．
・コスト削減（包括化，一体化，性能発注などの理由による）
・割賦払い（単年度当りの支出を平準化できる）
・VFM（Value For Money）の追求
・民間の知恵と工夫の活用
・新たな事業の創造

4) PFIの事業スキーム

PFIの事業スキームは，**図Ⅲ-1.32**のような参加者と契約・業務内容の流れとして示すことができる（以下，「海洋総合文化ゾーン体験学習施設等特定事業[25]」でスキームを解説する）．

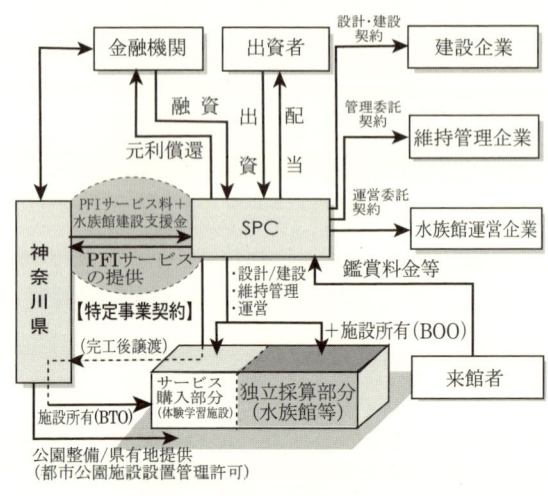

図Ⅲ-1.32 PFIの事業スキーム例

・基本的な契約は，神奈川県とSPC（特別目的会社）の間で契約を結ぶ．下記①～③の業務をSPCが行うことに対して，県がその対価として支払いを行う．
・SPCは，構成員としての建設企業，維持管理企業，水族館運営企業と契約を結び，それぞれの業務を委ね，その対価を支払う．
・SPCは出資者，金融機関から資金調達を行う．
・SPCは，契約に示される業務以外は行わないこととされている（会計の独立）．
・神奈川県は，金融機関と直接協定（ダイレクトアグリーメント）を結ぶ．金融機関はSPCについて資金面の監視を行う．

a. 施設概要
・水族館：約2300 m²
・体験学習施設：約800 m²
・総事業費：約21億円

b. PFIの事業範囲
①水族館：動物・標本類の取得業務，施設整備に関わる設計・建設業務，工事監理業務，手続業務，

水槽等の設置工事，維持管理業務，運営業務，その他関連業務

②マリンランド・海の動物園：施設等の取得業務，手続業務，維持管理業務，運営業務（マリンランドおよび海の動物園），その他関連業務

③体験学習施設：施設整備に関わる設計・建設業務，工事監理業務，手続業務，県による所有権取得に関する業務，割賦販売業務，装置等展示品の製作および設置工事，備品の調達業務，維持管理業務，運営業務，その他関連業務

c．事業方式および事業期間

水族館，マリンランドおよび海の動物園については，事業方式は，事業者が施設の設計・建設，維持管理および運営業務を行い，事業期間終了時に事業を継続するか否かを神奈川県と協議し，事業終了の場合は施設を撤去，または県が同意する第三者へ譲渡するBOO（Build Operate Own）方式であり，事業形態としては，事業に要する費用を全額事業者が負担し，施設の利用料金等の収入をもってまかなう独立採算型である．

体験学習施設については，事業方式は，事業者が施設の設計・建設を行い，県に所有権を移転したうえで，施設の維持管理および運営業務を実施するBTO（Build Transfer Operate）方式であり，事業形態としては，事業者が提供するサービスに対して県がその対価を払う，サービス購入型である．

事業期間は，2001年12月から施設の設計・建設が開始され，2004年7月から2034（平成46）年3月末でのおよそ30年間が維持管理・運営業務の事業期間である．

(2) 公設民営方式

公共が施設整備を行い，運営を民間が行う方式である．近年ではDBO方式（図Ⅲ-1.33）として，PFI同様に廃棄物施設など多くの実績を有するに至っている．

(3) PPP

PPP（Public Private Partnership）は，官民協調による広義の事業方式であり，PFIを包含する概

B＋O方式 【設計施工一括契約】＋【包括的業務委託】	DBO方式 Design－Build－Operate方式
公共が資金を調達し設計・施工（DB）を行い，これと別契約・別事業で，維持管理・運営（O）を民間事業者が行う方式．施設は公共が所有する．	公共が資金を調達し，設計・施工（DB），維持管理・運営（O）を別契約により民間事業者が行う方式．施設は公共が所有する．

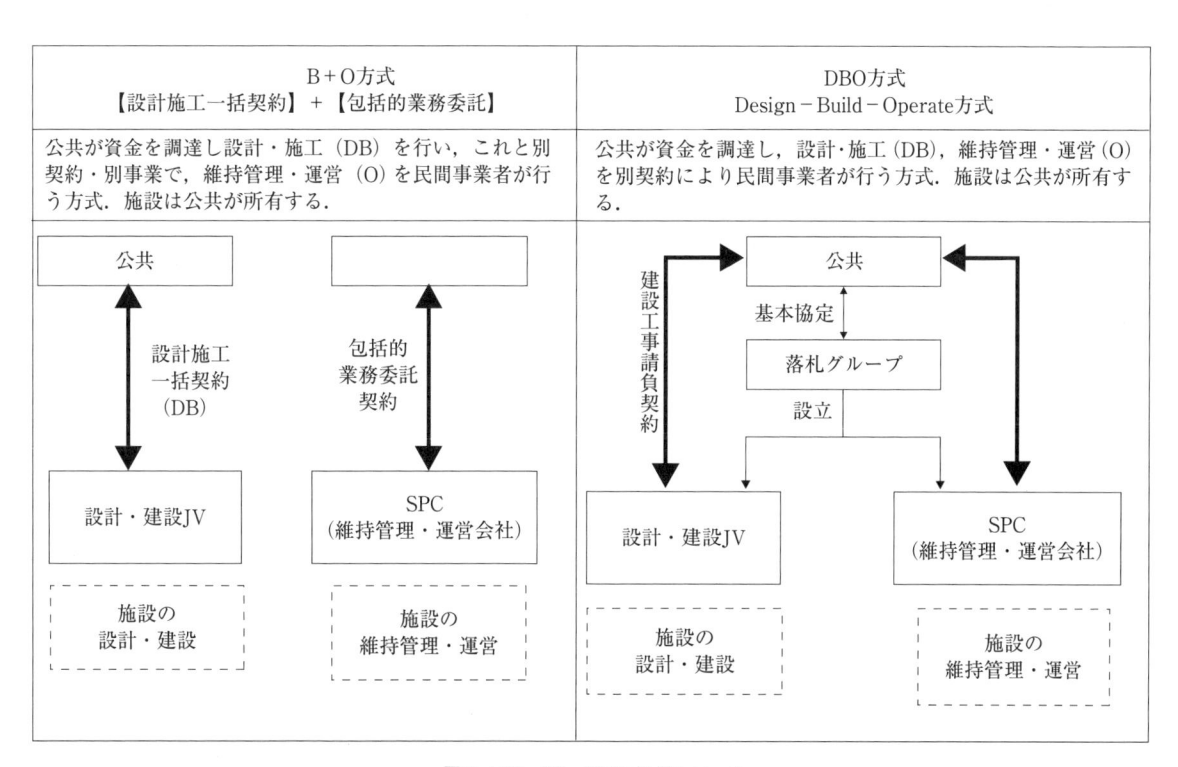

図Ⅲ-1.33 DB，DBO方式について

表Ⅲ-1.6 PFI, DBO 方式の比較

		従来方式（公設公営）	PFI方式		DBO方式（公設民営方式の一部）
			BOT方式	BTO方式	
	概況	公共が資金を調達し，設計施工を行い，公共が維持管理・運営を行う　運営を委託する場合は単年度契約	民間が資金を調達し，設計・施工・維持管理・運営を行い，施設は民間が所有する　事業期間終了後，所有権を公共に移転	民間が資金を調達し，設計・施工・維持管理・運営を行う　施設の所有権は，建設後公共に移転	公共が資金を調達し，設計・施工，維持管理・運営を別契約により民間事業者が行う　施設は公共が所有することとなる
	基本計画	公共	公共	公共	公共
	基本設計	公共	民間	民間	民間
	資金調達	公共	民間	民間	公共
	建設資金の調達方法	・交付金 ・起債（一部交付税措置） ・一般財源	・交付金 ・金融機関借入れ（公的融資も含む） ・自己資金	・交付金 ・金融機関借り入れ（公的融資も含む） ・自己資金	・交付金 ・起債（一部交付税措置） ・一般財源
	設計・施工	公共（民間委託）	民間	民間	公共（民間委託）
	施工管理	公共	民間	民間／公共	公共
	施設の所有	公共	民間（一定期間後，公共に）	公共（建設後所有権を移転）	公共
	維持管理・運転	公共	民間	民間	民間
	事業監視	公共	公共	公共	公共
財源	財政の平準化（初期費用の分散）	なし	有効	有効	なし
税制	施設に対する公租公課	なし	あり（一部減免措置有）	なし	なし
税制	運営に対する公租公課	なし	あり	あり	あり
契約	契約形態，特徴等	・個別の契約（委託，請負）	・一体的，包括的な契約 ・金融機関の参入により資金管理が行われる	・一体的，包括的な契約 ・金融機関の参入により資金管理が行われる	・契約は，設計・建設と維持管理・運営の2つとなる

念である．図Ⅲ-1.34 の部分委託から PFI までを含むものである[24]．

（4） 指定管理者制度

地方自治法第244条の改正（2003年9月施行）により創設された制度である．公の施設の管理は，これまでは公社など公共的な団体にしか管理委託ができなかったが，指定管理者制度の創設により，民間事業者をはじめNPO団体やボランティア団体など，幅広く管理を委任することができるようになった．

指定管理者制度では，管理を委託するのではなく，指定管理者が地方公共団体に代わって管理を行う（代行する）ということになる．これまでは地方公共団体以外には認められていなかった使用の許可という行政処分の一部についても，指定管理者に委任することができるようになる．

この制度を導入することで，民間事業者のノウハウを活用し，各施設でより一層サービスを向上させることや管理経費を節減することなどが期待されている．

都道府県の公の施設に占める指定管理者制度の導入状況は以下のとおりである（2006年9月2日現在，総務省調べ，文献26）を参考）．

・公の施設数：11 973（5114）
・指定管理者制度導入施設数：7 084（2554）
・導入率：59.2 %（49.7 %）

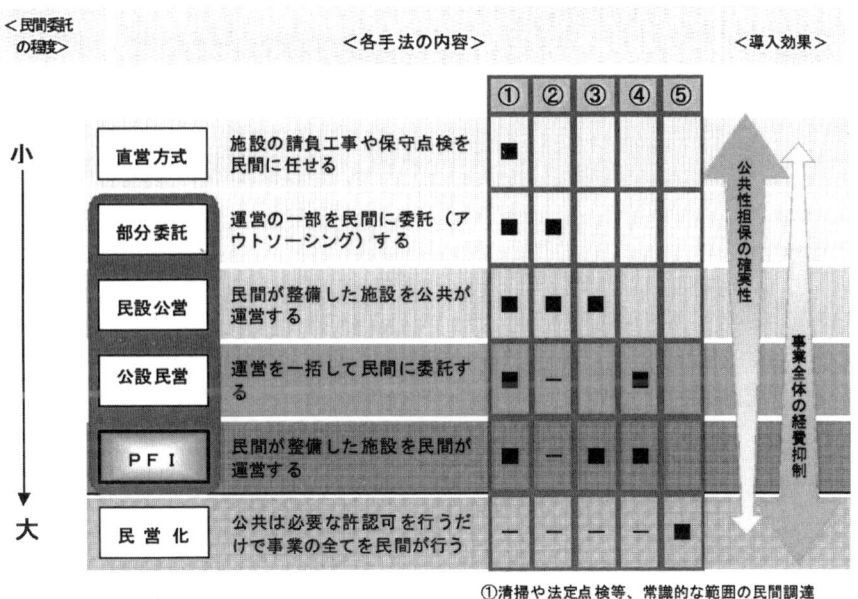

図Ⅲ-1.34 PPPの概念[24]

表Ⅲ-1.7 指定管理者制度とPFIの比較[26]

区分	指定管理者制度	PFI
所管官庁	総務省（地方自治法）	内閣府（PFI法）
法律・対象	地方自治法244条の「公の施設」（地方公共団体の財産）	公共施設等（PFI法第2条）
事業範囲	「公の施設」の管理	公共施設等の設計、建設、運営等
導入の判断	指定管理者制度の導入か、直営	国・公共法人・地方公共団体の自主的な判断
導入の指標	特になし	VFMの有無
事業者の募集方法	なし	総合評価一般競争入札、公募型プロポーザル等
事業者との関係	行政処分	民法上の契約
ガイドライン	なし	ガイドライン（内閣府）
事業期間	3～5年	15年（10～20年）

ただし、（　）内は公営住宅を除いた数

(5) 市場化テスト

市場化テストとは、公共サービス改革法に基づく行政サービスに関する官民競争入札制度のことをいう．国における事業のほか、地方自治体でも進められており、ハローワーク、その他で実施されている．

(6) 定期借地権制度

事業用定期借地権の設定条件が「20年以下」から「50年未満」と引き上げられ、より使い勝手が良くなるなどの制度改正が行われている．

・一般定期借地権：50年以上
・建物譲渡特約付借地権：30年以上
・事業用定期借地権：50年未満（従来は10～20年とされていた）

また，これらを利用した近年の事例は以下のものがある．
- 神宮前プロジェクト（東京都）：警察施設との複合施設．PFI 事業でもある．
- 勝どきプロジェクト（東京都）：子育て施設と住宅を中心とした施設．

(7) 入札方式の多様化

以下に示す方式のほか，多様な事業者や事業案の選定方式が実践されている．

①総合評価一般競争入札の進展

価格と提案を評価し，それらの総合した結果によって落札者を決定する方法．

②競争的対話方式の導入

PFI 事業に関わる民間事業者の選定および協定締結手続きについて，PFI 関係省庁連絡会議幹事会においての申し合わせ事項．入札後の事業者との対面対話について，一定の条件のもとに行うことが可能とされている．公共と民間事業者の意見の交換や，提案の落札後の修正についての最小化などの効果がある．これらのほか，入札に関する制度の変更が工夫されるようになってきている．

2. 多様な資金調達手法

プロジェクトファイナンスによる事業が PFI の進展に併せて増えている．コーポレートファイナンスとの相違を表III-1.8 に示す．

また，TIF（Tax Increment Financing＊）による整備手法は，近年米国で増加しており，日本への導入も検討されつつある．

3. 維持管理の重要性

ストック時代に入り，ライフサイクルでみてイニシャルコストよりコストがかかるランニングコストの見きわめが重要となる．PFI など包括的・一体的な事業も，これらの流れの中でコスト削減を

表III-1.8 コーポレートファイナンスとプロジェクトファイナンスの違い

	コーポレートファイナンス	プロジェクトファイナンス
借入人	事業会社とスポンサー連帯	事業会社（SPC）
貸出基準	スポンサーの信用力	プロジェクト収益性や資金繰り リスク負担関係者の信用力
貸出利率	一般的に低い	一般的に高い
返済期間	一般的に短期	一般的に長期
償還財源	事業会社の企業収益 スポンサーの支援	プロジェクトが生み出すキャッシュフロー
リスク分担	事業会社およびスポンサー	関係者が事前に契約により負担
保全措置	親会社からの保証　事業会社の一般財産担保	プロジェクト見直し等への介入権 親会社からの保証 プロジェクト資産の担保

民間に期待するものである．建築物やインフラの長寿命計画や，予防保全・計画修繕を踏まえた事例が展開されていくと考えられる．

4. 多様な事業主体

新たな公の活動領域が創出されると同時に，一方で事業主体も多様化しつつある．この中で，維持管理面についても既存の施設・事業主体との調整や，新たな主体との管理区分などが複雑化することも想定され，これらの解決は今後の一つの課題となることといえる．参考となると思われる，NPO が主体的に取り組んでいる新たな試みとしては東京都多摩市の「長池フュージョン」の事例がある．

（節末文献 24）～26）参照）

☆III-1☆引用・参考文献
1) 亀山章編：生態工学，朝倉書店，2002 年
2) 鷲谷いづみ・矢原徹一：保全生態学入門，文一総合出版，1996 年
3) 塚原成樹他：大規模開発におけるニホンリスに着目したエコ

注：＊基盤整備により見込まれる固定資産税等の税収増を担保とし，債権を発行することで資金を調達する都市開発手法．公共の負担を軽減しつつ，民間の投資を誘導する．

4) 日本生態系協会：ビオトープネットワーク，ぎょうせい，1994年
5) 日本建築学会編：建築設計資料集成－地域・都市Ⅰプロジェクト編，丸善，2003年
6) 日本建築学会編：ヒートアイランドと建築・都市－対策のビジョンと課題，日本建築学会叢書5，2007年
7) 尾島俊雄：ヒートアイランド，東洋経済新報社，2002年
8) 森山正和編：ヒートアイランドの対策と技術，学芸出版社，2004年8月
9) CASBEE建築物総合環境性能評価システムホームページ：（財）建築環境・省エネルギー機構
10) 都市交通・市街地整備小委員会：集約型都市構造の実現に向けて報告書，国土交通省，2007年6月7日
11) 国土交通省，警察庁，総務省：バリアフリー新法の解説
12) 都市整備研究会：新時代のまちづくり・みちづくり，大成出版，1997年12月10日
13) 都市交通適正化研究会：都市交通問題の処方箋，大成出版，1995年2月10日
14) （社）交通工学研究会：渋滞緩和の知恵袋，丸善，1999年
15) 交通まちづくり研究会：交通まちづくり，（社）交通工学研究会，丸善，2006年
16) 国土審議会計画部会資料，国土交通省，2007
17) Clair Report 207 英国におけるパートナーシップ，（財）自治体国際化協会ホームページ
http://www.clair.or.jp/j/forum/c_report/html/cr207/index.html
18) イアン・カフーン著，小畑晴治他訳：デザイン・アウト・クライム，鹿島出版会，2007年
19) R. H. シュナイダー他著，防犯環境デザイン研究会訳：犯罪予防とまちづくり―理論と米英における実践，丸善，2006年
20) 村上周三：民生用エネルギー消費と消費者の行動パターン，慶応義塾大学理工学部生命親和建築・都市システム寄附講座主催記念シンポジウム資料，2008年1月11日
21) 経済産業省総合資源エネルギー調査会需給部会編：2030年のエネルギー需給展望，2005年
22) 経済産業省編：エネルギー白書2007年版，山浦印刷（株），2007年
23) エネルギーの面的利用導入ガイドブック作成研究会編：エネルギーの面的利用導入ガイドブック　平成17年度，（社）日本熱供給事業協会，2005年
24) 内閣府民間資金等活用事業推進室編：地方公共団体におけるPFI事業導入の手引き，2005年3月
25) 神奈川県：海洋総合文化ゾーン体験学習施設等特定事業，神奈川県財産管理課ホームページ　神奈川県におけるPFIへの取組
26) 総務省：PFI事業に関する政策評価書，関係資料編資料5：指定管理者制度について
27) もっとまちは楽しくなる，2000年6月
28) 日本建築学会編：安全・安心のまちづくり，まちづくり教科書シリーズ7巻，2005年
29) オスカー・ニューマン著，湯川利和他訳：「まもりやすい住空間」，鹿島出版会，1976年
30) 松永安光：まちづくりの新潮流―コンパクトシティ／ニューアーバニズム／アーバンビレッジ，彰国社，2005年
31) 京都自治体問題研究所京都府政研究会社会資本整備・交通部会：どう変える京都のインフラ整備と交通―住みつづけられるまちづくりを求めて―，シリーズ京都府政研究，自治体研究社，2002年
32) BOTインフラ整備研究会：BOT方式によるインフラ整備　拡大する「民間活力」活用型基盤整備と今後の課題，ぎょうせい，1997年
33) 石井弓夫：インフラのデザイナー　建設コンサルタントの役割とは，山海堂，2003年
34) 日本建設情報総合センター：インフラ新世紀への展望　新しい社会資本整備の見取図，日本建設情報総合センター，1992年
35) 依田和夫：都市圏発展の構図　都市の競合・成長と交通インフラの役割，鹿島出版会，1991年
36) 野村総合研究所：ニューインフラ　新しい社会基盤の創造　野村総合研究所　1983年
37) Matthys Levy他，望月重他訳：都市ができるまで―インフラストラクチュアからみた都市のはなし―，森北出版，2001年
38) 藤原淳一郎他：アジア・インフラストラクチャー――21世紀への展望―，慶応義塾大学地域研究センター叢書，慶応義塾大学出版会，1999年
39) 尾島俊雄編著：都市の設備計画，鹿島出版会，1973年
40) The MARUNOUCHI Book ― Activity, Maps & Urban Architecture マルノウチ本―，新建築2008年6月臨時増刊，新建築社
41) 日本学術会議・社会環境工学研究連絡委員会・ヒートアイランド現象専門委員会：報告書　ヒートアイランド現象の解明に当たって建築・都市環境学からの提言，p.15，2003年7月15日

III-2 まちづくりのインフラの成り立ち

III-2.1 公共交通の成り立ち

1. 公共交通の定義

公共交通は，人が目的を持って移動するための交通システムであり，私的交通との対比によって定義されるものである．

一般に私的交通に比べ，公共交通は人の移動を集約したシステムであり，大量で，ある設定されたルートに沿っており，個人交通の集合よりも効率的なシステムを意図している．これは，空間，エネルギー，コスト等の単位当りの低減を目指した物となっているが，移動のフレキシビリティ等の低下が起こる．

ただし，タクシーのように個別交通ではあるが，不特定多数の人が利用できるため公共交通に分類されるシステムや，貸し切りバスのように同時に多数の人の移動システムではあるが，私的交通に分類されるものがある．

このように公共交通は，不特定多数の人の移動が保障され，かつ効率的なシステムといえ，公共性の意義が高いシステムといえるが，事業者は必ずしも公営ではなく，民営の場合も多い．

2. 公共交通の種類と役割

都市内の公共交通システムをまとめると次のとおりであり，システムとしての性能，車両，走行路，その他原動力等により整理される．

システム自体の性能としては，道路併用軌道・専用軌道により表定速度が異なり，輸送能力にも差が生じている．車両性能については近年大きな差は見られない．

走行路については，専用軌道の有り無しで大きく異なり，地下鉄・新交通システムやモノレールでは他のシステムに比較し新設軌道が必要になるほか，最小曲線半径等導入ルート・建築限界の大小により空間に制約が発生する．ただし，併用軌道のシステムは，一般自動車交通の影響を考慮する必要がある．

公共交通の計画・整備にあたっては，サービス圏域や輸送需要などから適切なシステムが選択される．大都市圏を例にとるなら，まず通勤圏の幹線

表III-2.2 各輸送機関の特性比較[3]

主要輸送機関	利用者側					計画側		中量および大量の輸送機関における問題点を克服するために，考えられる今後の課題
	迅速性	快適性	機動性	低廉性	安全性	建設費	大量性	
鉄道（郊外線）	◎	△	△	◎	◎	△	◎	混雑緩和策推進，乗換設備改善
（地下鉄）	◎	△	△	◎	◎	△	◎	同上
新交通（中量）	○	○	○	◎	◎	○	○	他の交通機関との結節改善
バス	△	○	○	◎	○	◎	○	効果あるバス優先方策の推進
タクシー	○	◎	◎	△	△	◎	△	
乗用車	○	◎	◎	△	△	◎	△	

表III-2.1 公共交通と私的交通の分類[2]

	マス交通	個別交通
公共交通	鉄軌道，中量軌道，乗合バス，乗合船，動く歩道	タクシー
私的交通	自家用バス，貸切バス	自家用乗用車，ハイヤー，バイク，自転車，貸切タクシー

表III-2.3 各輸送機関の輸送能力の報告値の範囲[3]

	輸送能力の報告値の範囲
鉄道	40 000～50 000人/h・方向
路面電車，LRT	5 000～24 000人/h・方向
バス	4 000～18 000人/h・方向
自家用車	620～2 400人/h・車線

Ⅲ-2.1 公共交通の成り立ち

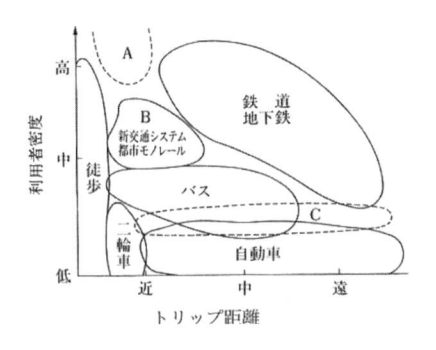

A. 比較的短距離かつ交通密度の高い領域で，業務中心地区と交通結節点との間や空港内などに存在し，連続輸送システムや，個別高速輸送システムの利用が可能である．

B. 鉄道を整備するほどの需要はないがバスでは処理できない領域で，新交通システムの適用が考えられる．

C. 交通密度が薄くマイカーが広く利用されている領域で，固定施設の整備が困難であり，ディマンドバスなどの適用が考えられる．（パラトランジット）

図Ⅲ-2.1 都市交通における交通手段の適応範囲[3]

表Ⅲ-2.4 都市における公共交通システムの特性概要

		システムの機能							施設の状況			列車・バスの性能			
	営業時間	路線キロ(km)	駅数(全)	平均駅間距離(km)	所要時間(分)	最小運転間隔(分)	最高速度(km/h)	表定速度(km/h)	走行路の形状	軌間(mm)	動力供給方式	運転時の編成(両)	車両1両の全長(m)	保有車両数(両)	車両定員(座席)(人)
路面電車	6〜24	8.0	27(61)	0.310	45	7	40	11	複線	1 435	電気架空線 DC 600 V	5車体連接車(在来型有)	30.52 在来型 11〜27	124	153(46)
	6〜23	3.1	8(15)	0.400	17	2〜5	40	12.40	複線	1 067		2車体連接車(在来型有)	8.026 在来型 12	22	74(20)
LRT	5:30〜23:37	1.1	3(13)	0.550	5(22)	15	40	13.20	単線	1 067	電気架空線 DC 600 V	2車体連接車(全LRV)	18.4	7編成	80(28)
新交通システム	6:00〜0:54	14.7	16(16)	0.986	31	3	50	29	複線	空気ゴム・タイヤ	導電軌条3相AC 600 V	6	9.0	156	71〜80
	5:30〜0:00	4.1	6(6)	0.683	14	7	50	24	単線		導電軌条 DC 750 V	3	7.6	9	42〜45
モノレール	5:33〜0:07	21.2	14	1.631	94	7	75	35.8	複線	空気ゴム・タイヤ	導電軌条 DC 1 500 V	6	15.5	80	102(43)
	6:43〜22:08	1.3	3	0.650	5	7	56	16	単線	ゴム車輪	鋼索牽引・LIM(最大勾配27%)	単車	3.2	6	25(8)
地下鉄	5:00〜0:40	27.4	27(167)	1.010	50(分岐7分)	1.8	75	本線30.1	複線	1 435	第三軌条 DC 600 V	10	18.0	2533	154(51)
	5:18〜1:05	7.9	10(27)	0.880	15	6	70	32		1 435	剛体架線 DC 1 500 V	4	15.8/15.9	(リニアモーター方式)	90(平均)
ガイドウエイバス	5:37〜23:40	6.8(一般道8.1)	9(14)	0.970	40	24	高架部60	31.4	複線	空気ゴム・タイヤ	内燃	単車側方案内軌条式	10.75	25	75(45)
路線バス	6:00〜21:00	31.8	87	0.370	101	26.7	50〜60(速度制限標識による)	19	国道・県道等各種	空気ゴム・タイヤ	軽油，CNG等内燃	単車	10.48	1482	約80(64)
	7:30〜18:40	1.4	2	1.440	5/7	13.7		17.3/12.3							

注）上段は最大，下段は最小

（資料）（1）平成17年度鉄道統計年報，国土交通省鉄道局監修（他に前年度分）
（2）数字でみる鉄道2007年，国土交通省鉄道局（他に前年度分）
（3）日本地下鉄計画事業概要 平成19年版，社団法人 日本地下鉄協会
（4）日本の路面電車ハンドブック2006年版，日本路面電車同好会
（5）JTB時刻表，2008年6月号他

的ネットワークを高速でピーク時に大量輸送可能な鉄道網でサービスする．これを補完する形で，バスによるフィーダーサービスや鉄道駅の駅勢圏サービスが一般的である．また，比較的安定需要の見込める地域や施設に向けて，フィーダーあるいは準幹線的なサービスとして，都市モノレールや新交通システムが導入されることもある．

建設費は，専用軌道を持つ地下鉄・新交通システム・モノレールで圧倒的に高くなる．

3. まちの現状と公共交通の現状

モータリゼーション以降の自動車依存の増加は著しく，公共交通，特にバスの衰退ははなはだしい．平日の定常流である通勤・通学の利用が多い鉄道は漸減といえるが，自動車利用は増加の一途で，特に休日にはその依存度が増々高くなっている．

バスサービスは，徐々なる利用者減が運行サービスの低下となり，さらなる利用者減をよぶ悪循

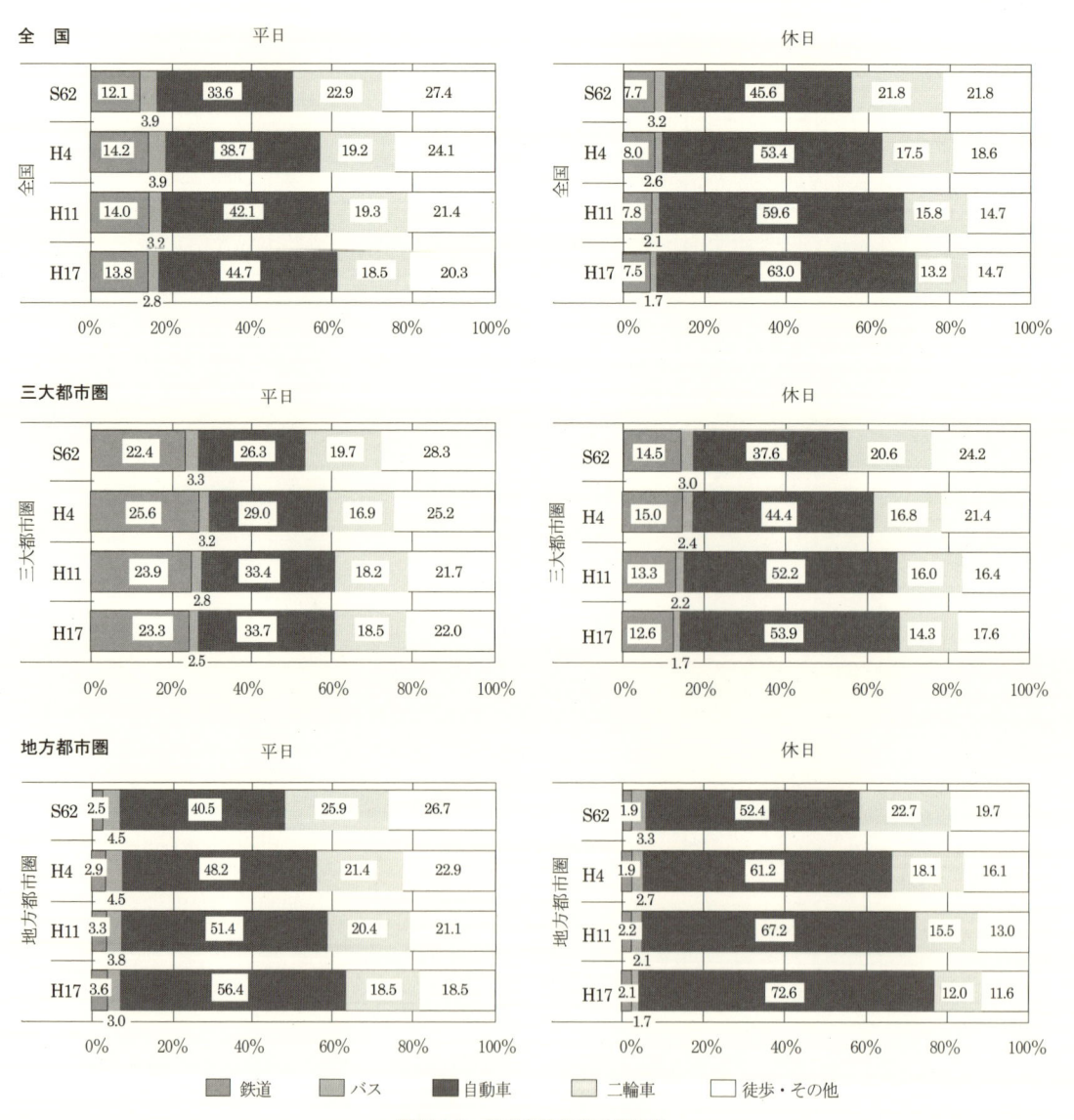

図Ⅲ-2.2 代表交通手段別利用率

（出典：国土交通省ホームページ）

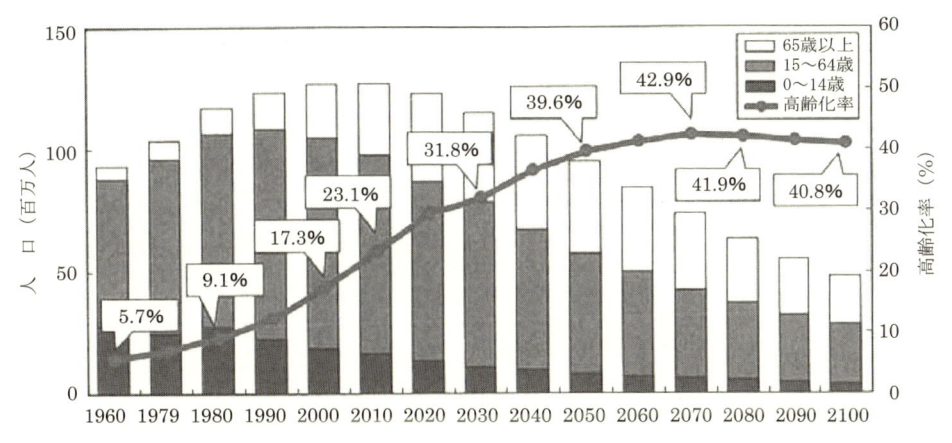

図Ⅲ-2.3 日本の将来推計人口[5]

資料：国勢調査，国立社会保障・人口問題研究所（2006年12月推計）
―日本の将来推計人口（〜2055年．中位推計）．参考推計（超長期推計）（2056年〜）

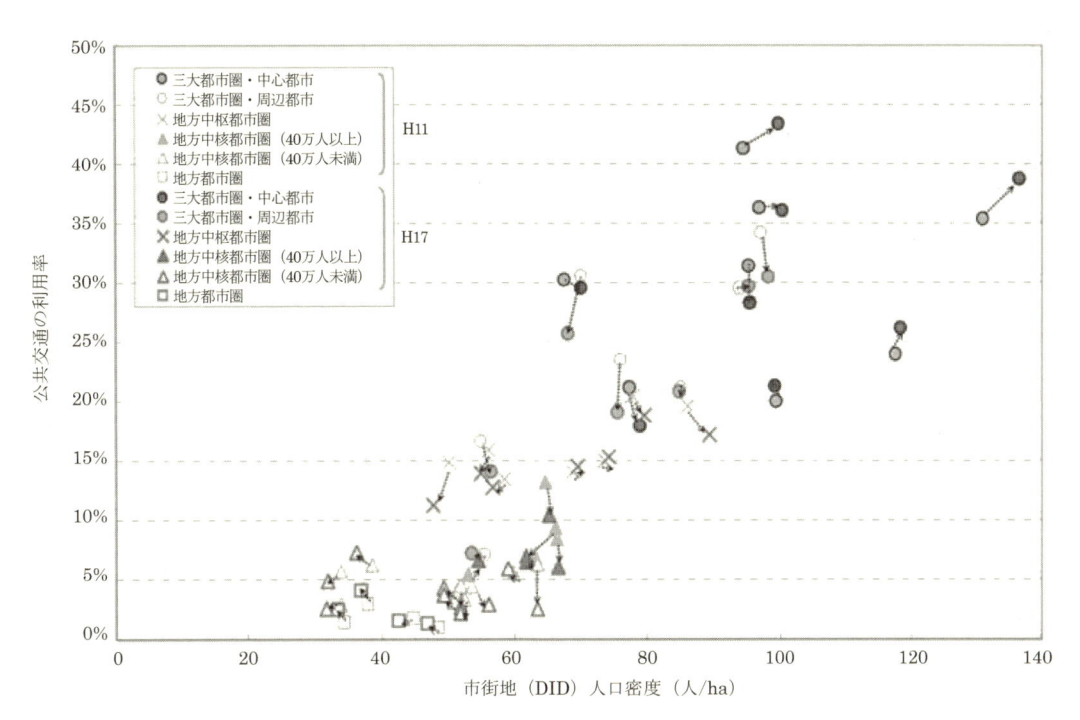

図Ⅲ-2.4 市街地の人口密度と公共交通の利用率

（出典：国土交通省ホームページ）

環に陥っている．

また従来交通手段のシェアは，近距離圏の徒歩・二輪と交通手段を利用する公共交通・自動車という仕分けのなかで二者択一として考えられてきたが，自動車の増加に伴う徒歩・二輪の減少が著しい．これはモータリゼーション以降の市街地の拡散が，徒歩・二輪圏を超える生活圏の拡大となり，地方都市圏の休日トリップで見るように，自動車依存を極限といえるほど高くしているといえよう．

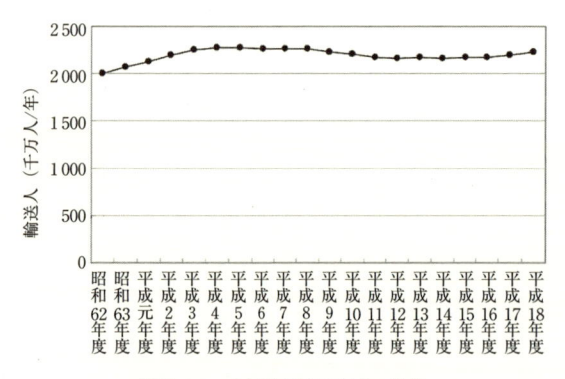

図Ⅲ-2.5 全国鉄軌道利用者の推移
（出典：国土交通省資料より作成）

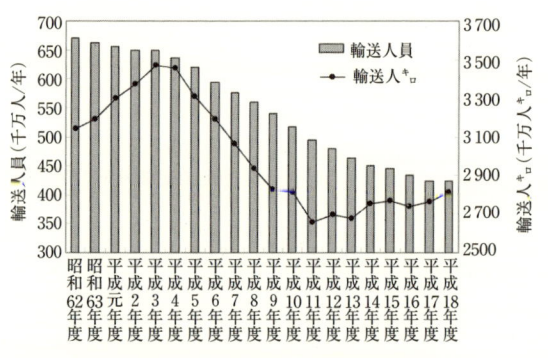

図Ⅲ-2.6 全国乗合バス利用者の推移
（出典：国土交通省資料より作成）

4. まちにおける公共交通のあり方

自動車を運転できない高齢者の増加，交通による環境負荷の高まりおよび中心市街地の空洞化による都市の衰退などを背景として，拡散型市街地から集約型のコンパクトシティを形成するために，国は誰もが利用しやすく環境にやさしい公共交通の充実強化を，まちづくりの重要課題として掲げるようになってきた．

前掲の交通手段別トリップの推移図（図Ⅲ-2.2，図Ⅲ-2.4）で，地方都市圏でも鉄道のシェアが伸びているのは，政令都市等で地下鉄や都市モノレールの整備が地道に進められてきたことによる．また富山市のようなLRT導入の例もある．やはり，公共交通の衰退している地方都市圏においても，

都市規模に合わせて基幹となる公共交通を軸としてバス等による面的なフィーダーサービスを充実させ，まちづくりと一体となった公共交通体系の確立が必要であることを示している．

できれば都市モノレール・新交通システム，LRT・路面電車，ガイドウェイバス・基幹バス等の幹線軸を検討し，補完するバスネットワークの整備を進めることが臨まれる．特にバスは需要に応じて運行できる柔軟性を持つ反面，不採算路線が廃止されやすく，計画と実際の乖離の恐れもある．しかしⅢ-1.3の6.（p.125）でも述べたように，不採算路線も公的関与から市民的経営のような様々な運営方式を国が支援するという方向も考えられている．このような新たな動きを踏まえて，各都市が積極的にバス交通を見直すことが必要である．

また，自動車依存から脱却し公共交通利用を促進するためには，利用者の意識の転換も重要な課題である．モビリティマネージメント，交通需要マネジメント，パークアンドライドシステム，フリンジパーキング，カーフリーデー等，自動車利用を削減する動きは日本でも一部では検討あるいは実践されており，海外では事例も多い．

（節末文献1）〜9）参照）

Ⅲ-2.2 道路・街路の成り立ち

1. 道路とは

道路はきわめて重要なインフラストラクチャーの一つである．特に都市内の道路は，最も基本的な交通施設であるばかりではなく，都市そのものを形成するうえでも重要な役割を果たしている．道路の役割は，交通機能と空間機能に大別され，交通機能は，トラフィック機能とアクセス機能に分けられる（表Ⅲ-2.5）．

一方，道路は，「一般公共の用に供されている物的施設」をいうが，道路の設置・管理および利用に関して，関連する法令により規定および種々の取扱いがある（表Ⅲ-2.6）．

表Ⅲ-2.5 道路の機能[1]

	機能		効果など
交通機能	トラフィック機能	自動車,自転車,歩行者などの通行サービス	道路交通の安全確保,時間距離の短縮,交通混雑の緩和,輸送費などの低減,交通公害の軽減,エネルギーの節約
	アクセス機能	沿道の土地,建物,施設などへの出入りサービス	地域開発の基盤整備,生活基盤の拡充,土地利用の促進
空間機能	都市の骨格形成 景観形成良好な都市環境の形成 防災 公共公益施設の収容 コミュニティ形成		都市のイメージ形成,都市景観の形成通風,緑化,採光 避難路,消防活動,延焼防止 電気,電話,ガス,上下水道,地下鉄などの収容 「近所づきあい」の形成

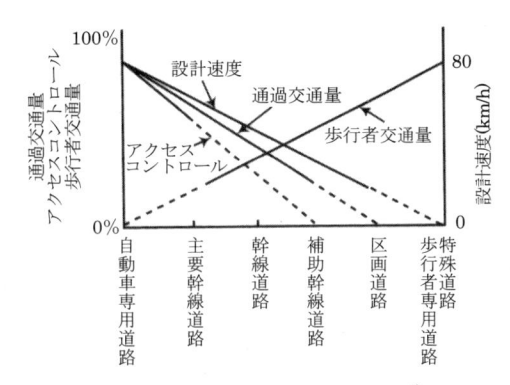

図Ⅲ-2.7 道路の機能分類のイメージ[1]

表Ⅲ-2.7 道路構造令における道路の種級区分[1]

地域		種別	地形	級別*
高速自動車国道および自動車専用道路	地方部	第1種	平地	第1級,第2級,第3級,第4級
			山地	第2級,第3級,第4級
	都市部	第2種	—	第1級,第2級(専用道・大都市中心部)
その他の道路	地方部	第3種	平地	第1級,第2級,第3級,第4級,第5級
			山地	第2級,第3級,第4級,第5級
	都市部	第4種	—	第1級,第2級,第3級,第4級

*計画交通量および道路の種類による

道路はネットワークを形成することによって,その機能を発揮できる.このネットワーク化に際しては,道路網を構成する各道路の役割分担(段階構成),各道路の量的な水準などを適切に扱う必要がある.この道路の段階構成の考え方は,1963年に英国で出版された「都市の交通」(一般的にブキャナンレポートと呼ばれている)により提案され,今

表Ⅲ-2.6 道路に関連する法令など

道路法	・一般公共の用に供する道で,トンネル・橋・渡船施設―道路用エレベータ等道路と一体となってその効用を全うする施設又は工作物及び道路の付属物を含むもの(第2条1) ・道路の種類は高速自動車国道,一般国道,都道府県道,市町村道に区分される(第3条)
建築基準法	・第三章(都市計画区域等における建築物の敷地,構造及び建築設備)における道路とは,次のうち幅員4m以上のもの(特定行政庁が指定する区域内は6m)(公道) ①道路法による道路 ②都市計画法・土地区画整理法・都市再開発法その他による道路 ③法適用時に現存する道路(4m以上の公道,私道) ④道路法、都市計画法、土地区画整理法・都市再開発法などによる新設または変更の事業計画のあるもの(2年以内)で特定行政庁が指定したもの ⑤④の法によらない築造する道で,特定行政庁がその位置を指定したもの(位置指定道路、私道、法42条1項5) ⑥法適用時の既存の4m未満の道で4mに該当する境界線内を道路とみなすと指定したもの(二項道路、法42条2項)
(道路関連法の一部)	
道路交通法	・歩行者・車両等の通行方法,運転者及び供用者の義務,道路の使用,運転免許等について規定
道路運送法	・道路運送事業,自動車事業について必要な事項を規定
その他	【特定の用に供することを目的とする道路】 港湾法・漁港法の道路,土地改良法の公道,森林法の林道,都市公園法・自然公園法の道路(園路) 【認定外道路】 「公道」のうち,赤道・畦道(公図上の区分、国有地)は道路法上の道路に該当しない

(出典:各法令等より作成)

表Ⅲ-2.8 道路構造令における4種道路の道路区分

計画交通量(台/日) 道路の種類	10 000 以上	4 000～ 10 000	500～ 4 000	500未満
一般国道	第1級		第2級	
都道府県道	第1級	第2級	第3級	
市町村道	第1級	第2級	第3級	第4級

(出典：道路構造令より作成)

日まで我が国の道路交通体系の基礎となっている．

国内では，道路構造令において地域，種別，地形により，道路を種級に分類しており，都市部の一般道路は，4種1級から4種4級に分類されている(表Ⅲ-2.7, 表Ⅲ-2.8)．

2. 道路のつくり方

(1) 都市計画道路

都市内の道路は主に国土交通省都市地域整備局が所管する街路事業として整備される．そのうち都市計画道路は，都市計画の主体が必要と認める道路で，計画道路の種々の状況，当該都市の都市計画道路網の状況などから必要に応じて定められる．

(2) 道路の幾何構造(道路構造令)

表Ⅲ-2.9 道路の種類(所管)

道路事業	街路事業
(一般道路事業) ・国費(道路整備特別会計等)と地方費による． ・国(地方建設省等)の直轄事業と地方公共団体の補助事業がある． (有料道路事業) ・借入金等で整備，料金収入で償還．利子補給金，出資金等として国費・地方費で助成． (地方単独事業) ・地方費のみ (道路整備5ケ年計画事業) ・道路整備特別会計	・街路とは，都市計画道路(都市計画法11条第1項)のうち，国土交通省都市局が所管している道路をいう． ・都市局と道路局の所管は，既成市街地内が都市局などとおおむね区分されているものの，個々の協議による場合も多いので一概には区分できない． ・都市計画道路とは，都市計画の主体が必要と認める道路で，おおむね国道・高速自動車道，一般・専用自動車道，広域道路，臨港道路など以外の道路．

(出典：各法令等より作成)

道路の幾何学的設計は，道路構造令に従って行うこととなっており，その道路の機能と自然的外部的諸条件に応じて具体的に決定する必要がある．

道路構造令で規定している道路の構造とは，主として道路の幅員，線形，視距，建築限界，交差または接続等の構造であり，最も重要な要素を包含するものである．

(3) 道路の幅員構成

道路の幅員構成は，車線数，横断構成，幅員の決定の3段階があり，道路構造令に準拠して定める．

① 車線数

車線数は，標準的な道路構造と交通条件を想定し，道路建設の経済性や行政上の種々の判断等を勘案して定めた設計基準交通量から決定する．

② 横断構成

横断構成については，計画交通量，道路の利用形態，沿道の現状および将来の土地利用計画，道路の種別，接続道路の状況等を勘案して構成の要素を定める．

③ 幅員

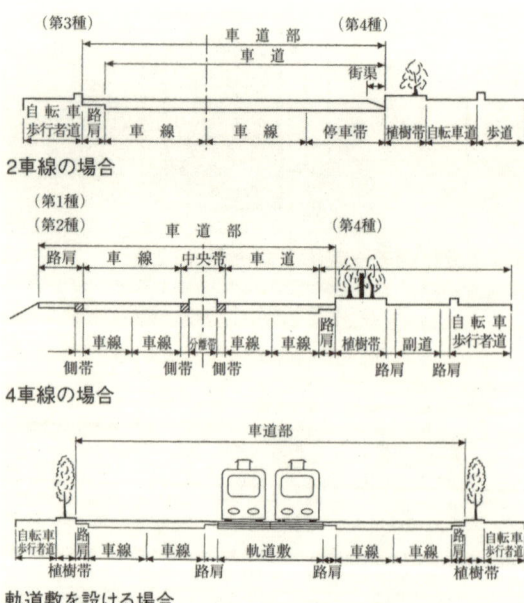

図Ⅲ-2.8 第4種(都市部一般道路)の幅員構成[1]

②で設定した各要素の幅員を具体的に定める段階で，沿道の土地利用，歩行者，自転車交通量，都市景観などにより決定する．

(4) 道路の線形

道路線形とは，一般的に道路の中心線が立体的に描く形状を指し，走行の安全性，快適性，経済性や，道路の建設費，設計・施工の難易などを支配する．道路構造令で各要素が規定された設計車両，設計交通量，設計速度，設計区間，道路種別等で定められた配置計画を具体的な線形計画として定める．

道路線形は直線，円曲線，緩和曲線の3つの要素からなり，曲線半径や緩和曲線が特に安全性に関与する．

(5) 建築限界

道路の自動車，自転車，人が安全に通行するために必要な空間の最小確保の限界であり，この建築限界内には，照明，信号機，標識，電柱などの諸施設をはじめ，立体交差の橋脚，沿道構造物など，いかなるものも設けることはできない．

道路構造令で普通道路では高さ4.5 m，小型道路では高さ3.0 mと規定している．

(6) 交差点

都市内の交通渋滞の大部分は平面交差の交通容量不足に起因しているため，交差点の適切な計画設計ならびに運用はきわめて重要である．計画設

表Ⅲ-2.10 第4種道路の幅員構成

種級	4-1（4種1級）	4-2	4-3	4-4
車線幅員（m）	3.25（3.5）	3 m	3 m	車道幅員4（3）m
	・4-1で交通の状況により必要のある場合，0.25 m加えることができる． ・4-4で計画交通量がきわめて少なくかつ地形の状況その他の特別の理由によりやむをえない場合3 mとすることができる． ・小型道路は2.75 m			
車線の分離・副道	・車線の分離は第4種では規定されておらず，「車線数4以上で，安全かつ円滑な交通を確保するため必要がある場合」往復の方向別に分離する（中央帯設置）． ・車線が4以上の道路には「必要に応じ」副道を設ける．			
中央帯・副道	中央帯1 m以上，側帯0.25 m，副道は4 mが標準． ・分離帯（中央帯のうち側帯以外の部分）にはさく等工作物設置または側帯に接続して縁石線を設置．			－
路肩幅員	左右ともに0.5 m以上			
	・歩道，自転車道，自転車歩行者道を設ける道路で，道路の主要構造部を保護し，または車道の効用を保つために支障がない場合，車道の路肩を設けず，またはその幅員を縮小できる． ・路肩に路上施設を設ける場合は，路肩幅員に当該施設幅員を．			
停車帯	2.5 m（1.5 m）			－
	・「必要がある場合」設ける． ・大型車混入率が低い場合1.5 mまで縮小できる．			
軌道敷	単線は3.0 m，複線は6.0 m以上			
路上施設（歩道，自転車歩行者道）	・屋舎のあるベンチ：2 m，並木：1.5 m，ベンチ：1 m，その他：0.5 m ・4-4は地形の状況その他特別の理由によりやむをえない場合この限りではない．			
歩道	歩行者の交通量が多い道路では3.5 m以上，その他の道路は2.0 m以上．			
自転車歩行者道	歩行者の交通量が多い道路では4.0 m以上，その他の道路は3.0 m以上．			
自転車専用道路	3 m以上（2.5 m）			
自転車歩行者専用	4 m以上			
歩行者専用道路	2 m以上			

（出典：道路構造令より作成）

計にあたっては道路状況(道路幾何構造)，交通状況(交通量)，沿道状況等を考慮し，幾何構造設計，交通信号制御の方式，交通運用方法(交通規制など)等を検討する．

3. 街路の成り立ち

(1) 街路とは

街路とは，都市部の道路を称し，その具体的な計画諸元としては，以下のものがあげられる．

- 自動車専用道路
  比較的長いトリップの交通を処理するため，設計速度を高く設定し，車両の出入り制限を行い，自動車専用道とする道路．
- 主要幹線道路
  都市間交通や通過交通等の比較的長いトリップの交通を，大量に処理するため，高水準の規格を備え，大きい交通容量を有する道路．
- 幹線道路
  主要幹線道路および主要交通発生源等を有機的に結び，都市全体に網状に配置され，都市の骨格および近隣住区を形成し，比較的高水準の規格を備えた道路．
- 補助幹線道路
  近隣住区と幹線道路を結ぶ集散道路であり，近隣住区内での幹線としての機能を有する道路．
- 区画道路
  沿道宅地へのサービスを目的とし，密に配置される道路．
- 特殊道路
  もっぱら，歩行者，自転車，モノレール等，自動車以外の交通の用に供するための道路．

(2) 街路計画のたて方(構成)

街路計画のたて方は，前述「道路のつくり方」でみたように，幅員，線形などを検討して立案することとなり，大規模開発地区交通計画マニュアル[12]等に従って行う．具体的には，対象とする計画地における各種条件(地形条件の制約，周辺地域との関係，既存施設の設置状況，都市計画等による各種規制の検討等)を勘案し，予定する土地利用等を前提とした交通体系の確立や道路の段階構成，人・車のネットワークについて，望ましい構成・配置等を立案するものである．立案にあたっては，以下の点に留意する．

①幹線道路，補助幹線道路の配置

幹線道路の配置については，幹線街路配置密度や配置間隔を考慮した計画とする．密度としては，住宅地($4\,km/km^2$)，工業地域($1\,km/km^2$)，商業地域($6\,km/km^2$)など，間隔としては幹線道路1km，補助幹線道路は500mなどとされている．

②計画地への適用にあたって

実際の計画，配置に際しては，周辺地域および計画地内の施設配置との関係で，骨格となる幹線道路が決定される場合が多い．計画地内では，土地利用面での主要施設の配置の検討と併せて，発生集中する車(車種，交通量)・人の流れや通過交通の処理に適した街路体系とすることが重要である．

図Ⅲ-2.9に居住環境に配慮した道路網計画の事例を示す．特に最近は，ユニバーサルデザインや歩行者・自転車の輻輳への配慮が必要である．

③区画道路，歩行者ネットワークの配置

日常生活において頻繁に利用することから，最も重要な生活道路であり，詳細の検討が必要とされるものである．特に主要な施設(特に公共，公益施設や商業施設等)とのネットワークは，利便性・安全性・快適性等に留意した配置とする必要がある．

区画道路(細街路)は，図Ⅲ-2.10に示す構成パターンなどがあり，計画地の制約条件を勘案した工夫が求められる．

(3) インフラネットワークとの関連

各種のインフラ施設は，道路空間(特に幹線道路を中心として)を利用してネットワークを形成しているケースが一般的である．これらは将来的な維持管理や修繕・更新にあたっての与条件，制約条件となることに留意しておく必要がある．

表Ⅲ-2.11，表Ⅲ-2.12に，「道路の付属物」およ

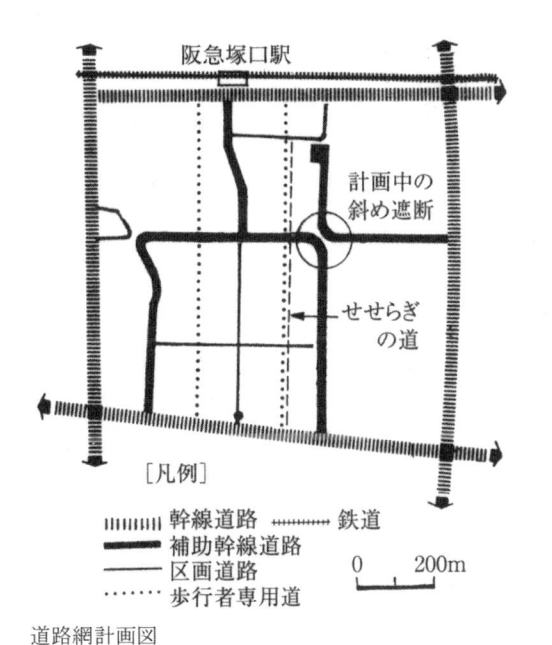

Ⅲ-2.2 道路・街路の成り立ち

道路網計画図

補助幹線道路交差点の斜め遮断

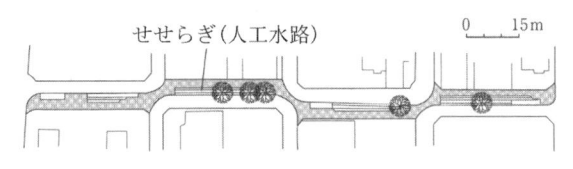

尼崎市南塚口せせらぎの道設計図

図Ⅲ-2.9 居住環境に配慮した道路網計画[1]

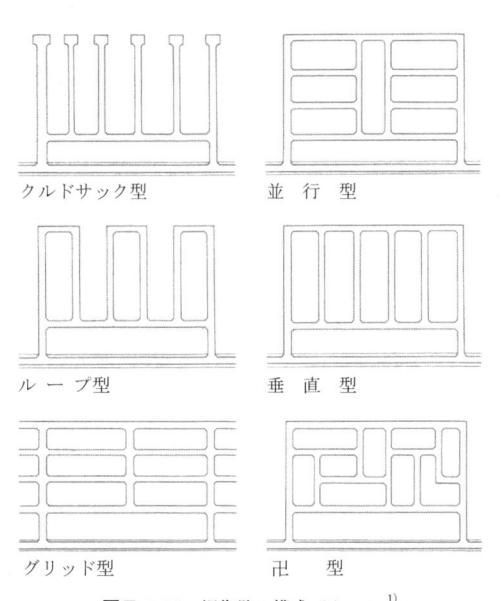

図Ⅲ-2.10 細街路の構成パターン[1]

（クルドサック型／並行型／ループ型／垂直型／グリッド型／卍型）

表Ⅲ-2.11 道路の付属物（道路法第2条）

1. 道路上のさく又は駒止め
2. 道路上の並木又は街灯
3. 道路標識，道路元標又は里程標
4. 道路情報管理施設
5. 維持又は修繕のための機械等の常置場
6. 自動車駐車場
7. 共同溝
8. その他

表Ⅲ-2.12 工作物等（道路法第32条の1）

1. 電柱，電線等の工作物
2. 下水道管，ガス管等に類する物件
3. 鉄道等に類する施設
4. 歩廊，雪よけ等に類する施設
5. 地下街，地下室等に類する施設
6. 露店，商品置場等に類する施設
7. その他

び占用許可としての工作物等として示される各種のインフラを含む諸施設を掲げる．

(4) 建築計画と道路交通との関わり

①交通インパクトアセスメント

　大規模な建築施設の立地は，居住者・利用客・従業員などの人の動きに伴う歩行者および自動車交通，商品搬入等の大規模な物流行動等に伴う貨物車交通を発生させ，周辺において局所的な交通渋滞を発生させるなど，その立地のあり方が道路交通と密接に関わっている．

　そこで近年，総合都市交通計画としてマクロ的視点で計画策定（図Ⅲ-2.12）が行われていたのに対し，建築計画との関わりといったよりミクロな視点での交通分析として「開発計画に伴う交通計画（交通インパクトアセスメント）」が重視され，建築

III-2 まちづくりのインフラの成り立ち

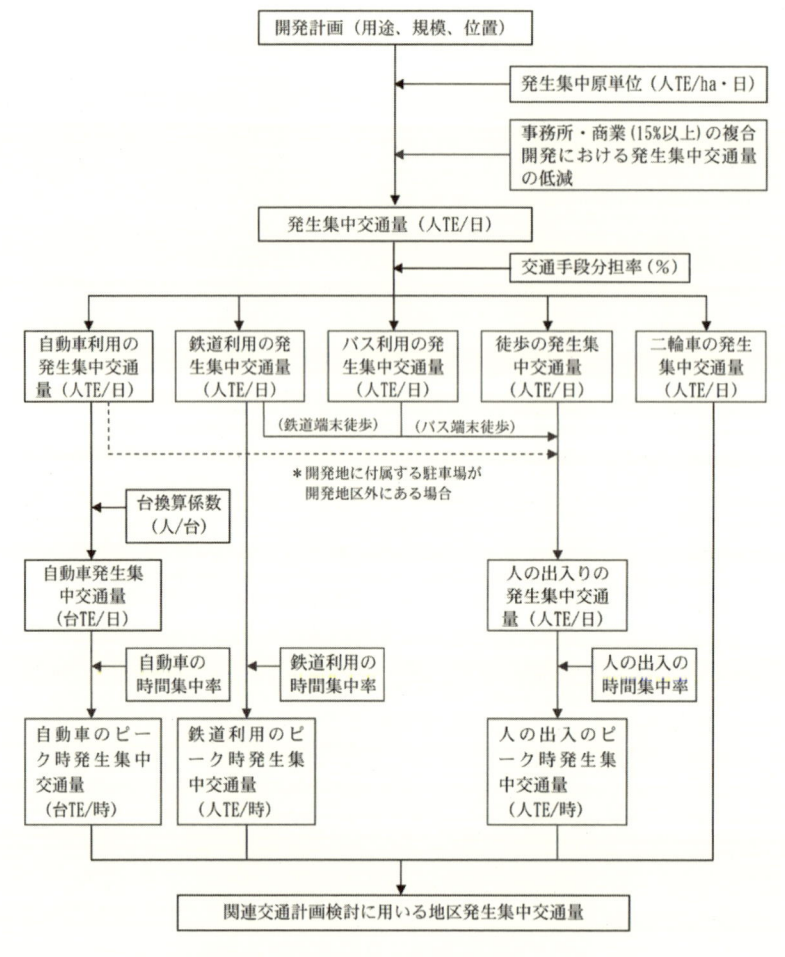

図III-2.11 地区発生集中交通量の予測フロー[12]

計画を進める一つの要件となっている（図III-2.11）．

交通インパクトアセスメントでは，建築施設立地により周辺交通に与える影響を事前に把握し，その道路等への影響を最小限にするため，建築計画へのフィードバックも行われることとなる．

②手続制度

我が国では大規模開発や再開発地区計画，特定街区，総合設計制度，開発許可，開発指導要綱などの都市計画手続等のプロセスにおいて交通影響の分析を要求されることがあるほか，2000年に周辺環境との調和を目的とした大規模小売店舗立地法においても，交通インパクトアセスメントが要求されている．

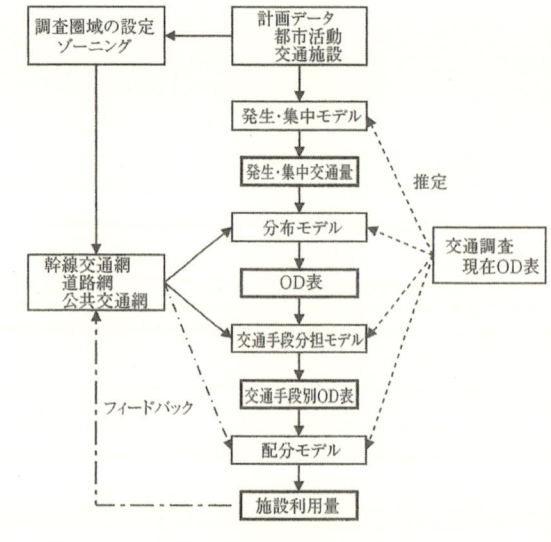

図III-2.12 四段階推計のフロー[1]

III-2.2 道路・街路の成り立ち

交差点の幾何構造

設計交通量〔台/ピーク1時間〕

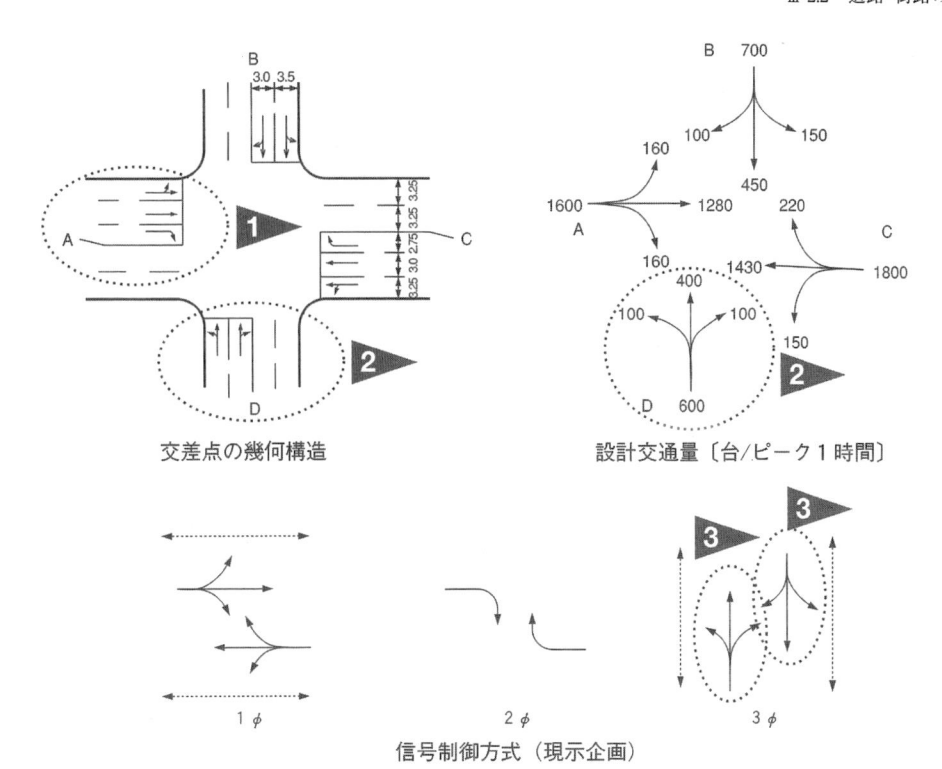

信号制御方式(現示企画)

交差点の需要率計算結果(例)

流入部		A			B		C			D		
車線		左折・直進	直進	右折	左折・直進	直進・右折	左折・直進	直進	右折	左折・直進	直進・右折	
車線数		1	1	1	1	1	1	1	1	1	1	
飽和交通流率の基本値		2000	2000	1800	2000	2000	2000	2000	1800	2000	2000	
車線幅員による補正率 α_w (車線幅員) m		1.0 (3.25)	1.0 (3.0)	1.0 (2.75)	1.0 (3.5)	1.0 (3.0)	1.0 (3.25)	1.0 (3.0)	1.0 (2.75)	1.0 (3.5)	1.0 (3.0)	
縦断勾配による補正率 α_i (縦断勾配) %		1.0 (0)	1.0 (0)	1.0 (0)	1.0 (0)	1.0 (0)	1.0 (0)	1.0 (0)	1.0 (0)	1.0 (0)	1.0 (0)	
大型車混入による補正率 α_T (大型車混入率) %		0.97 (5)	0.97 (5)	0.97 (5)	0.97 (5)	0.97 (5)	0.97 (5)	0.97 (5)	0.97 (5)	0.97 (5)	0.97 (5)	
左折車混入による補正率 α_{LT} (左折率) L% (歩行者による低減率) f_p (有効青時間) 秒 (歩行者用青時間) 秒		0.94 22 影響なし 44	– 44	– 11	0.87 43 影響なし 23	– 23	0.94 19 影響なし 44	– 44	– 11	0.90 33 影響なし 23	– 23	
右折車混入による補正率 α_{RT} (右折率) R% (右折車の通過確率) f (有効青時間) 秒 (現示変り目のさばき台数増分) K_{ER}:台/サイクル (交差点内滞留台数) K:台/サイクル				1	0.81 29 0.65 2				1	0.76 33 0.62 2		
飽和交通流率 S		1820	1940	1750	1690	1570	1820	1940	1750	1750	1470	
設計交通量 q		1440 (1280+160)		160	700 (100+450+150)		1580 (1430+150)		220	600 (100+400+100)		
交差点流入部の需要率		0.383		0.069	0.215		0.420		0.103	0.186		
										現示の需要率	交差点の需要率	
必要現示率	1 φ	0.383					0.420				0.420	
	2 φ			0.069					0.103		0.103	0.738
	3 φ				0.215					0.186	0.215	
有効青時間 (秒)	1 φ	44					44				サイクル長(秒)	
	2 φ		11					11			90	
	3 φ				23					23		
可能交通容量		1838		254	833		1838		254	823		
交通処理案のチェック		O.K		O.K	O.K		O.K		O.K	O.K		

図III-2.13 交差点需要率(交差点飽和度から表現変更)の算出方法[11]

また，建築敷地周辺住民等への説明のための影響評価，建設工事車両の影響評価など官民問わず任意で行われているケースも多く，交通インパクトアセスメントの重要性が認識されつつある．主な評価指標としては，自動車交通量の増加に対する「交差点需要率（交差点飽和度から表現変更）」（図Ⅲ-2.13），歩行者交通量の増加に対する「サービス水準」（表Ⅲ-2.19）といった，評価方法が多く用いられている．

③分析手法

1) 大規模開発地区交通計画マニュアル

1989年に旧建設省が「大規模開発地区関連交通計画対策マニュアル（案）」を出して，一定規模以上の開発について自動車・歩行者・公共交通機関に関連した予測評価検討に適用している．

2007年3月に，内容の充実と精度を高め最新版の改訂がなされている（図Ⅲ-2.11）．

2) 大規模小売店舗立地法指針

1000 m^2 以上の物販店舗を新設する際には都道府県などに届出が必要となり，大規模小売店舗立地法の届出プロセスにおいて「大規模小売店舗を設置する者が配慮すべき事項に関する指針」を適用し，交通影響評価を行うこととなる．

指針では，駐車場の附置義務等の具体的数値基準／算出式や駐車場入庫待ちへの影響のための算定式等が記述されている（表Ⅲ-2.13参照）．

④関連法規・基準等

都市内において建築計画を行う場合，建物に関連した交通施設の基準等が示されている．この基準は，建築計画により新たに発生する交通の需要が，周辺の交通基盤へ与える影響を極力少なくなるように示されているものであり，自動車駐車場や自転車駐車場，二輪車駐車場の附置基準は，周辺へ路上駐車・放置駐輪を発生させないために，建物内にその需要に見合った交通施設を確保するためのものである．

自動車駐車場については，出入り口部を道路に接続させる必要があることから，特に安全性の面での駐車場出入り口の基準がある．

また，歩行者交通においても，大規模開発地区関連交通計画マニュアルにおいて歩行空間1m当りの歩行者流量によるサービス水準が示されている（水準Aを目指す）．

・自動車駐車場附置義務

表Ⅲ-2.13 大規模小売店舗立地法指針による駐車場台数算定式[17]

必要駐車台数＝
「小売店舗へのピーク1時間当りの自動車来台数」
　　　×「平均駐車時間係数」
＝「1日の来客（日来客）数（人）」
　　（「A：店舗面積当り日来客数原単位（人／千m^2）」
　　　×「当該店舗面積（千m^2）」）
×「B：ピーク率（％）」
×「C：自動車分担率（％）」
÷「D：平均乗車人員（人／台）」
×「E：平均駐車時間係数」

表Ⅲ-2.14 自動車附置義務駐車施設基準・駐車施設1台当りの建築物の床面積（単位：m^2／台）[1]

人口規模	地域特性	駐車場整備地区，商業地域，近隣商業地域					周辺地区，自動車ふくそう地区
	施設用途	特定用途				非特定用途	特定用途
		店舗	事務所	倉庫	その他特定		
100万人以上	駐車附置	200		250		450	250
	荷捌き附置	2 500	5 500	2 000	3 500		7 000
50万～100万人	駐車附置	150		200		450	200
	荷捌き附置	2 500	5 000	1 500	3 500		6 500
50万人未満	駐車附置	150		150		450	150
	荷捌き附置	3 000	5 000	1 500	4 000		5 000

表Ⅲ-2.15 自動車附置義務駐車施設基準・附置のかかる建築物の最低床面積（単位：m^2／台）[1]

人口規模	地域特性	駐車場整備地区，商業地域，近隣商業地域		周辺地区，自動車ふくそう地区
	施設用途	特定用途	非特定用途	特定用途
50万人以上	駐車附置	1 500 ↓	2 000 ↓	2 000 ↓
	荷捌き附置	2 000	附置は課さない	3 000
50万人未満	駐車附置	1 000 ↓	2 000 ↓	2 000 ↓
	荷捌き附置	2 000	附置は課さない	3 000

表Ⅲ-2.16 大規模建築物に対する自動車附置義務基準の緩和[1]

建築物規模	貸出式
1万m²未満	基準値
1万m²〜5万m²未満	10 000 m²まで基準値 越えた部分　面積×0.7
5万m²〜10万m²未満	10 000 m²まで基準値 10 000 m²〜50 000 m²まで　面積×0.7 50 000 m²越えた部分　面積×0.6
10万m²以上	10 000 m²まで基準値 10 000 m²〜50 000 m²まで　面積×0.7 50 000 m²越えた部分　面積×0.6 100 000 m²越えた部分　面積×0.5

表Ⅲ-2.17 東京都目黒区の駐輪場の設置基準

施設の用途	施設の規模	自転車駐車場の規模
大規模小売店舗	店舗面積400 m²を越えるもの	店舗面積20 m²ごとに1台
金融機関	店舗面積500 m²を越えるもの	店舗面積25 m²ごとに1台
遊技場	店舗面積300 m²を越えるもの	店舗面積15 m²ごとに1台

（出典：目黒区自転車等放置防止条例より作成）

表Ⅲ-2.18 標準駐車場条例による自動二輪車駐車場の附置台数

	駐車場整備地区又は商業地域若しくは近隣商業地域		周辺地区又は自動車ふくそう地区
（ア）	駐車場整備地区又は商業地域若しくは近隣商業地域		周辺地区又は自動車ふくそう地区
（イ）	① 1) 人口規模がおおむね50万人以上の都市：1 500 m² 2) 人口規模が概ね50万人未満の都市：1 000 m²		2 000 m²
（ウ）	百貨店その他の店舗の用途に供する部分	特定用途（百貨店その他の店舗を除く）に供する部分	特定用途に供する部分
（エ）	②3 000 m²	③8 000 m²	④8 000 m²
（オ）	$1 - \dfrac{【①】 \times (6\,000\,m^2 - 延べ面積)}{(6\,000\,m^2 - 【①】) \times 延べ面積}$		$1 - \dfrac{6\,000\,m^2 - 延べ面積}{2 \times 延べ面積}$
駐車場規模の算出	（ア）欄に掲げる地区又は地域内において，特定用途に供する部分の床面積が（イ）欄に掲げる面積を超える建築物を新築しようとする者は，（ウ）欄に掲げる建築物の部分の床面積をそれぞれ（エ）欄に掲げる面積で除して得た数値を合計した数値（（オ）欄に規定する延床面積が6 000 m²に満たない場合においては，当該合計した数値に（オ）欄に掲げる式により算出して得た数値を乗じて得た数値とし，小数点以下の多数があるときは，切り上げるものとする）の台数以上の規模を有する自動二輪車のための駐車施設を当該建築物または当該建築物の敷地内に附置しなければならない．		
備考	・（ウ）欄に掲げる部分および（オ）欄に規定する延べ面積は，駐車場施設の用途に供する部分を除き，観覧場にあっては，屋外観覧席の部分を含む． ・（イ）（エ）の数値は目安とした参考数値． ・別途市長が特に必要と認めて，別に駐車施設の附置に係わる基準を定めた地区においては，適用しない．		

（出典：国土交通省資料より作成）

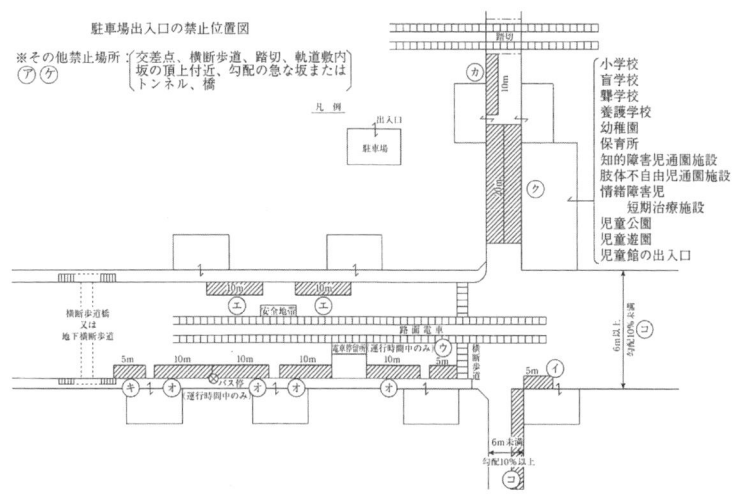

図Ⅲ-2.14　駐車場出入り口の禁止位置[15]

- 詳細については表Ⅲ-2.14～表Ⅲ-2.16を参照．
- 自転車駐車場附置義務の参考例を表Ⅲ-2.17に示す．
- 自動二輪駐車場の必要設置台数の参考例を表Ⅲ-2.18に示す．
- 駐車場出入り口の基準を図Ⅲ-2.14，図Ⅲ-2.15に示す．

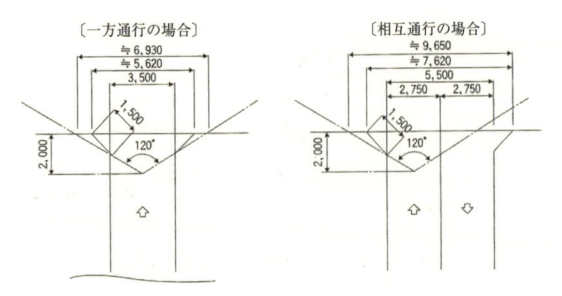

図Ⅲ-2.15 駐車場出入り口付近の構造[15]

- 歩行者交通のサービス水準を表Ⅲ-2.19に示す．

表Ⅲ-2.19 歩行者サービス水準[12]

サービスレベル	状態	歩行者流量
A	自由歩行	～27人/m・min
B	やや制約	27～51
C	やや困難	51～71
D	困難	71～87
E	ほとんど不可能	87～100

(5) 計画を進めるために

道路は開発を支える基盤であり，道路計画を定める場合のみならず，関連事業などの許認可の場合などでも必ず協議対象となる．個々の場合で協議手続きの状況は異なるが，代表的な場合について概ねの状況を整理する．

①開発事業の協議に関連して

大規模な開発では，市街地における適切な公共施設の整備改善・良好な開発の誘導，開発を契機とした既成市街地の面的な整備の実現，容積率の確保や開発を可能にする用途地域の見直し等のため，種々の事業制度を活用して行われる場合が多い．

関連事業制度自体に関する協議の場合にも，交通計画に関する説明が求められる．これら事業制度等に基づく整備計画は，都市計画決定の前段階で協議し計画に取り入れる場合が多い．

②道路管理者との協議/計画道路の管理者との協議

国道管理事務所，県土木事務所，都建設事務所，市町村・区など，上位の機関との協議が必要となる．各種事業制度を利用する場合，現況の交通量調査や開発に伴う予測やその影響評価結果が求められる．

③交通管理者との協議/警察との協議

通常，所轄警察署の交通規制課等と協議を行い，開発内容および交通計画に伴う安全性などについて協議を行う．この場合についても，道路管理者と同様に現況の交通量調査や開発に伴う予測やその影響評価結果が求められる場合が多い．

- 安全性を含めた交通処理計画・交通施設の妥当性など．
- 駐車場計画には出入り口を含め十分な協議が必要．
- 交通規制の変更，信号現示の変更等を伴う場合にも十分な協議が必要．

これら協議等は，自動車・歩行者交通を中心に行われてきているが，今後，公共交通の利用促進など運用による周辺交通への影響軽減についても，その施策とともに評価されるべきと考えられる．

(節末文献1)および10)～17)参照)

Ⅲ-2.3 公園・広場の成り立ち

1. 都市生活者から求められる公園・広場

多くの人々が住み，働き，学び，憩う都市において，公園・広場は都市生活を豊かにする重要な都市インフラの一つである．ニューヨークのセントラルパークやロンドンのハイドパークなど世界的大都市では，中心部に大規模な公園が存在し，豊かさや潤いを与えるなど市民生活に不可欠なものとなっている．また，美しい公園は，その都市に品格を与えている．コンパクトな都市づくりが求

められている今日，都市生活を安全・安心，快適に過ごすためには，その価値は今後ますます高まるといえる．

公園・広場の都市生活者の視点での役割や機能は，憩いの場，景観，防災，都市環境，自然的環境，インフラ収容空間などであり，次のとおりである．

(1) 憩いの場

都市生活の営みの中でほっと息をつける場が公園・広場である．子供の遊びや高齢者の散歩などのレクリエーション，健康活動や運動など多様な活動の拠点として，すべての人々に開かれた空間として利用される．また，地域コミュニティの活性化や，中心市街地の賑わいの場としての活用が求められる．

(2) 景観

美しい都市景観づくりが求められており，公園・広場はランドマークとして都市景観を構成する重要な要素である．また，公園・広場は都市景観を形成する都市景観軸としての位置づけや，都市景観を眺望する視点場としての位置づけがあげられる．

(3) 防災

日本列島は絶えず地震に見舞われている．特に，東海地震や東南海地震，南海地震などの切迫性は高いといわれ，多くの活断層による直下型地震も警戒を要する．公園・広場は地震による火災の延焼防止や災害時の避難地，避難路，復旧・復興のための拠点や水・食糧等の備蓄スペース，仮設住宅建設地など重要な役割がある．

(4) 都市環境

都市生活を安全・快適にするために公園・広場は都市環境向上に大きな役割がある．例えば，熱環境では公園・広場内の緑や水によるヒートアイランドの低減，大気環境では汚染物質の浄化，風環境では公園・広場による風の道形成，音環境では公園・広場による騒音の低減などである．

(5) 自然的環境

都市内における昆虫や野鳥などの動物の生存領域確保のために，公園・広場の果たしている役割は大きい．また，春の桜や秋の紅葉など，四季の移ろいを感じることのできる植生も重要である．生物の多様性保全の役割も期待されており，多種多様な動植物と接することで都市生活を豊かにすることができる．

(6) インフラ収容空間

公園・広場は都市内の貴重な共用地として，例えば雨水調整池，上水配水池，変電所，ガスガバナー，さらには公共駐車場余地として立体的に利用されている．

2. 公園・広場の整備

公園・広場は整備主体によって，公によるものと民によるものとに分けられる．財政状況が厳しい今日，都市生活をより豊かにするために民による公園・広場の整備の重要性は高まっている．

(1) 公による整備

一般に公園は都市公園法に基づく公園であり，国や地方自治体の公が整備するものである．都市公園法では，設置主体や公園を利用する人々の範囲や規模，機能などで様々な公園の位置づけをしている．利用範囲が都道府県レベルか，市町村レベルか，日常生活圏レベルかによって公園の役割が異なる．市町村レベルにおいても，都市住民全般のための都市基幹公園として総合公園，運動公園があり，また，居住者のための住区基幹公園として街区公園，近隣公園，地区公園がある．住宅地における考え方として，面積100 ha（1 km四方），人口1万人の標準的な一つの近隣住区では，街区公園4ヵ所，近隣公園1ヵ所を配置することとされており，さらに地区公園は4つの近隣住区に1ヵ所配置するとされている．都市公園の分類は**表Ⅲ-2.20**のとおりである．

都市公園法による整備基準は1人当りの公園面積を10 m^2 としているが，この基準を満たしている都市は少ない．また，開発する場合の基準として，都市計画法では開発区域3％以上，土地区画

表Ⅲ-2.20 都市公園の種類

設置者	種類		概要
地方公共団体	基幹公園	住区基幹公園 街区公園	街区内居住者用，(誘致距離250m)，0.25ha/箇所
		近隣公園	近隣居住者用，(誘致距離500m)，2ha/箇所
		地区公園	徒歩圏居住者用，(誘致距離1km)，4ha/箇所
		都市基幹公園 総合公園	都市住民全般の総合的利用，(10～50ha/箇所)
		運動公園	都市住民全般の運動用，(15～75ha/箇所)
	広域公園		市町村の区域を越える広域用，(50ha以上/箇所)
	特殊公園	風致公園	風致の享受用
		動植物公園	動植物の生息・成育地の樹林地保護用
	緩衝緑地		大気汚染等公害防止・コンビナート地帯等災害防止（公害・災害発生源地域と居住地域等と分離遮断）
国	都府県を越える広域公園	災害拠点公園	災害時に広域的災害救助活動拠点，都道府県に1箇所（国土交通省令で定める）
		広域公園	誘致距離200km以内，300ha以上/箇所
	国家的記念事業公園		国家的記念事業，文化的資産の保存・活用

(出典：国土交通省のホームページを参考に作成)

整理法による土地区画整理事業では一人当り3m²以上かつ施行区域3％以上を公園とするように定められている．さらに，各地方自治体では地域の特性に応じ，条例や要綱などで開発にあたっての公園の整備基準を設けている．

(2) 民による整備

公による公園・広場のほか，民間による広場の整備も都市の中で重要なものとなっている．規模の大きい民間開発において，建築物を高層化することにより，足もとに広がった空地を一般に公開する公開空地である．敷地に対する公開空地の面積割合など，公共的な貢献度に応じて容積率の割増しが受けられる制度である，特定街区，再開発等促進区を定める地区計画，高度利用地区（以上都市計画法）や総合設計制度（建築基準法）があり，大規模開発で活用されている．今後，空地の量的確保とともに，都市生活者にとっての空間の質向上が求められる．

また，大規模ではないが，私有地を公共的空間として提供している事例として，新潟県上越市や長岡市の「雁木（がんぎ）」，青森県黒石市の「小店（こみせ）」があり，これらは建物の軒先が延長され，その下が歩行空間となっているものである．多雪地帯での歩行者空間確保のために生み出されたものであるが，このような民の空間が公共利用されることで，都市の安全性や快適性がより一層向上される．

3. 過去の公園整備とこれからの公園・広場の整備と管理

これからの公園・広場の整備と管理の方向性を考えるにあたり，過去に整備された公園を学ぶことは重要である．特に，「日本公園の父」といわれる本多静六博士の計画による日比谷公園（1903（明治36）年），大濠公園（福岡県），養老公園（岐阜県），偕楽園（茨城県），大沼公園（北海道），大宮公園（埼玉県）や明治神宮の森，また，関東大震災の帝都復興事業による小学校と隣接した学校小公園である文京区立元町公園（1930（昭和5）年）の整備は学ぶべき点が大きい．

今後の公園・広場の整備の方向性は，新規に整備するよりは，既存のストックを活かし，市民のニーズに合った再整備が主流となっていく．また，整備費よりは維持管理費の割合が大きくなってい

くことが想定される．

(1) 新しい公園・広場

市民生活の安全・安心を確保するために，公園・広場の役割はますます大きなものとなっていく．防災公園としての機能や災害時の帰宅困難者が利用する公園・広場が求められている．

また，都市生活でのストレス解消のための，リフレッシュ空間としてのセラピー公園なども必要となってくる．観光をまちづくりの戦略とする都市においては，公園・広場は観光客誘致にとって非常に重要なものである．

整備にあたっては，子供から高齢者，障がい者のすべての人々が安全で安心して利用できるユニバーサルデザインとしなければならない．

公園整備の事業手法については，公有地化による公園整備に加え，借地公園や立体公園制度などの活用が期待されている．横浜市では(仮称)アメリカ山公園整備で立体都市公園制度を活用する予定である．

(2) 新たな整備・管理主体

①市民参加による整備と管理

公園は市民が利用するものであり，ユーザーである市民自ら整備や管理に参画する試みが地方自治体で始まっている．

福岡県大野城市では市民主導で公園再整備計画策定を行っており，熊本市では近隣公園整備にあたって，地域住民からの公園設置の要望を地域住民が管理することを条件に受け入れ整備している．長岡市では新潟県中越地震の教訓を活かすため，市民防災公園の整備と管理運営の検討を市民検討会(ワークショップ)で行っている．

市民と行政の連携による公園の整備管理の事例としては，岐阜県各務原市において，「各務原市水と緑の回廊計画」で街区公園のリニューアルを市民と行政の連携による整備と維持管理を行っている．

また，地域のコミュニティが公園を地域のコモンズ(共有資源)としてとらえ，公園を活用した収益事業を行い，その収益を共有し，維持管理を行うことなどの提案事例がある．

②民間企業による整備と管理

民間企業の資金とノウハウを活かした公園の整備と管理の事例が増加している．

民間企業の資金活用のPFI(Private Financial Initiative)による事例としては，北海道立噴火パノラマパークや長井海の手公園「ソレイユの丘」(横須賀市)があげられる．また，民間企業による公園施設の管理運営としては，しながわ水族館の事例がある．

東京都では，緑の新戦略ガイドラインに基づき，民間による公園づくりである民設公園制度を創設した．民間は公園を整備する見返りに固定資産税を免除される仕組みである．

(節末文献18)，19)参照)

Ⅲ-2.4 まちづくりの給排水の成り立ち

1. 上 水 道

(1) 我が国の水需給

瑞穂の国と呼ばれ，かつては「安全と水はただ」ともいわれていた我が国の現在の水需給は，近年こうした言葉とは全くことなる状況を示している．衛生的な水の供給は豊かな生活になくてはならないものであるが，我が国の年間平均降水量は世界平均の2倍以上にもかかわらず，1人当りの降水量に換算すると約1/4程度になっている(図Ⅲ-2.16)．

年間降水量は暫減傾向にあり，この100年間で約100 mm減少しており，近年は降水量の変動幅が大きく，地域によっては水需給の安定性が懸念されるようになってきた(図Ⅲ-2.17)．

生活用水の使用量は第二次大戦後一貫して増加傾向にあり，生活水準の向上を反映しているものと考えられてきたが，1990年以降はほぼ一定の320 L/人・日から330 L/人・日に推移してきている(図Ⅲ-2.18)．

Ⅲ-2 まちづくりのインフラの成り立ち

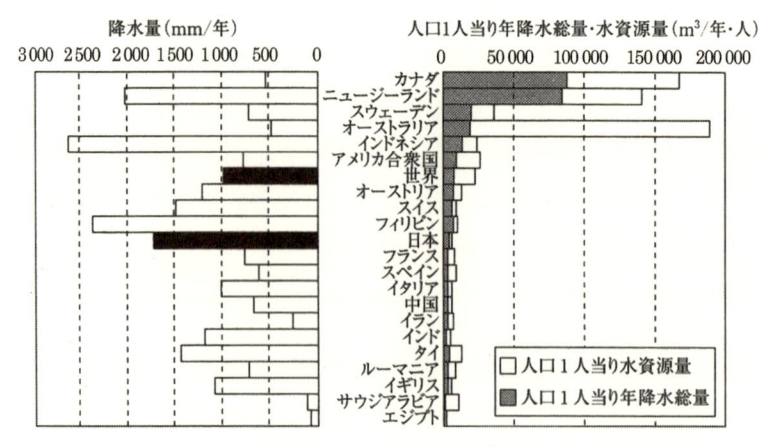

図Ⅲ-2.16 各国の降水量[1]

注） 1. 日本の降水量は1966年〜1995年の平均値である．世界および各国の降水量は1977年開催の国連水会議における資料による．
2. 世界の人口については United Nations World Population Prospects, The 1998 Revision における2000年推計値．
3. 日本の水資源は水資源賦存量（4217億m^3/年）を用いた．世界および各国は，World Resources 2000-2001（World Resources Institute）の水資源量（Annual Internal Renewable Water Resources）による．

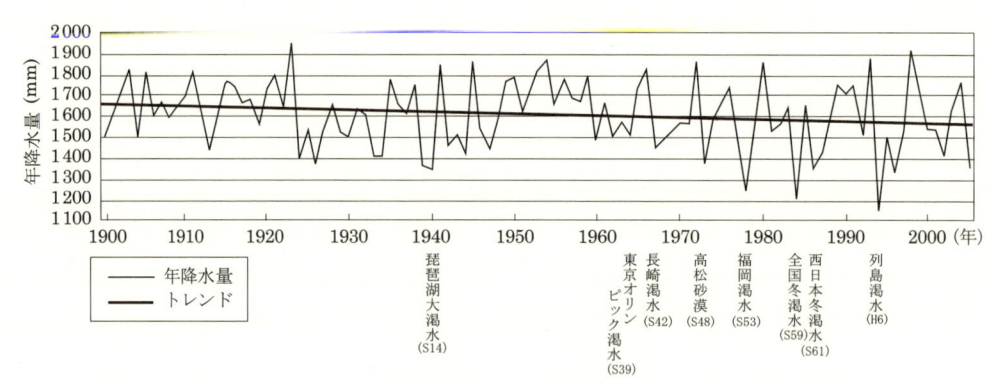

図Ⅲ-2.17 降水量の推移[20]

注） 1. 全国51地点の算術平均値
2. トレンドは最小自乗法により1900〜2005年の年降水量から求めた回帰直線
3. 各年の観測地点数は，欠測等により必ずしも51地点ではない．

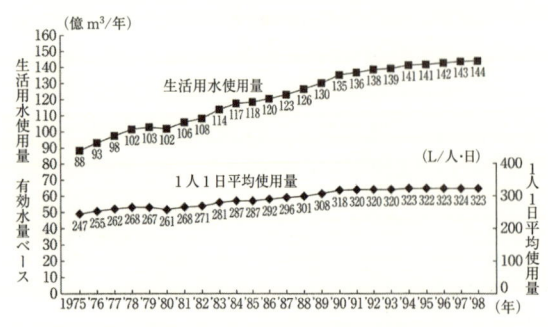

図Ⅲ-2.18 生活用水使用量の推移[1]

(2) 上水道の定義

水道法第3条第1項に，「水道は導管およびその他の工作物により，水を人の飲用に適する水として供給する施設の総体をいう．ただし，臨時に施設されたものを除く」と示されている．

また，第3項で「簡易水道事業」，第6項「専用水道」，第7項で「簡易専用水道」が定義されており，これらも水道として扱われる．

(3) 上水道システム

上水は，水源地から需要家まで導水・送水・配水

といった経路を経て搬送され，最終的に建物内で給水される（図Ⅲ-2.19）．

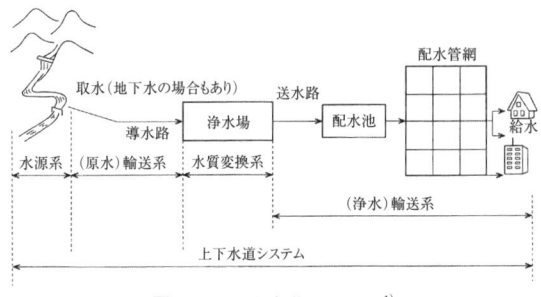

図Ⅲ-2.19 上水道システム[1]

需要家においては，水質・水量・圧力の3点が満足されねばならず，これを満たすため上記の各段階において必要な処置がなされる．

(4) 浄 水 場

第一に浄水場においては取水された原水が水道水の水質基準に適合するように水処理される．我が国においては一般に急速ろ過システムが用いられている．浄水場での水処理を経た水は，送水管路を通じて配水池に送られる．

(5) 配 水 池

配水池からは各需要家への上水の供給が行われるため，必要な圧力・流量を確保する方策がとられる．通常，配水管網における必要流量は常に変動しており，一定流量で送られてくる浄水量とのバランスを取るため，貯水量の確保が必要となる．また，火災時の消火水量，事故時のための予備水量を考慮して配水池容量が決定される．

需要家での必要圧力を確保するため，配水管網には圧力をかける必要がある．このため，配水池はその立地や給水塔を利用し高さによる圧力をかける場合と，ポンプにより水圧を確保する手段をとる場合とがある．近年，衛生上の観点から増圧給水方式による給水方法が増えてきており，配水管網での圧力変動が以前より大きくなると考えられるため，十分な圧力の確保が必要となる（図Ⅲ-2.20）．

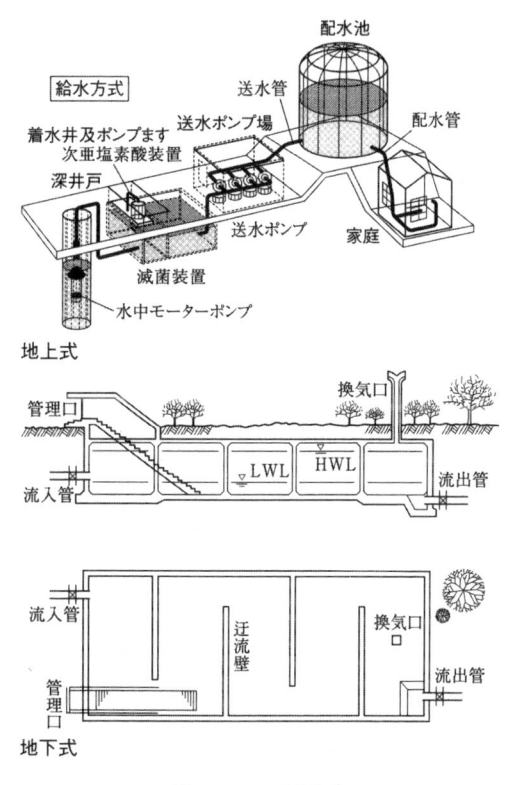

図Ⅲ-2.20 配水池[1]

(6) 水質基準

水質基準についての厚生労働省のホームページからの引用を示す．

「水道法第4条に基づく水質基準は，水質基準に関する省令（2003年5月30日厚生労働省令第101号）により，定められている．水道水は，水質基準に適合するものでなければならず，水道法により，水道事業体等に検査の義務が課されている．水質基準以外にも，水質管理上留意すべき項目を水質管理目標設定項目，毒性評価が定まらない物質や，水道水中での検出実態が明らかでない項目を要検討項目がと位置づけられており，水道事業者は，水質基準項目等の検査について，水質検査計画を策定し，需要者に情報提供する必要がある．」（図Ⅲ-2.21 参照）．

また近年この水質基準のほかにも，おいしい水の供給への要望から，カルキ臭の少ない水の製造

(7) 上水需要量

上水の使用量は建物用途によって大きく異なる．配水管網に直結し給水するシステムをとる場合，インフラ側の需要は建物給水側の需要と時間的に一致してくるが，建屋側でいったん受水槽で上水を貯める場合には，平均的に負荷が配水管網にかかることになる．どれくらいの給水量をインフラ

表Ⅲ-2.21 給水量の原単位[1]

建物種類	原単位（L/m²・日），（L/人・日），（L/床・日），（L/席・日）	水使用時間（h）
事務所[*1]	延床面積当り；専用建物：5〜7，標準建物：6〜8，複合建物：7〜9 登録人員当り；専用建物：80〜110，標準建物：100〜130，複合建物：140〜170	10〜12
官庁・銀行	延床面積当り；6〜7，登録人員当り；100〜120	10
病院	延床面積当り；小規模：10〜12，中規模：20〜22，大規模：22〜25 従業員当り；小規模：550〜600，中規模：800〜850，大規模：1 000〜1 200 病床数当り；小規模：600〜800，中規模：600〜800，大規模：1 000〜1 200	12
寺院・教会[*2]	参会者当り；10〜12	3〜4
劇場	延床面積当り；8〜15，客席数当り；60〜70	10
映画館	延床面積当り；15〜20，客席数当り；40〜50	10
百貨店・量販店	延床面積当り；16〜28，売場面積当り；30〜50，従業員当り；500〜700	12
駅ビル・地下街	延床面積当り；40〜50，従業員当り；800〜1 000	12
料理店[*3]	延床面積当り；客数多い（百貨店・地下街等）：230〜280，客数普通（事務所・ホテル等）：160〜200 席数当り；客数多い（百貨店・地下街等）：400〜500，客数普通（事務所・ホテル等）：300〜400 客数当り；客数多い（百貨店・地下街等）：50〜60，客数普通（事務所・ホテル等）：50〜60	10〜12
喫茶店[*3]	延床面積当り；客数多い：140〜170，客数普通：100〜130 席数当り；客数多い：230〜300，客数普通：180〜220 客数当り；客数多い：10〜15，客数普通：10〜15	10〜12
ホテル[*4]	延床面積当り；ビジネス：13〜16，中規模シティ：18〜20，大規模シティ：22〜25 宿泊可能人員当り；ビジネス：300〜500，中規模シティ：600〜900，大規模シティ：1 000〜1 300	16〜18
住宅[*5]	世帯人員当り；1人世帯：300〜350，2人世帯：250〜280，3人世帯：230〜250，4人世帯：200〜230，5人世帯：180〜200，6人世帯以上：160〜180	16
寄宿舎	在住人員当り；400〜600	16
クラブハウス	利用者数当り；150〜200	12
小・中学校[*5]	校舎面積当り；プールあり：16〜18，プールなし：10〜12 全人員（生徒＋教職員）当り；プールあり：80〜100，プールなし：50〜60	8
高等学校以上[*5]	延床面積当り；5〜8，全人員（学生＋教職員）当り；80〜100	10
研究所	所員当り；100〜200 L/人・日に，研究用水を加算	10
図書館	利用者数当り；30〜40 L/人・日に，従業員当り；80〜100 L/人・日を加算	10
駅舎	1日乗降者の4%当り；10 L/人・日に，従業員当り；100〜120 L/人・日を加算	18
プール[*6]	利用者数当り；300〜400 L/人・日（補給水量・シャワー・洗面・便所の合計）	10

注）　[*1] 事務所の延床面積当り給水量は人員密度が高い場合（延床面積当り 10〜12 m²/人）は，10〜12 L/m²・日を見積もる．
　　　[*2] 寺院・教会の原単位は，参会者の便所・洗面用水のみである．
　　　[*3] 料理店・喫茶店は，百貨店・事務所ビル等に入居している店舗で，料理用水のみを示している．冷房用水，便所用水，冷蔵庫用水 1.88 L/kW・h（6.6 L/USRt・h）がある場合は加算する．延床面積は店舗全体の面積．
　　　[*4] リゾートホテルはシーズンのピークを考え，シティホテル給水量原単位の1.5倍程度をとる．
　　　[*5] 住宅，小・中学校，高等学校以上の給水量には冷房用水は含まない．
　　　[*6] プールの給水量は，20 m プール（容積 200〜400 m³）で利用者が 100〜400 人程度の値である．ろ過装置のあるプールの補給水量 Q（m³/日）は，$Q = V \times (0.05 - 0.2)$ で算定する．ただし，V：プール容積(m³)

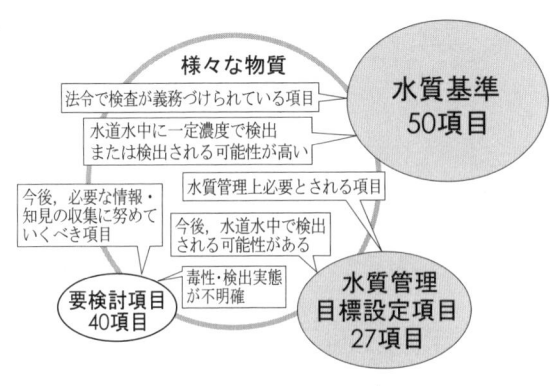

図Ⅲ-2.21 水質基準[21]

側に期待できるかについては，各水道事業者によって異なっており，水道事業者によって使用水量の計算，受水槽容量の設定基準，採用システムの制限，使用管材の制限が示されるのが通常であるため，建物側給水設備設計者は事前の打ち合わせを十分に行う必要がある．表Ⅲ-2.21に給水量の原単位を示す．

(8) 給水システム

図Ⅲ-2.22に代表的給水システムを示す．水道法第3条9項の定義により，「給水装置とは，需要者に水を供給するために水道事業者の施設した配水管から分岐して設けられた給水管およびこれに直結する給水用具をいう．」となっており，インフラ側の配管網とに接続する別システムとして定義されている．

低層の住宅においては直結方式の採用がほとんどで，3階以上の建物では受水槽で上水を受け，高架水槽方式やポンプ圧送方式などにより必要箇所に給水する方式が多かったが，近年，受水槽を経由せず，直接ポンプ（増圧給水装置）で使用末端まで上水を給水する方式が増加する傾向にある．

2. 下水道

(1) 我が国の汚水処理

我が国においては生活水準の向上と公共用水域の水質保全を図るため，一貫して下水道整備が行われてきた．近年におけるその普及率の変遷は図Ⅲ-2.23に示すとおりであり，生活排水処理施設として下水道とともに浄化槽がその役割の一端を担っていることが理解できる．

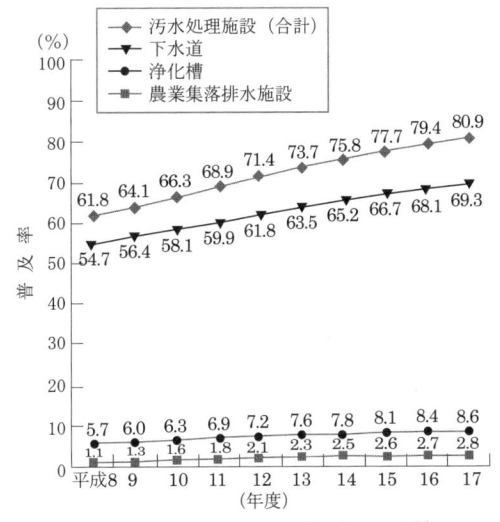

図Ⅲ-2.23 汚水処理人口普及率の推移[22]

資料：農林水産省，国土交通省，環境省

下水道普及率は全国平均で69.3％（浄化槽および浄化槽を含めた汚水処理人口普及率は80.9％：2006年）であるが，地域別の整備水準には差が大きく，中小市町村での普及率は低水準にとどまっている（図Ⅲ-2.24）．このため，人口規模や地域的特性・経済性を考慮した，地域にあった汚水処理設備の導入が求められている．

(2) 下水道の定義

下水道法第2条第2項に「下水（汚水または雨水：同2項に定義）を排除するために設けられる排水管，排水渠その他の排水施設（かんがい排水施設

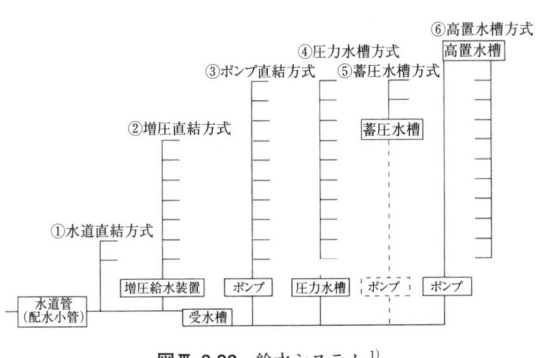

図Ⅲ-2.22 給水システム[1]

図Ⅲ-2.24　人口規模別下水道処理処理人口の普及率[20]

を除く.），これに接続して下水を処理するために設けられる処理施設（屎尿浄化槽を除く.）又はこれらの施設を補完するために設けられるポンプ施設その他の施設の総体をいう.」と表されている．

また，管理の方式，週末処理場の有無などにより，下水道は大きく以下の3種類に分けられる．

①公共下水道：地方公共団体が管理する下水道で，終末処理場を有するものまたは流域下水道に接続するもの（下水道法第2条第3項）

②流域下水道：公共下水道からの下水を受けて，処理または排除するために地方公共団体が管理する下水道で，2以上の市町村の区域における下水を排除するものであり，かつ，終末処理場を有するもの（下水道法第2条第4項）

③都市下水路：主として市街地における下水を排除するために地方公共団体が管理している下水道（主に雨水処理用管路・管渠）（下水道法第2条第5項）

(3) 下水道システム

下水道は通常，雨水と汚水（下水道法では家庭から排出される便所系統の排水とその他の雑排水の区別なく汚水と表現する）を同一管路で排水する合流式と，雨水と汚水を別々の下水管路で排水する分流式に大別されるが，近年新たに設置されるものでは分流式が多い（図Ⅲ-2.25）．

建物敷地から排出される下水である汚水・雨水は，下水道法・水質汚濁防止法・その他条例などにより排水量・水質・温度・排水量の制限を受ける．このため，公共下水道の範囲でも排水にあたって除外施設の追加設置を求められる場合もあり，排水計画に際しては当該行政庁・河川管理者と事前の打ち合わせを十分行うことが必要である．

特に，近年増加してきているディスポーザー（図

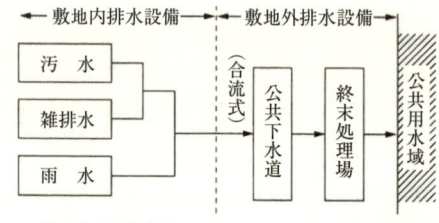

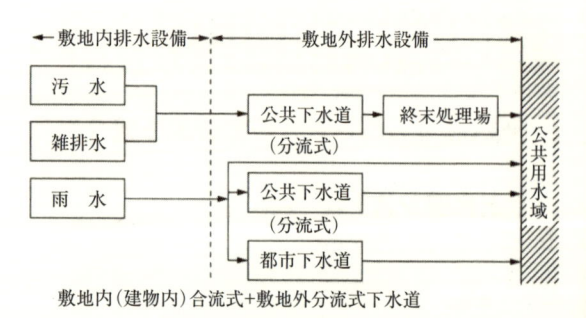

図Ⅲ-2.25　下水道の分類[1]

表Ⅲ-2.22　用途別排水量と排水濃度（合併処理対象汚水）[1]

分類	建築用途			汚水量	BOD (mg/L)	
集会場施設関係	公会堂・集会場・劇場・映画館・演劇場			16 L/（m²・日）	150	
	競輪場・競馬場・競艇場			2 400 L/（個・日）	260	
	観覧場・体育館			10 L/（m²・日）	260	
住宅施設関係	住宅	延床面積	130 m²以下	1 000 L/（戸・日）	200	
			130 m²超	1 400 L/（戸・日）	200	
	共同住宅			10 L/（m²・日）	200	
	下宿・寄宿舎			14 L/（m²・日）	140	
	学校寄宿舎・自衛隊キャンプ宿舎・老人ホーム・養護施設			200 L/（人・日）	200	
宿泊施設関係	ホテル・旅館	結婚式場または宴会場	有	30 L/（m²・日）	200	
			無	30 L/（m²・日）	100	
	モーテル			1 000 L/（室・日）	50	
	簡易宿泊所・合宿所・ユースホステル・青年の家			200 L/（人・日）	200	
医療施設関係	病院・療養所・伝染病院	300床未満		1 000 L/（床・日）	厨房または洗濯設備	有320
		300床超		1 300 L/（床・日）		無150
	診療所・医院			25 L/（m²・日）	300	
店舗関係	店舗・マーケット			15 L/（m²・日）	150	
	百貨店			30 L/（m²・日）	150	
	飲食店	一般		130 L/（m²・日）	220	
		汚濁負荷高		260 L/（m²・日）	450	
		汚濁負荷低		110 L/（m²・日）	200	
	喫茶店			160 L/（m²・日）	150	
娯楽施設関係	玉突場・卓球場			15 L/（m²・日）	150	
	パチンコ店			22 L/（m²・日）	150	
	囲碁クラブ・マージャンクラブ			30 L/（m²・日）	150	
	ディスコ			100 L/（m²・日）	150	
	ゴルフ練習場			50 L/（席・日）	150	
	ボーリング場			500 L/（レーン・日）	150	
	バッティング場			40 L/（席・日）	150	
	テニス場	ナイター施設	有	400 L/（面・日）	150	
			無	600 L/（面・日）	150	
	遊園地・海水浴場			2 400 L/（個・日）	260	
	プール・スケート場			－	150	
	キャンプ場			70 L/（人・日）	320	
	ゴルフ場			250 L/（人・日）	130	
駐車場関係	サービスエリア	便所	一般部	480 L/（ます・日）	300	
			観光部	510 L/（ます・日）	300	
			売店なしLPA	340 L/（ます・日）	300	
		売店	一般部	180 L/（ます・日）	590	
			観光部	190 L/（ます・日）	590	
	駐車場・自動車車庫・ガソリンスタンド			－	－	
学校施設関係	保育所・幼稚園・小学校・中学校			50 L/（人・日）	180	
	高等学校・大学・各種学校			60 L/（人・日）	180	
	図書館			16 L/（m²・日）	150	
事務所関連	事務所	厨房設備	有	10 L/（m²・日）	200	
			無	10 L/（m²・日）	200	
作業所関連	工場・作業所・研究所・試験所	厨房施設	有	100 L/（人・日）	300	
			無	60 L/（人・日）	150	
その他の施設	市場			4.2 L/（m²・日）	200	
	公衆浴場			33 L/（m²・日）	50	
	公衆便所			－	－	
	駅・バスターミナル			－	－	

（凡例　個：便器個数　床：ベッド数　ます：駐車ます　面：テニスコート）

III-2 まちづくりのインフラの成り立ち

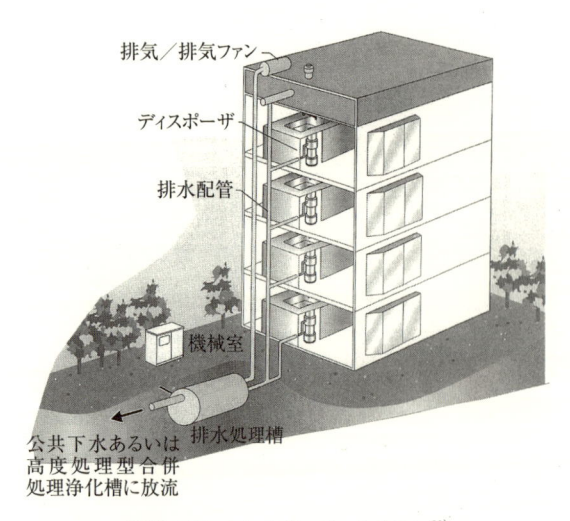

排気／排気ファン
ディスポーザ
排水配管
機械室
公共下水あるいは
高度処理型合併
処理浄化槽に放流
排水処理槽

図III-2.26 ディスポーザーシステム[23]

III-2.26)の排水については，専用の処理装置により処理を行った後の下水道への接続となるため，留意が必要である．

また，下水道の未整備地域におけるより経済的な下水道整備の一貫として，欧米で実績のある下水圧送方式の研究も進んでいる．

(4) 浄化槽

下水道は西欧からの技術を導入したものであるが，し尿処理設備から発達した浄化槽は我が国の独自の生活排水処理システムといえる[22]．1960年代中期以降，下水道の整備が追いつかない地域においてこの浄化槽の設置が進んだ．

公共下水道・流域下水道の完備されていない地域で排水を行う場合，浄化槽の設置により生活排水を処理することが義務づけられており，放流先の水質条件に合わせ排水水質を管理していく必要がある(**表III-2.22**)．【かつて浄化槽は家庭のし尿のみ処理する「単独処理浄化槽」と汚水すべてを処理する「合併処理浄化槽」の2種類の設置が行われていたが，汚濁負荷の大きい雑排水を未処理で放流するだけでなく，し尿による汚濁負荷も大きく，汲取り便所を用いてし尿処理施設で処理される場合よりも逆に汚濁負荷を増大させるものであるため，2001年単独処理浄化槽の新設が禁止された．(環境省ホームページより)】

(5) 雨水排水処理

敷地内に降った雨水は他の敷地に影響を与えることなく処理されなくてはならない．この処理の方法には下水あるいは水域に放流する場合，土壌に浸透させる場合とその両方の混合した場合がある．

分流式下水道が完備されている地域において，雨水は単独で同下水管に接続し放流しなくてはならない．合流式下水道の地域では，下水道からの臭気・虫の侵入を防ぐため，トラップ桝を経由し排水する必要がある．浄化槽への雨水の導入は禁止されており，浄化槽排水の下流側の桝で排水を合流したうえで合流式下水道に放流しなくてはならない(**図III-2.27**)．

下水道への雨水排水量はその土地の降雨強度により著しく異なるが，ここでは，一般に用いられている合理式を示す(**図III-2.28**)．

1970年代以降都市河川の氾濫が問題となっており，地域によっては雨水の流出量制限を求められる場合がある．この際，雨水の一時貯留と地下浸透の2種類の方策がとられる．雨水の一時貯留には，建物地下ピットへの貯留，敷地内雨水調製池に貯める方法などがあり，雨水調製池は通常グラウンドや公園として使用しているものを降雨時臨

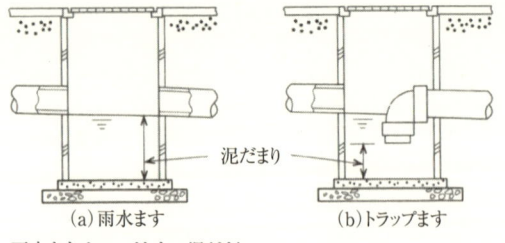

(a) 雨水ます　　(b) トラップます
泥だまり
雨水ます・トラップますの泥だまり

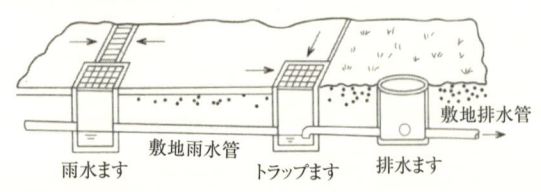

敷地雨水管　トラップます　排水ます　敷地排水管
雨水ます
敷地の雨水排水

図III-2.27 敷地内雨水排水[1]

$$Q = \frac{1}{360} CiA$$

ここに,
- Q：雨水流出量 [m³/s]
- C：流出係数
- i：降雨強度 [min/h]
- A：排水区域の面積 [ha]

工　種　別	流出係数	工　種　別	流出係数
屋　　　　根	0.85〜0.95	間　　　地	0.10〜0.30
道　　　　路	0.80〜0.90	芝・樹木の多い公園	0.05〜0.25
その他の不透過	0.75〜0.85	勾配の緩い山地	0.20〜0.40
水　　　面	100	勾配の急な山地	0.40〜0.60

図Ⅲ-2.28　合理式および流出係数[1]

時に調整池と使用するものもある．雨水の地下浸透には，緑化や透水性舗装により敷地表面の浸透性能を向上させ直接土中に浸透させる方法と，いったん桝に集水し，雨水浸透桝や浸透地下トレンチなどにより処理する方法がある．いずれの場合にしても雨水の流出抑制の方法については市町村と十分協議する必要がある（図Ⅲ-2.29，図Ⅲ-2.30）．

3. 中 水 道

増大する上水需要の抑制・地下水のくみ上げによる地盤沈下への対応等の観点から設置が進められているもので，飲用水ほどの水質を要求されない用途に供給する「雑用水」として使用する水の供給設備を中水道と一般に称する．通常，いったん使用した水を処理し，再度便所洗浄水，散水等の用途で用いる水を供給するものであり，近年，設置数は増加傾向にある．

中水道システムは大きく分けて，建物内部で排水の処理と雑用水の供給を行う「個別循環方式」，一定の地区内で複数の建物に供給する「地区循環方式」，下水処理場の処理水を再び雑用水として供給する「広域循環方式」の3種に大別される．東京新宿新都心地区の中水道は，落合下水処理場の下水処理水を中水道として供給している広域循環方式の一例である．中水道設置地域においては，通常，建物は上水道（飲用系）と中水道（雑用系）の2種の給水設備を必要とされるため設備計画の際には留意が必要である．

4. 管路・管渠の設計

通常，上水や中水は密閉配管に圧力かけて供給されるが，通常使われている圧力と流量の関係を示す式がヘーゼン・ウイリアムスの式である．

雨水排水路や上水取水時の導水路などに用いれられる開渠は，水路の勾配による重力を用いた水の移動設備であり，その，勾配・流量・形状の関係はガンギレー・クッターの式またはマニングの式で表される（図Ⅲ-2.31）．

（節末文献1)および20)〜23)参照）

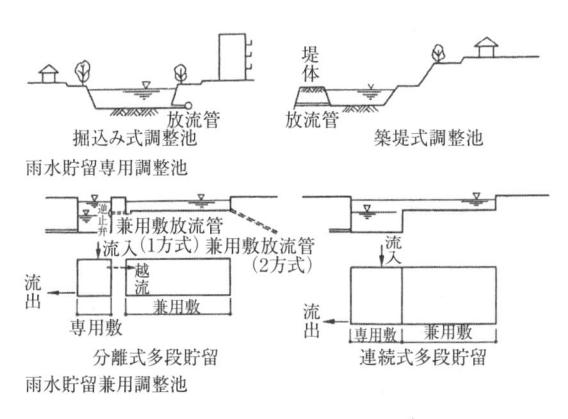

図Ⅲ-2.29　雨水貯留用調整池[1]

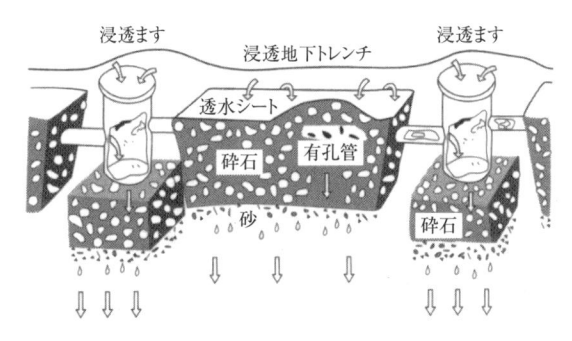

図Ⅲ-2.30　雨水浸透施設[1]

ヘーゼン・ウィリアムズの式
$$Q = 4.87cd^{2.63}R^{0.54} \times 10^3$$

Q：流量［L/min］
c：流速係数
d：管内径［m］
R：単位長さ当りの摩擦抵抗［kPa/m］
　　（通常0.1～1.0kPa/m）

ガンギレー・クッターの式
$$V = \frac{N \cdot R}{\sqrt{R+D}}$$

マニングの式
$$V = \frac{1}{n} R^{2/3} \cdot I^{1/2}$$

V：流速［m/s］
n：粗度係数 = 0.013（開水路の場合平均0.020）
I：勾配（分数はまたは小数）

$$N = \left(23 + \frac{1}{n} + \frac{0.00155}{I}\right) \cdot \sqrt{I}$$

$$D = \left(23 + \frac{0.00155}{I}\right) \cdot n$$

R：径深 = $\frac{A}{P}$ ［m］
A：流水の断面積［m²］
P：流水の潤辺長［m］
したがって，管渠の流量Qは次式となる．
$$Q = A \cdot V$$

P：湿潤長（断面のうち水に触れている長さ）
開渠断面図

各種管の流速係数

管　種	c
新黄銅管・新銅管・新鉛管・新セメントライニング鋳鉄管または鋼管・新石綿セメント管	140
新鋼管・新鋳鉄管・古黄銅管・古銅管・古鉛管・硬質塩化ビニル管	130
古セメントライニング管・陶管	110
古鋳鉄管・古鋼管	100

図Ⅲ-2.31　流量計算式[1]

Ⅲ-2.5 まちづくりのエネルギー供給の成り立ち

1. 電力供給設備

（1） 電力化率

日本の一次エネルギー総投入量に占める電気向けのエネルギー投入比率（電力化率）は，図Ⅲ-2.32に示すように年々上昇し既に40％を超えており，この比率はさらに上昇するものと考えられている．

（2） 用途別電力消費量

図Ⅲ-2.33に示すように住宅等の単相100V，200V（これを電灯用と呼ぶ），商店等の3相200V（低圧電力と呼ぶ），ビル等の3相6600V，22000V，66000V（業務用電力と呼ぶ）およびその他を合わせた民生用部門の電力消費量の伸びが大きく，全体の60％以上を占めている．

（3） 電力系統の構成と受電電圧

図Ⅲ-2.34に示すように火力発電所，原子力発電所，水力発電所で発電された電気は超高圧変電所（500000V，275000V → 154000V），一次変電所（154000V → 66000V），中間変電所（66000V → 22000V）や配電用変電所（66000V → 6600V）を経由して，各需要家にその使用量にふさわしい電圧で供給されている．

（4） 広域運営のための連携設備の状況

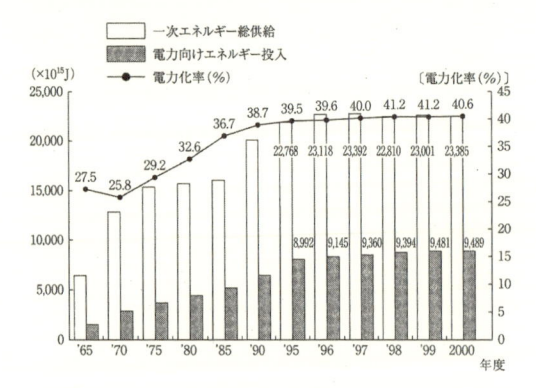

図Ⅲ-2.32　電力化率の推移（一次エネルギーベース）[24]

出所：総合エネルギー統計　平成16年度版
注）平成2年以降は新しいエネルギーバランス表による．

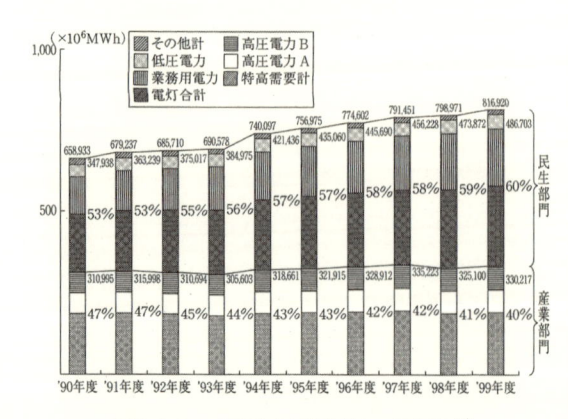

図Ⅲ-2.33　用途別電力消費量（10社合計）[26]

III-2.5 まちづくりのエネルギー供給の成り立ち

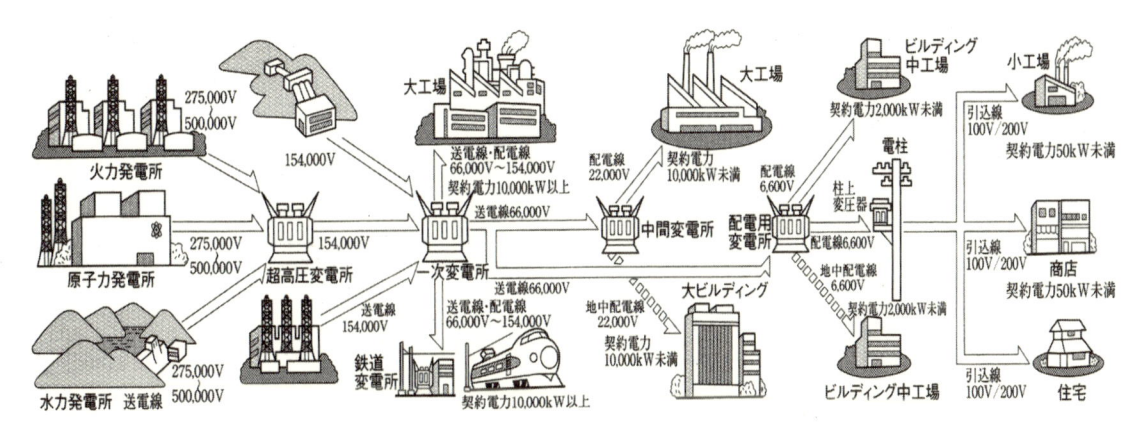

図III-2.34 電力流通設備[26)]

図III-2.35に示すように、各電力会社間の需給のバランスをとるため沖縄電力を除く9電力会社間で広域運営のための連携設備を構築している．富士川の以西（60 Hz）と以東（50 Hz）の電源周波数の違いを吸収するため北陸電力と中部電力間，中部電力と東京電力間に交直変換設備を設けている．また電力系統の安定性向上のため，四国電力と関西電力間，東北電力と北海道電力間に直流地域間連携設備を設けている．

(5) 電源構成（発電能力）

電源構成とは全発電能力に対する各エネルギー源の比率を表したものであるが，図III-2.36に示すように，1965年当時は水力，石炭火力，石油火力がほぼ均等に発電を担っていたことがわかる．現

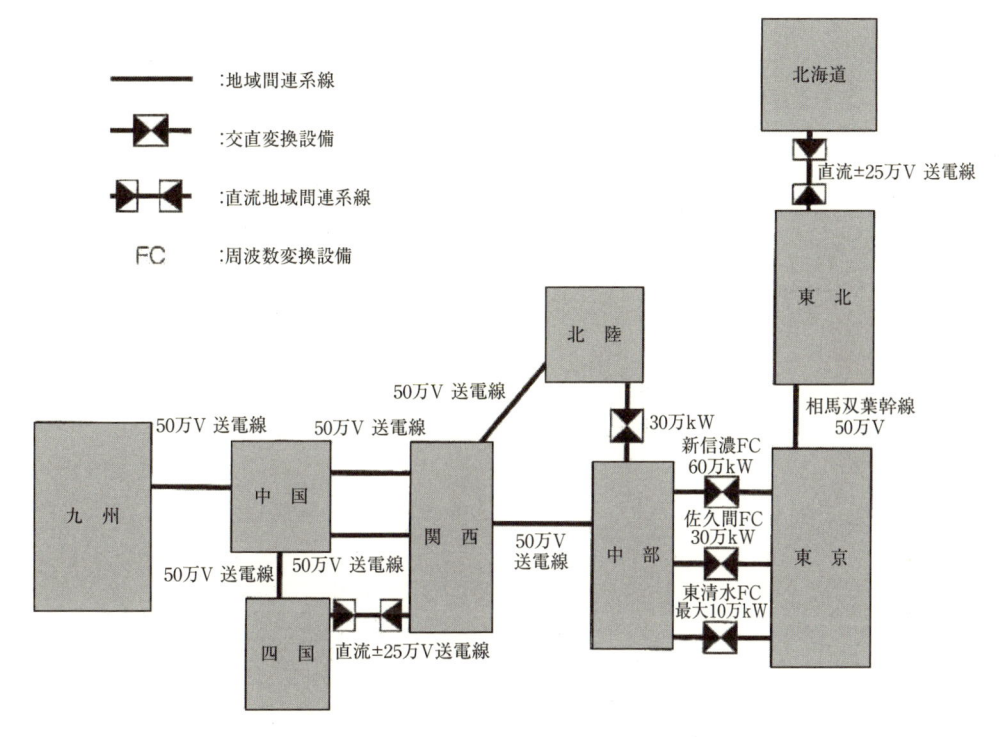

図III-2.35 広域運営のための連携設備の状況[24)]

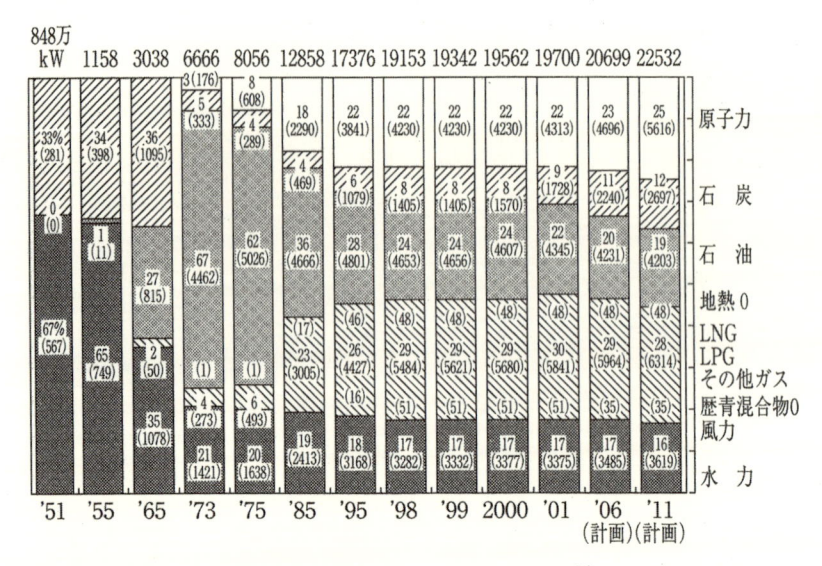

III-2 まちづくりのインフラの成り立ち

図III-2.36 電源構成比の推移（10社合計）[24]

注） 1. 上段ならびに（　）内数値は認可出力（万kW）．
　　 2. 四捨五入の関係で合計が合わないことがある．（ただし％表示は合計が100となるようにした
　　 3. 60年以前は，9社計．（沖縄を除く）
　　 4. 新エネは風力，太陽光および廃棄物発電（供給力が見込める設備および自社認可設備）．

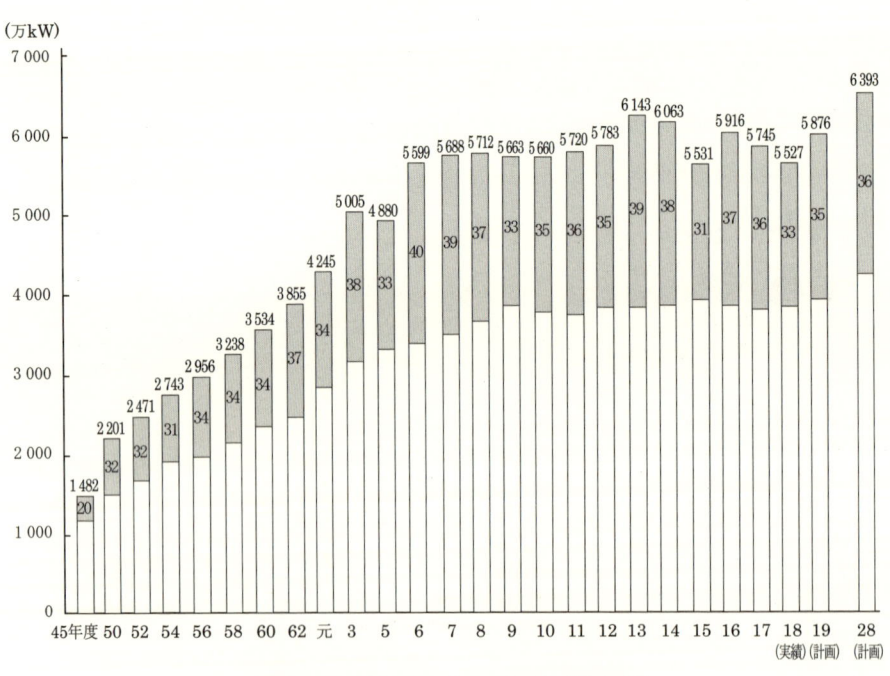

図III-2.37 最大電力に占める冷房等夏期需要[1]

注） 1. 送電端8月最大3日平均．（ただし，54，56，62，3，8～10，13，16年度は7月分，60，15年度は9月分）
　　 2. ▨は冷房等夏期需用，数値は最大電力全体に占める構成比（％）．

在では水力，ガス火力，石油火力，原子力と様々なエネルギー源により構成されており，今後，経済性，社会情勢，エネルギーセキュリティーなど，様々な面からの制約条件により変化していくものと考えられている．

(6) 最大電力(送電端)に占める冷房等夏期需要

最近では需要調整用の蓄電池(二次電池)が導入されているが，基本的に電気は貯蔵できない．そのため電源設備はその最大値(最大電力)を考慮して建設されている．この最大電力の中で最も大きな比率を占めている用途が冷房等夏期需要である(図Ⅲ-2.37)．その比率は最大電力の約40％を占めており，この夏期需要を抑えるため蓄熱式空調システム等，各種の施策(電力負荷平準化対策)が講じられている．

(7) 発電電力量構成(発電量)

年間に実際，発電する量(発電電力量)の構成は，図Ⅲ-2.38に示すように，電源構成とは異なり運転費の安価な原子力や石炭火力の比率が上昇していることが特徴である．近年の石油価格の高騰やCOP3(地球温暖化防止京都会議)に代表されるCO_2発生量の削減要求から，世界的に原子力発電が見直される傾向にある．

(8) 熱効率と送配電ロス率の推移

エネルギーの有効利用のため，発電における熱効率の向上や送電，配電に伴う電力損失の軽減は

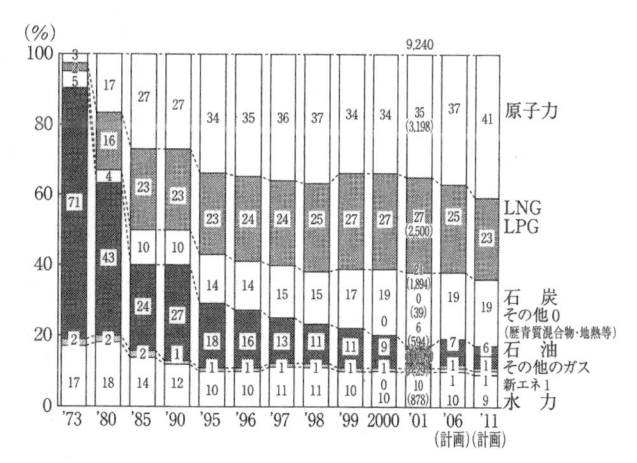

図Ⅲ-2.38 エネルギー別発電電力量構成比の推移[24]

注） 1. 18年度の( )内は発電電力量．単位は億kWh．
2. 四捨五入のため合計とは一致しない．（ただし構成比は100％に合うようにした）
3. 60年以前は，9社計．（沖縄を除く）
4. 新エネは風力，太陽光および廃棄物発電．

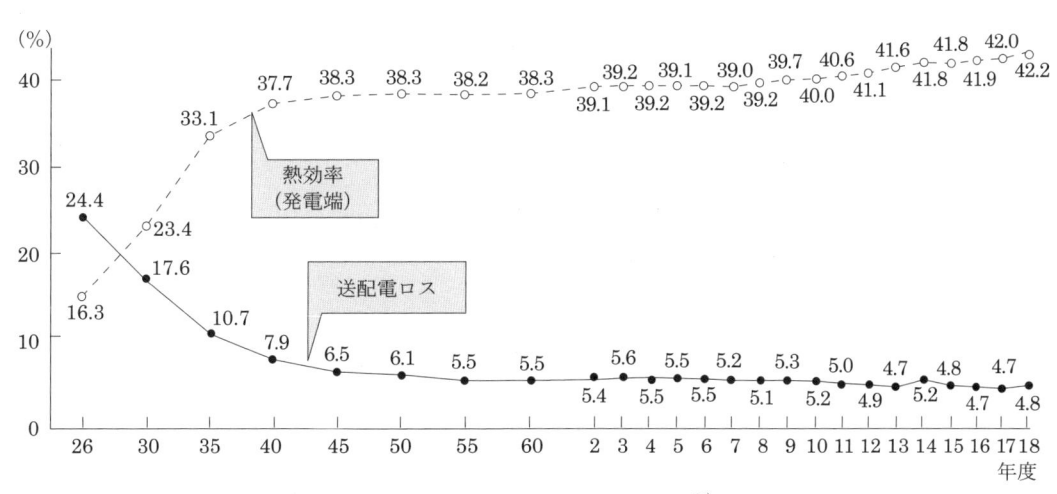

図Ⅲ 2.39 熱効率と送配電ロス率の推移[24]

注） 汽力熱効率 = $\dfrac{発電電力量 \times 1\,kWh 当りの換算熱量}{投入総熱量} \times 100(\%)$

送配電ロス率 = $(1 - \dfrac{B}{A}) \times 100(\%)$

A = 発受電電力量 - 自社発電所所内電力量（送電端供給力）
B = 需用電力量 + 変電所所内電力量（需要端供給力）

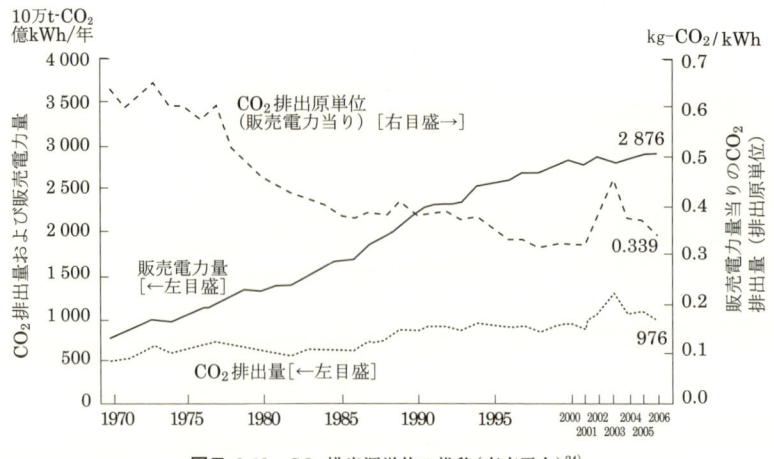

図Ⅲ-2.40 CO$_2$排出源単位の推移(東京電力)[24]

非常に重要である．図Ⅲ-2.39に火力発電所の熱効率および送配電ロス率の推移を示すが，日本は世界的にみてもかなり効率的な状況となっている．

(9) CO$_2$排出量・排出源単位の推移

これまで述べてきたような各種対策により，我が国の発電に伴うCO$_2$排出量やその原単位は図Ⅲ-2.40に示すようにきわめて優れた値となっていることがわかる．

(10) 地下式変電所(配電用)

都市部における変電所は，都市の高密度化や配電設備の地中化に伴い地下式となっている(図Ⅲ-2.41)．こうした配電用の変電所は1ヵ所につき約1 000 m^2～1 200 m^{2}の面積を必要としているが，建築基準法上は公益施設として容積の緩和が認められている．配電用の変電所は都市部では1ヵ所につき半径700 m～1 000 mの範囲を供給エリアとしている場合が多い．

(11) 電力供給方式

都市部の各建物には図Ⅲ-2.42に示すように，道路に埋設された地中配電線により，その電圧に応じた供給方法がとられている．

図Ⅲ-2.41 地下式変電所のイメージ[27]

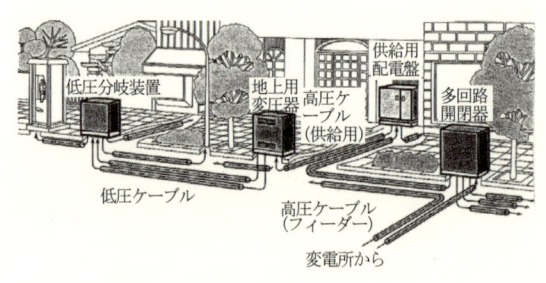

図Ⅲ-2.42 電力供給方式のイメージ[27]

(12) 供給信頼性

産業用のみならず民生用も含めて，経済成長にとって電力の供給信頼性は非常に重要な要素であり，日本の電力会社はこの供給信頼性の向上に努力してきた．その結果を図Ⅲ-2.43に示すが，世界的にみてもその停電頻度が少ないことがわかる．

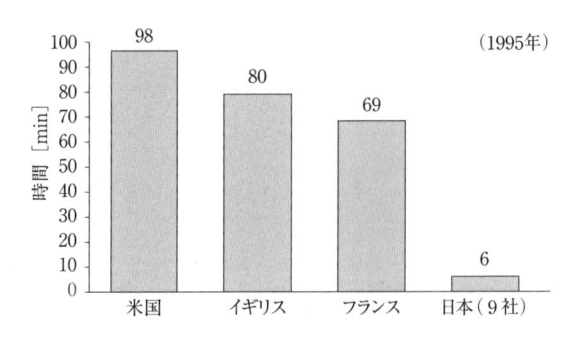

図Ⅲ-2.43　1軒当りの年間事故停電時間[26]

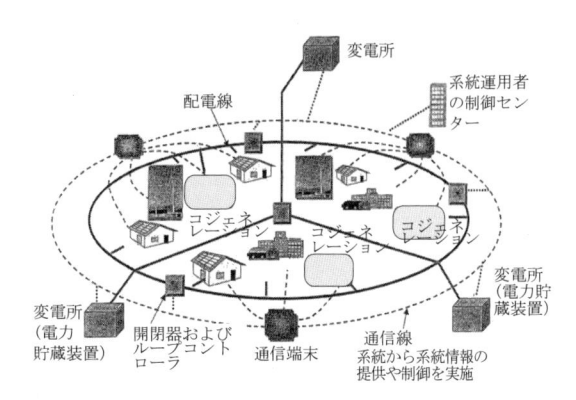

図Ⅲ-2.45　電力流通システムの将来像の例[28]

(13) 分散電源

近年いろいろな意味で注目を集めている分散電源の明確な定義はまだ定まっていないが，次の3つのキーワードで整理できる．

・再生可能エネルギーの利用が可能であること
・比較的小容量な発電設備であること
・生産と消費が近接しているオンサイト型であること

これらのキーワードにより分類した各種の分散電源を，図Ⅲ-2.44 に示す．

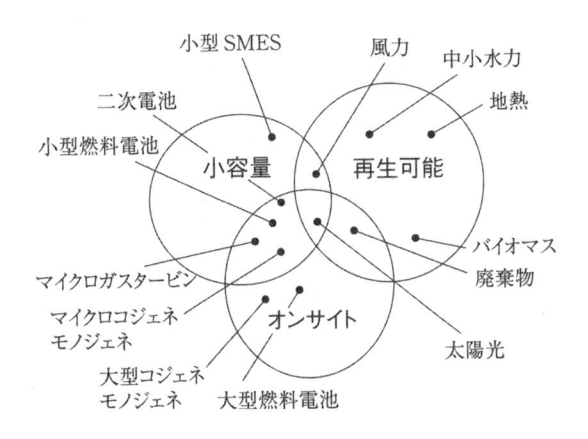

図Ⅲ-2.44　各種分散電源の分類[28]

(14) 電力流通システムの将来像とその課題

電力流通システムの将来像の一例を図Ⅲ-2.45 に示すが，供給信頼性や省エネルギー性，環境性などを犠牲にすることなく，各種の分散電源が柔軟に連携できることが重要であり，IT化による統合的な最適制御などを十分に考慮する必要がある．

2. ガス供給設備

(1) ガス事業の分類

供給規模でみると，①都市レベルで導管によりガス供給を行う「一般ガス事業」，②1つの団地内において70以上の供給地点に対して，簡易なガス発生設備でガスを発生させ，導管により供給する「簡易ガス事業」，③70戸未満のアパート・マンションおよび小規模戸建団地等にガスを供給する「小規模導管供給方式」，の3つに大きく分類される．また，供給されるガス種は，「一般ガス事業」では天然ガス(12A・13A)が，「簡易ガス事業」「小規模導管供給方式」ではLPガスが中心となっている．

(2) ガス供給方式

「一般ガス事業」の供給方式を(図Ⅲ-2.46)に示す．住宅・業務用厨房へは低圧ガス(2.0 kPa 程度)で供給され，工業用やビルの空調・コージェネなどガス消費の多い施設や，高い圧力を必要とする消費機器を設置する場合は中圧ガス(0.1 MPa 程度)が直接に供給される場合もある．また，新たな地域整備では，事業者が地区ガバナー(図Ⅲ-2.47)を設置し新規の需要に対応する．「簡易ガス事業」による供給システムは，ボンベまたはバルク貯槽からガスを発生させ，圧力調整後供給される(図Ⅲ-2.48, 図Ⅲ-2.49)．

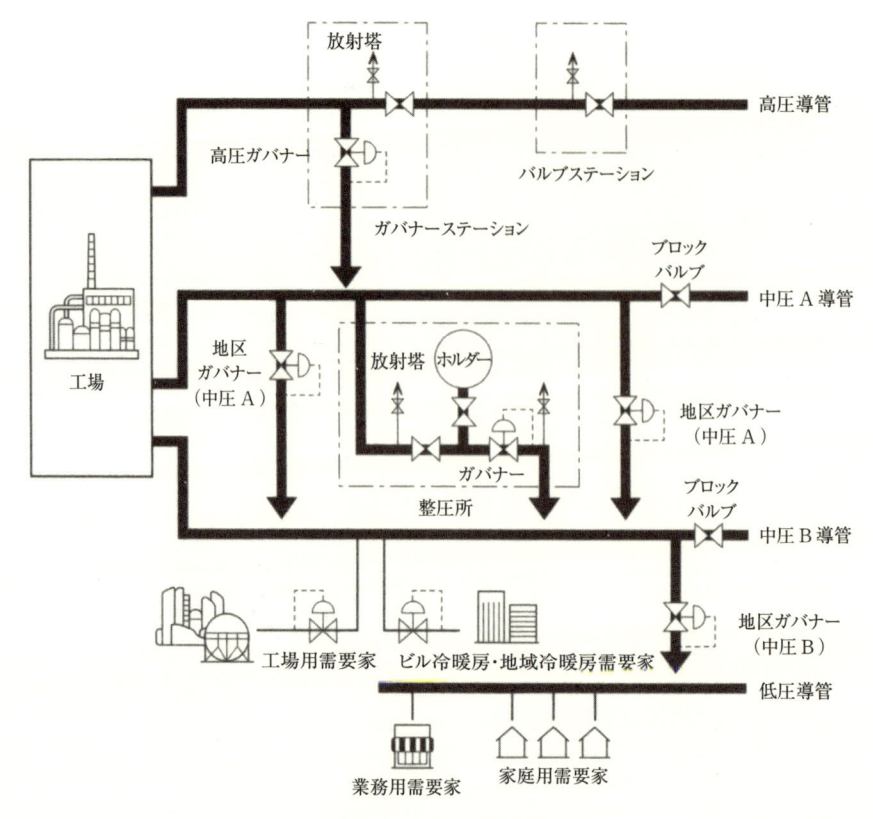

III-2 まちづくりのインフラの成り立ち

図III-2.46 ガス供給方式

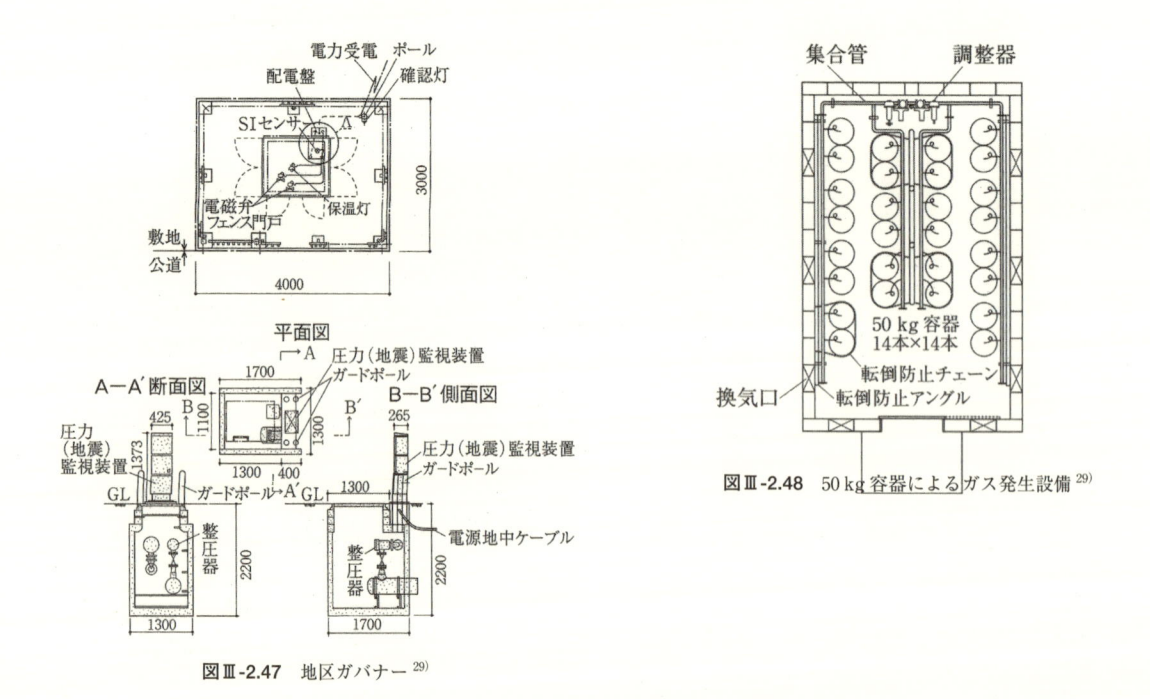

図III-2.47 地区ガバナー[29]

図III-2.48 50 kg容器によるガス発生設備[29]

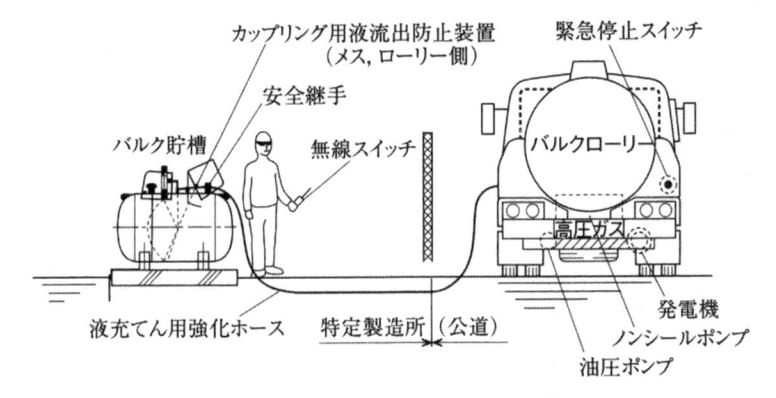

図Ⅲ-2.49　バルク貯槽への重点概念図[29]

(3) ガス想定需要量

集合住宅では，1戸当りの使用量と住戸数による同時使用率(表Ⅲ-2.23)を考慮し，業務用途で使用するガス機器が不明の場合は，用途別床面積当りの標準熱量(表Ⅲ-2.24)により想定される．また，敷地へのガス管引き込み口径の決定の際は，供給ガス種・供給圧力条件等，供給事業者へ十分な確認が必要である．

(4) 都市ガス供給のネットワーク

1) 導管網のブロック化

大規模な地震が発生した場合，二次災害を防ぐためにガス設備に被害のあった地域へのガス供給を停止する必要があるが，大手都市ガス会社では，供給停止地域を最小限に抑えるため，中・低圧導管網をいくつかのブロックに分け，ある地域に被害が集中した場合には，その地域の供給のみを停止し，その他の地域への影響を防ぐ方法をとっている．

①低圧導管のブロック化

導管や構造物に被害を及ぼすような地震を地震

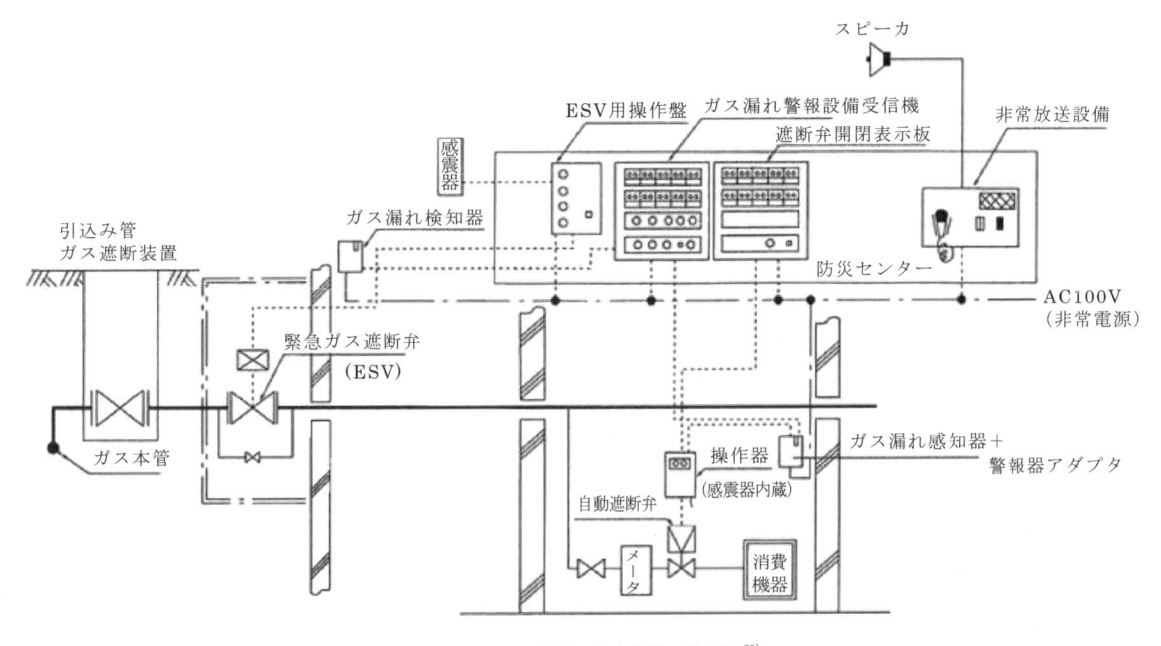

図Ⅲ-2.50　地下街等の安全設備の構成例[29]

センサーが感知すると，自動的に特定ブロックのガス供給を遮断する．

② 中圧導管のブロック化

中圧導管については，調査によって被害が大きいと判断された場合のみ供給を遠隔停止し，その他の地域への供給は継続できるようにしている．

表Ⅲ-2.24 業務別の床面積当り標準熱量

店舗の種類		設置機器が決定していない場合の店舗床面積当りの標準ガス消費量
各店舗	喫茶類	$0.04 \sim 0.06 \, m^3/h \cdot m^2 \, (0.04 \sim 0.06 \, m^3/h \cdot m^2)$
	レストラン和食	$0.08 \sim 0.10 \, m^3/h \cdot m^2 \, (0.09 \sim 0.11 \, m^3/h \cdot m^2)$
	中華麺類	$0.14 \sim 0.16 \, m^3/h \cdot m^2 \, (0.16 \sim 0.18 \, m^3/h \cdot m^2)$

2) 中圧導管による常用防災兼用発電機へのガス供給

中圧導管は強度や展延性に優れ，耐震性を有した溶接接合鋼管を採用しており，社団法人日本内燃力発電設備協会が行なう導管の耐震評価の認定により，常用防災兼用発電機へのガス供給が可能となる．

3) 敷地内ガス設備の保安対策

消防法，ガス事業法により，保安対策が規定されている．施設の用途，規模に応じて，機器接続具，ガス漏れ警報システム，感震器，自動遮断システム等を設置することにより，安全システムが確立している（図Ⅲ-2.50，図Ⅲ-2.51）．

（節末文献1）および24）～29）参照）

表Ⅲ-2.23 業務別の床面積当り標準熱量

区分 戸数	一般集合住宅	住戸セントラル給湯・暖房システム集合住宅
1（戸）	100（％）	100（％）
2	73	73
3	62	68
4	55	62
5	50	58
6	47	56
7	44	53
8	42	51
9	40	48
10	38	47
11	33	47
12	36	45
13	35	43
14	34	41
15	33	40
16	32	40
17	31	40
18	30	38
19	29	37
20	28	35
21	27	35
22	27	35
23	26	34
24	25	34
25	25	33
26	24	32
27	24	31
28	23	31
29	23	31
30～34	22	30
35～39	20	28
40～44	19	27
45～49	18	25
50～59	17	27
60～69	16	24
70～99	16	23
100～199	15	21
200～299	14	19
300～499	13	18
500以上	12	17

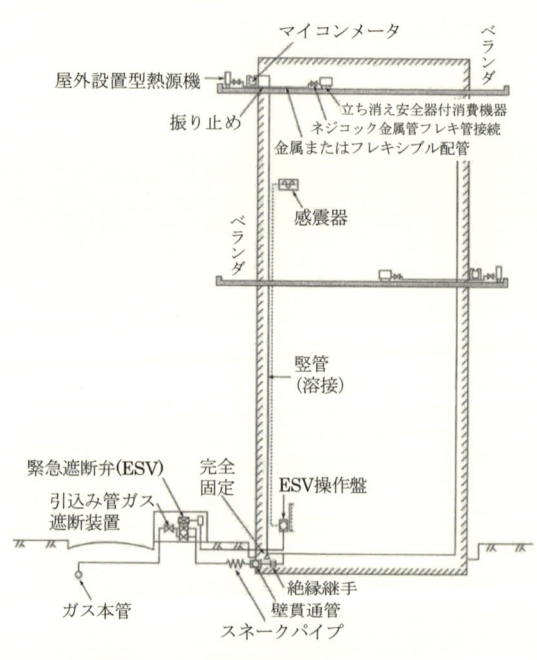

図Ⅲ 2.51 高層共同住宅の安全設備構成例
（出典：東京ガス）

☆Ⅲ-2☆引用・参考文献

1) 日本建築学会編:建築設計資料集成　地域・都市Ⅱ-設計データ編, 丸善, 2004年
2) 天野光三編:都市の公共交通, 技報堂出版, 1989年
3) 新谷洋二編著:都市交通計画(第2版), 技報堂出版, 2005年
4) 交通工学研究会編:交通工学ハンドブック2005, 2005年
5) 都市交通・市街地整備小委員会:集約型都市構造の実現に向けて　報告書, 国土交通省, 2007年6月7日
6) (財)運輸政策研究機構:まちづくりと連携したLRTの導入に関する調査報告書, 2003年
7) 国土交通省:全国都市交通特性調査(全国PT), 2005年
8) 国土交通省:まちづくりと一帯となったLRT導入計画ガイダンス, 2005年10月
9) 秋山哲男:都市交通のユニバーサルデザイン, 学芸出版社, 2001年
10) 新建築学大系編集委員会編:都市計画(第2版), 新建築学大系16, 彰国社, 1997年
11) (社)交通工学研究会:改訂　平面交差の計画と設計　基礎編, 第3版, 丸善, 2007年
12) 国土交通省都市・地域整備局都市計画課:大規模開発地区関連交通計画マニュアル(改訂版), 2007年3月
13) (社)日本道路協会:道路構造令の解説と運用, 丸善, 2004年
14) (社)交通工学研究会:改訂　交通信号の手引き, 丸善, 2006年
15) 駐車場法研究会:駐車場法解説　改訂版, ぎょうせい, 2005年
16) (財)駐車場整備推進機構:駐車場ガイドブック, 駐車場整備推進機構, 2007年
17) 経済産業省:大規模小売店舗立地法
18) 内山正雄編:都市緑地の計画と設計, 彰国社, 2001年9月
19) 日本建築学会編:緑地・公共空間と都市建築, 日本建築学会叢書2, 2006年
20) 国土交通省編:国土交通白書2007, ぎょうせい, 2007年5月
21) 東京都水道局　ホームページ
22) 環境省編:環境循環型社会白書　H19年度版, ぎょうせい, 2007年
23) 集合住宅用生ごみ処理システム, (株)テラルテクノサービス社パンフレット, 2003年8月
24) 東京電力(株)広報部:数表で見る東京電力, 東京電力(株), 2007年
25) 電気事業連合会:電力統計情報, 電気事業連合会ホームページ(http://www.fepc.or.jp/)
26) 森下眞夫:電力供給の新技術(6)電力流通設備に関する新技術, 空気調和・衛生工学, 空気調和・衛生工学会, 1999年2月
27) 東京電力(株)営業部サービスグループ:電力設備, 平成13年度版, 東京電力
28) 日本建築学会編:建築設計資料集成, インフラストラクチャー
29) 東京ガス:ガス設備とその設計, 東京ガス, 2005年
30) 福祉インフラ整備カガイドライン研究会:福祉インフラ整備ガイドライン すべての人にやさしい住宅・社会資本づくりのために, ケイブン出版, 1996年
31) 吉川勝秀:市民工学としてのユニバーサルデザイン 土木におけるバリアフリー最前線, 理工図書, 2001年
32) 情報流通インフラ研究会:情報流通インフラを支える通信土木技術, 電気通信協会, オーム社, 2000年
33) 建築インフラ研究会:建築設備の技術革新-都市生活を支える仕掛けと仕組み-, 早稲田大学理工総研シリーズ, 早稲田大学出版部, 1995年

索　引

【あ行】

アーバンビレッジ　129
アクセス機能　146, 147
アセットマネジメント　17
新たな公　10, 12
雨水　164, 166
雨水再利用　51
雨水浸透桝　167
雨水地下浸透　127
雨水調整池　157, 167
雨水排水処理　166
運動公園　157
駅前広場　124
エコスタック　65, 117
エコトーン　64, 116, 117
エコロジカル・コリドー　115
エリア・マネジメント　12, 37
エンプティネスター　15
汚水　91, 92, 164, 166

【か行】

カーフリーデー　146
街区公園　157, 159
ガイドウェイバス　143, 146
街路　56
街路事業　148
ガスガバナー　157, 173, 174
ガス事業　173
ガス事業法　176
風の道　61, 62, 119
合併処理浄化槽　166
簡易水道　161
簡易専用水道　161
環境アセスメント　37, 71, 72, 73, 74, 114
環境影響評価　37, 71, 72, 73, 114
環境共生　61
ガンギレー・クッターの式　168
幹線道路　30, 150
観天望気　114
管理組合　25, 109, 110
企業不動産　18

給水塔　161
協議（会）　32, 45, 156
業務用電力　168
曲線半径　142
近隣公園　157
近隣住区　150, 157, 158
クールスポット　61, 62, 119
クールペイブメント　119, 120
クールルーフ　119, 120
区画整理　49, 101, 104, 109
区画道路　150, 158
クルドサック　99, 107, 151
ゲーテッド・コミュニティ　129
下水圧送方式　166
下水普及率　168
下水道法　164
建築限界　142, 149
建築制限　33
建築物総合環境性能評価　121
顕熱流　118
広域循環方式　167
降雨強度　167
公園面積　158
公開空地　158
高架水槽方式　163
公共下水道　39, 164, 166
公共建築　17
公共施設　17
公共不動産　18
交差点　149, 153, 154
降水量　159
公設民営　54, 59, 137
交直交換設備　169
交通インパクトアセスメント　151, 152, 154
交通管理者　156
交通需要マネジメント　146
公の施設　52
公有財産　17
合理式　167
合流式　164, 166
コーポレートファイナンス　140

179

コジェネレーション　　47, 75, 76, 77, 85, 86, 96, 133, 135
個別循環方式　　167
コミッショニング　　80
コミュニティ道路　　97, 99
コモンズ　　159
コモン広場　　104
コンパクトシティ　　4, 13, 14, 54, 146

【さ行】

再開発　　24, 25, 27, 39, 40, 42, 45, 46, 49, 100, 101
再開発地区計画　　30, 32, 33, 38
細街路　　150
最終処分場　　68
再生可能エネルギー　　131, 173
サステナビリティ　　3, 4
サステナブル・コミュニティ　　3
サステナブル・ディベロップメント　　13
雑用水　　36, 167
市場化テスト　　139
指定管理者　　52, 138
自動車専用道路　　150
し尿浄化槽　　164, 166
指標種　　114
社会資本　　17
借地公園　　159
住区基幹公園　　157
終末処理　　164
受水槽　　163
主要幹線道路　　150
浄化槽　　166
小規模導管供給方式　　173
上水需要量　　163
浄水場　　40, 161
新交通システム　　51, 143, 146
水質　　66, 92, 161, 165
水道事業者　　162, 163
水道法　　160, 161, 163
スパシアル・プランニング　　6
生活用水　　160
生態工学　　113
生物多様性　　91, 113
潜熱流　　118
専用軌道　　142
専用水道　　161
増圧給水方式　　161, 163
総合公園　　157

総合設計制度　　158
送配電ロス　　172

【た行】

大規模小売店舗立地法　　154
大規模開発地区交通計画マニュアル　　150
太陽光発電　　76
太陽電池　　51
タウンマネジメント　　25, 26, 28, 29
団地建替　　64, 91, 97
単独処理浄化槽　　166
地域冷暖房　　27, 28, 30, 33, 34, 35, 47, 48, 77, 79, 85, 86, 87, 88, 134
地区計画　　104, 107, 109, 158
地区公園　　157
地区循環方式　　167
蓄電池　　171
蓄熱　　28, 47, 77, 78, 79, 81, 82, 83, 84, 88
地中配電線　　172, 173
中圧ガス　　173, 174
駐車場　　40, 43, 44, 124, 154, 155, 156
中水　　33, 34, 36, 47, 167
駐輪場　　40, 154, 155, 156
直流地域間連携設備　　169
辻広場　　98, 99
低圧電力　　168
定期借地権　　139
ディスポーザー　　166
デマンドバス　　123
電源構成　　169
電源周波数　　169
電灯用(電力)　　168
電力系統　　168
電力負荷平準化対策　　171
導管　　36, 160, 174, 175, 176
同時使用率　　176
道路管理者　　156
道路構造令　　106, 147, 148
道路事業　　148
道路の幾何構造　　148
道路の機能　　148
道路の線形　　149
道路の幅員構成　　148
道路併用軌道　　142
道路法　　147, 151
特殊道路　　150

特定街区　　31, 158
都市型動物　　113
都市環境気候図　　121
都市基幹公園　　157
都市計画道路　　124
都市下水路　　164
都市公園法　　157, 158
都市再生　　11, 75
都市施設　　17
土地区画整理事業　　158
トラップ枡　　166
トラフィック機能　　146, 147

【な行】

生ごみ　　94, 95
2号施設　　34
ニューアーバニズム　　4, 129
熱供給　　27, 35, 47, 79, 85, 86, 87, 88, 90, 134
熱効率　　133, 172
燃料電池　　94, 96

【は行】

パークアンドライド　　125, 146
パーソントリップ　　123
バーミアビリティ　　99
廃棄物　　68, 70, 71, 72, 73, 74
排水　　92, 165
配水池　　157, 161
配水管　　161, 163
排熱　　77, 87, 88, 89, 133
パブリック・アート　　102, 103
バリアフリー　　55, 124, 125
バルク貯槽　　173, 175
バンダリズム　　103, 130
ヒートアイランド　　62, 117, 118, 119, 122
ビオトープ　　63, 64, 65, 115, 117
標準熱量　　176
表定速度　　142, 143
ファシリティマネジメント　　18
フィーダーバス　　56, 144, 146
ブキャナンレポート　　147
附置義務　　154, 155, 156
プラグイン電気自動車　　132
フリンジパーキング　　124, 125, 146
プロジェクトファイナンス　　140
プロパティマネジメント　　18, 38, 48

分散電源　　173
分流式　　164, 166
ヘーゼン・ウィリアムスの式　　168
変電所　　157, 172
ポケット広場　　107, 109
歩行者サービス水準　　156
歩行者専用道路　　30, 34, 104, 105, 106
歩車共存道路　　106
補助幹線道路　　150
ボスケ　　61, 62
ボンエルフ　　39, 106
ポンプ圧送方式　　163

【ま行】

マニングの式　　168
水蓄熱システム　　76
密集市街地　　126
民設公園　　159
無電柱化　　107
モータリゼーション・スパイラル　　125
モニタリング　　65, 67
モノレール　　143, 146
モビリティ・ディバイド　　15
モビリティマネージメント　　146

【や, ら, わ行】

容積割増し　　34
誘致目標生物　　64
ライフサイクルコスト　　18
ライフサイクルマネジメント　　18, 29
ランドスケープデザイン　　116
立体公園　　159
流域下水道　　164
連続立体交差　　56
ワンコインバス　　123

【欧文索引】

BAS　　27
BEMS　　27
BOO方式　　69, 135, 136
BOT方式　　135, 138
BTO方式　　69, 135, 136, 138
CASBEE　　121
CATV　　108, 110
CGS　　86, 87
CO_2　　3, 4, 36, 86, 123, 133, 134, 172

COP　　*28, 79, 133*
CPTED　　*129*
CRE　　*18*
DB＋O方式　　*137*
DBO方式　　*70, 137, 138*
ESCO事業　　*81*
LCC　　*18*
LCM　　*18*
LRT　　*51, 54, 143, 146*
NAS電池　　*82, 83*
NPO　　*10, 12*
PFI　　*68, 69, 70, 71, 135, 136, 138, 159*
PPP　　*137*
PRE　　*18*
SPC　　*136*
TIF　　*140*
TOD　　*4*

おわりに

　2006年明けまで続いた景気の混迷は,「失われた10年」あるいは「失われた15年」といわれているが, 我が国の経済成長(過去)と少子高齢・人口減少時代(未来)を考えるうえでとても大切な時期であった.

　1998年には国土交通省が,「『都市化』の時代から『都市型』の時代へ」という, 都市の拡大・膨張を抑える方向付けを打ち出し, 2003年には都市再生特別措置法ができ, 従来の地方における非都市エリアの公共事業を極力抑制し, 都市型産業や都市生活者のための都市の再生(公共投資ではなく)を促すべく, 内閣府に都市再生本部が設置された.

　当時の政府内にも若干の誤解があったが, 人口の大半が都市に住む時代に対応した「社会経済の活性化」と「国際都市としての基盤づくり」が目標であり, 従来の公共事業のように国費や財投資金を使わず, 民間投資で推進するというスキームであった.

　日本建築学会でも, 子どもの成長環境を多分野連携で考える取組みや, 右肩上がりでない時代のまちづくりとは何かを市民参加で探る取組み, あるいは「都市の発展と制御」を専門分野を超えて横断的に検討し, 出版物にまとめ, シンポジウムなどの場を設け, 議論を問わせた時期でもあった.

　その後の景気回復で, 経済活性化優先の風潮が蔓延しているが, 2006年12月には国立社会保障・人口問題研究所が,「このまま行けば, 日本の人口が中位推計で100年後に約1/3の4500万人となる」ことを公表するに至った. また, 2005年10月には, 都市再生本部, 地域再生本部, 中心市街地活性化本部などを総合化するべく,「地域再生統合本部」を発足させるなど, 本流の流れを取り戻す国の動きも見られる.

　少子高齢化の影響は, 様々なところに出始めており, 意識の高い者には背筋の凍る想いを抱かせる状況にある. 例えば, 東北や山陰, 南九州などで, 自殺者が増えてきた背景に, 超高齢者の自殺がある. 日本の自殺率の高さは, 東欧諸国を除く先進国中トップで, 交通事故死の3倍以上に上っている. また, 犯罪被害や犯罪不安を経験する高齢者が激増しているが, これも少子高齢化の影響と切り離しては考えられない.

　こうした, まさに複雑系を解くような都市や地域の再生には, 従来型の制度枠組み, あるいはその運用の機微に長けたテクノクラートの能力では何の力にもならない. 必要なのは, ユーザーや生活者のニーズや要望をよく踏まえ, クリエイティブなソフトやハードを提案し, 創り出す能力であろう. アーキテクチュアという語源に遡れば, 建築学会のメンバーこそが能力を発揮し活躍できるフィールドであるとも考えられよう.

　赤池町や夕張市の破綻に象徴される公共財政の逼迫も, 大変厳しい状況で,「赤字が標準財政規模の20％を超える」地方自治体は財政再建団体に指定されるようになっているが, その予備軍があまりに多いことから, 2007年6月に「自治体財政健全化法」が成立し,「財政再生団体」への指定をすることで, 再生のてこ入れをすることとなった. こうした事態を予防し, 改善するためにも,「都市のサステナブル・インフラ」づくりに, 日本建築学会のメンバーも積極的に参画してゆくことが期待される. そうした取組みに, 本書が何らかの形で役に立てば幸いである.

　また, 本書の執筆にあたり, 日本建築学会のメンバー以外の, ご理解, ご協力をいただいたこと, 原稿の査読を頂いた先生方, 出版者の陰のご支援に, 心から感謝の意を表します.

2008年7月

小 畑 晴 治

まちづくりのインフラの事例と基礎知識
－サステナブル社会のインフラストラクチャーのあり方－

定価はカバーに表示してあります。

| 2008年9月10日　1版1刷発行 | ISBN 978－4－7655－2523－7 C3052 |

編　者　社団法人　日本建築学会

発行者　長　　滋　彦

発行所　技報堂出版株式会社

〒101-0051　東京都千代田区神田神保町 1-2-5
（和栗ハトヤビル）

日本書籍出版協会会員
自然科学書協会会員
工学書協会会員
土木・建築書協会会員

電　話　営　業（03）（5217）0885
　　　　編　集（03）（5217）0881
　　　　Ｆ Ａ Ｘ（03）（5217）0886
振替口座　00140-4-10
http://www.gihodobooks.jp/

Printed in Japan

Ⓒ Architectual Institute of Japan, 2008　　装幀　ジンキッズ　印刷・製本　技報堂

落丁・乱丁はお取り替えいたします。
本書の無断複写は，著作権法上での例外を除き，禁じられています。

◆ 小社刊行図書のご案内 ◆

建築基準法令集
～三冊セット・函入り～

国土交通省住宅局・日本建築学会編
A5・2966頁

【内容紹介】昭和25年初版発行の権威ある法令集。毎年11月に改訂出版される年度版。「法令編」、「様式編」、「告示編」の3分冊セット・函入り（分売も可）。試験会場持込可。平成19年6月に大幅改正された建築基準法、建築士法、平成19年11月14日公布の国土交通省令、他毎年10月末までの法令等を反映。日本建築学会編の唯一の建築基準法令集。

ラーバンデザイン
～「都市×農村」のまちづくり～

日本建築学会編
B5・174頁

【内容紹介】ラーバン（rurban）とは，アーバン（urban：都市の）とルーラル（rural：農村の）という言葉の合成語。本書では，都市的環境と農的自然的環境の混在」という状況を「ラーバン」としている。多くの問題を抱えている混在・混住のエリアを積極的に可能性を評価して位置づけ，それをラーバンエリアと呼び，その計画・デザインに関して発信することを念頭においた。また，ラーバンエリアでのまちづくりの取組みを収集，摺り合わせをして，ラーバンデザインの有り様を明確にすることを目的としている。

昼光照明デザインガイド
～自然光を楽しむ建築のために～

日本建築学会編
B5・170頁

【内容紹介】「建築の歴史は窓の歴史」と言われるほど，窓は建築物のもっとも重要な要素であり，〔採光〕は窓の持つ重要な機能の一つである。一方，電灯照明の歴史はエジソンの時代から約120年に過ぎない。歴史的長さから考えて，ヒトがより親しんでいるのは昼光照明であると言える。本書は，昼光照明による理想的な環境をめざすためのガイドブック。昼光照明に関わる最新の技術や状況にあわせた設計資料を整備するとともに，将来に備え可能性を広げるために，根本的な意義と基本的な理論についてまとめた。

事例に学ぶ　建築リスク入門

日本建築学会編
A5・162頁

【内容紹介】『建築』に関連させて，「リスク」という新しい概念を，わかりやすく伝える書。従来型の，「リスク」の基礎概念から応用展開の提示という流れの説明方法をとらず，先にいろいろな応用事例を紹介し，それらの事例から糸を手繰り寄せて解説する，いわゆる，逆の流れの説明方法を採用している。このことにより，建築においてリスクを用いるねらい，仕組み，そして，リスクの本質を徐々に浮かび上がらせることができる。

ありふれた　まちかど図鑑
～住宅地から考えるコンパクトなまちづくり～

谷口守・松中亮治・中道久美子著
B5・207頁

【内容紹介】「まちづくり」や「都市再生」を考えるには，どこにでもある「ありふれた」まちの性質を知ることが重要である。日本にはたくさんのまちがあり，それぞれに成り立ちの異なるまちかどの風景を目にすることができる。そのような日本のありふれたまちかどを網羅し，その性質を客観的に整理した，まちづくりを考えるための図鑑。

■技報堂出版　｜ TEL 営業03(5217)0885　編集03(5217)0881
FAX 03(5217)0886